MLS 機械学習
スタートアップ
シリーズ

ゼロからつくる
Python機械学習
プログラミング 入門

Introduction to Machine Learning
from Scratch with Python

八谷大岳

講談社

■ まえがき

　近年,「機械学習」は人間の能力を凌駕するほど進歩し,現在,さまざまな産業分野にて応用が期待されています.今や,新聞やテレビのニュースでも機械学習の話題があがるくらいですが,私が企業にて研究開発に従事し始めた 2012 年前半は,機械学習はまだ一部の大学や企業の研究者にしか知られていませんでした.その頃の機械学習の開発は,おおよそ以下の手順で行われていて,確率統計,線形代数,情報理論および最適化の知識と,機械学習をMatlab 上で高速に実行するための行列演算などを駆使した実装テクニックが要求され,数年来の経験がある機械学習研究者の特権のようなものでした.

旧来の機械学習の開発手順

手順1 机上で,開発目標に合わせた関数のモデルと,その最適化問題を設計する.
手順2 机上で,固有値問題や微分などを用いて最適化問題を解き,その解を,学習データを格納する行列を用いて表現する.
手順3 コンピュータ上で,Matlab を用いて行列演算を実装する.
手順4 コンピュータ上で,開発目標に合わせて準備した学習データを行列に格納し,Matlab を用いて関数のモデルを学習する.
手順5 コンピュータ上で,学習データとは別の評価データを用いて Matlab を実行し,学習済みのモデルの定量評価と分析を行う.

しかし,このような研究者の特権的環境は,2010 年から 2013 年頃に公開された機械学習のライブラリやフレームワークである Scikit-learn [9],Theano [13] および Caffe [1] などの登場により崩れ始めました.そして,まるでパンドラの箱を開けたように,2014 年以降は,機械学習の開発は,一気に大衆化が進みました.

　このような,機械学習のフレームワークの普及は,研究開発者に限らず,学生やエンジニアが気軽に機械学習のアルゴリズムを利用できる環境を提供するとともに,「機械学習」という単語を誰でも知っている時代へと牽引し

てきました．さらに，2014 年以降から現在まで，その勢いはとどまることなく，Chainer [2]，TensorFlow [11]，PyTorch [8] および Keras [5] など新しいフレームワークが次から次へと誕生しています．

しかし，私は，機械学習のフレームワークの普及の陰で，多くの学生やエンジニアが機械学習の理論的基礎を学ぶ機会を失ってきたと考えています．私は，大学の教員および企業の技術アドバイザーという立場で，機械学習の基礎から応用までの教育および開発に従事していますが，機械学習のフレームワークが整備された時代に，新たに機械学習を始めた人たちは，「機械学習＝ツール」というイメージが先に根付いてしまい，機械学習の原理の部分が**ブラックボックス**になっている傾向があります．そのため，機械学習のアルゴリズムに関して，以下のような状況をよく目にします．

- とりあえず動かせて良い性能が出た（と勘違いしている）．
- とりあえず動かせたけど，実は中身がさっぱりわからない．
- 動かせたけど思ったほど良い性能が出ない．選んだアルゴリズムが間違っているのか，学習データが不十分なのか，設定が間違っているのか，単にプログラムのバグなのか，原因がさっぱりわからない．
- 自分のデータに合う既存の機械学習のアルゴリズムがない．既存のアルゴリズムに新しい機能を追加したいけど，どこから手をつければいいのかわからずお手上げ．

つまり，機械学習のフレームワークが整備されてきたといえ，まだまだ発展途上で今後も変化していく機械学習の開発では，不確定要素が多く，フレームワークのマニュアル通りにはいかないさまざまな問題に直面します．そのため，できる限り利用している機械学習のアルゴリズムの原理を理解し問題の分析をすることが，実際の現場では要求されます．

そこで，本書は，機械学習のフレームワークの流行にあえて逆行し，学生やエンジニアに，機械学習の基礎理論と実装方法を深く理解してもらうことを目標に，機械学習アルゴリズムの数学的な導出と，フレームワークを一切用いずに Python の基本ライブラリのみを用いたゼロからの実装に重きを置いた内容となっています．いわば「機械学習」という単語がまだ一般に知れわたる前の時代に戻り，Python を用いて，上述した「旧来の機械学習の開発手順」を実践します．

したがって，本書では次のような方を標準的な読書対象としています．

- 確率統計，線形代数，微分などの大学数学の使い道がわからずに，勉強に対しモチベーションがわかない大学 1 年生
- これから機械学習を基礎から学ぶ大学 2〜3 年生
- 機械学習のフレームワーク（Scikit-learn，TensorFlow および PyTorch など）を用いて機械学習のアルゴリズムを動かしているものの中身がよくわかっていない，機械学習関連の研究に従事する大学 3〜4 年生または大学院生
- データ解析や製品開発の業務にて，機械学習のフレームワークを用いているものの，原理的なことを顧客や上司に問われると固まってしまうデータサイエンティストやエンジニア
- 所属部門で機械学習アルゴリズムを用いた製品やサービスの開発を進めているものの，原理的なことを理解していないため，開発の進捗会議で議論に加われないエンジニア
- 機械学習の専門家と共同で研究や開発を進めているものの，専門家の言っていることが表面的にしか理解できないエンジニア

本書の機械学習の基礎およびゼロからの実装の経験を通して，読者が機械学習の原理を理解することにより，目まぐるしく変化していく機械学習のフレームワークの内部で動いているアルゴリズムが**ホワイトボックス化**されることを望みます．また，本書が，多くの方が機械学習の開発で直面している問題の解決に，間接的にでも一役買えれば幸いです．

0.1　記号表記

本書では次のような記号表記を使っています．ただし，文脈によっては例外や新しい表記を設ける場合もあるので，その都度，章や節のはじめの文字定義をご確認ください．

- 1 次元のスカラーの値は小文字の細字 x，ベクトルは小文字の太字 $\mathbf{x}$，行列は大文字の細字 X を用います．
- 学習データの数，入力ベクトルの次元数および出力ベクトルの次元数を，

記号 N, D および O で表します.

- ベクトルは, データを格納している場合, 行ベクトル $\mathbf{x} = (x_1, x_2, \ldots, x_D) \in \mathbb{R}^{1 \times D}$, モデルパラメータを格納している場合, 列ベクトル $\mathbf{w} = (w_1, w_2, \ldots, w_D)^\top \in \mathbb{R}^{D \times 1}$ として扱います.

- 行列は, データを格納している場合, 各行にデータ点 $\mathbf{x}_i$ を格納しているものとして扱います.

$$X = \begin{pmatrix} \mathbf{x}_1 \\ \mathbf{x}_2 \\ \vdots \\ \mathbf{x}_N \end{pmatrix} = \begin{pmatrix} x_{11} & x_{12} & \cdots & x_{1D} \\ x_{21} & x_{22} & \cdots & x_{2D} \\ \vdots & \vdots & \vdots & \vdots \\ x_{N1} & x_{N2} & \cdots & x_{ND} \end{pmatrix}$$

- 行列は, モデルパラメータを格納している場合, 各列にモデルパラメータベクトル $\mathbf{w}_d$ を格納しているものとして扱います.

$$W = (\mathbf{w}_1, \mathbf{w}_2, \ldots, \mathbf{w}_O) = \begin{pmatrix} w_{11} & w_{12} & \cdots & w_{1O} \\ w_{21} & w_{22} & \cdots & w_{2O} \\ \vdots & \vdots & \vdots & \vdots \\ w_{D1} & w_{D2} & \cdots & w_{DO} \end{pmatrix}$$

- 行列とベクトルの右肩に付く記号や数値は, べき乗を意味するものではありません. 行列とベクトルの右肩に付く記号の例をいくつか挙げます.

  ・行列やベクトルの転置は記号 $\top$ を用いて, $\mathbf{x}^\top$ のように表します.
  ・データが観測された順番や時刻に依存する場合は, 時刻ステップ t を丸括弧の間に入れて $\mathbf{x}^{(t)}$ のように表します.
  ・逆行列は A^{-1} のように表します.
  ・学習データと評価データの違いを明記する必要がある場合は, 学習データは $\mathbf{x}^{\mathrm{tr}}$, 評価データは $\mathbf{x}^{\mathrm{te}}$ のように右肩に tr または te を付します.
  ・階層的な構造を持つモデルにおいて, モデルパラメータが属する階層の違いを明記する必要がある場合は, 1 階層のパラメータ $\mathbf{w}^1$, 2 階層目のパラメータ $\mathbf{w}^2$ のように右肩に階層数の値を付します.

- Σ と $\prod$ は，下付きおよび上付きの記号や数字がある場合，それぞれ，以下のように和の記号と積の記号を意味します．

$$\sum_{i=1}^{N} x_i = x_1 + x_2 + \cdots + x_N$$

$$\prod_{i=1}^{N} x_i = x_1 \times x_2 \times \cdots \times x_N$$

- 底のない記号 $\log$ は，自然対数 $\log_e$ を意味します．
- 指数関数 e^x は $\exp(x)$ で表します．

0.2 開発環境・レポジトリ

本書にて紹介するプログラムコードは，以下のフォルダ構成およびデータの環境で動作することを前提とします．

プログラムコードとフォルダ構成は，以下の Github のレポジトリ MLBook にて管理しています．

> **(Github 上のレポジトリ MLBook の URL)**
>
> https://github.com/hhachiya/MLBook

レポジトリ MLBook を自身のコンピュータに導入してお使いください．以下は，Windows 環境における導入手順です．

(1) git 環境がある場合

コンピュータに git 環境がある方は，以下のように，powershell 上で「git clone」を用いてローカルにレポジトリをクローンしてください．

```
> git clone https://github.com/hhachiya/MLBook.git
```

(2) git 環境がない場合

図 0.1 のように Github 上のレポジトリ MLBook にて，「Clone or download」->「Download ZIP」を選択して，zip ファイルをダウンロードし解凍してご利用ください．

図 0.1 レポジトリ MLBook のダウンロード画面.

0.3 フォルダ構成

レポジトリ MLBook は，以下のフォルダで構成されています．

- codes：本書で紹介する機械学習アルゴリズムのプログラムコードを格納
- data：機械学習アルゴリズムのデモンストレーションに用いるデータを格納
- results：プログラムコードの実行結果を格納

0.4 データの入手方法

レポジトリ MLBook の導入直後は，data フォルダに，一部のデータが入っていません．以下の手順に従い各自データをダウンロードしてください．なお，上記の Github に，各データのリンクの一覧を掲載しています．

(1) 物件価格データ [3]

以下の Kaggle のサイトにて公開されている，ボストンの物件価格に関するデータ「House Prices: Advanced Regression Techniques」です．

┌─ **(物件価格データの URL)** ────────────────┐
 http://www.kaggle.com/c/
 house-prices-advanced-regression-techniques
└──────────────────────────────────────┘

サイトにアクセスし「data」タブをクリックすると，図 0.2 のようなページ が表示されます．赤枠の「Download All」をクリックし，ダウンロードして ください．なお，ダウンロードには，Google などのアカウントの登録が必 要です．

図 0.2 物件価格データのダウンロード画面 [3]

ダウンロードした zip ファイル「house-prices-advanced-regression-techniques.zip」を解凍し，レポジトリ MLBook の data フォルダに置いて ください．

(2) 手描き文字画像データ [12]

以下のサイトにて公開されている，MNIST と呼ばれている手描き文字画 像のデータです．

┌─ **(手描き文字画像データの URL)** ────────────┐
 http://yann.lecun.com/exdb/mnist/
└──────────────────────────────────────┘

サイトにアクセスすると，図 0.3 のようなページが表示されます．

各リンクをクリックし，4 つの gz 形式のファイルをダウンロードします． そして，解凍はせずに，そのままレポジトリ MLBook の data フォルダにあ

x

```
Four files are available on this site:

train-images-idx3-ubyte.gz:  training set images (9912422 bytes)
train-labels-idx1-ubyte.gz:  training set labels (28881 bytes)
t10k-images-idx3-ubyte.gz:   test set images (1648877 bytes)
t10k-labels-idx1-ubyte.gz:   test set labels (4542 bytes)
```

図 0.3　手描き文字画像データ（MNIST）のダウンロード画面 [12]

る「MNIST」フォルダに置いてください．各 gz ファイルは，以下のように
学習と評価用の画像とラベルデータを格納しています．

- train-images-idx3-ubyte.gz：学習用の 60000 枚の入力画像データ
- train-labels-idx1-ubyte.gz：学習用の 60000 個の教師（ラベル）データ
- t10k-images-idx3-ubyte.gz：評価用の 10000 枚の入力画像データ
- t10k-labels-idx1-ubyte.gz：評価用の 10000 個の教師（ラベル）データ

(3)　レビューデータ [10]

　以下の UCI Machine Learning Repository にて提供されている，Amazon, IMDb および Yelp に投稿されたレビューデータ「Sentiment Labelled Sentences Data Set」です．

（レビューデータの URL）

```
https://archive.ics.uci.edu/ml/datasets/Sentiment+
                  Labelled+Sentences
```

サイトにアクセスし「Download: Data Folder」タブをクリックすると，図 0.4
のようなページが表示されます．赤枠のリンクをクリックし，ダウンロード
してください．

図 0.4　レビューデータのダウンロード画面 [10]

　ダウンロードした zip ファイル「sentiment_labelled_sentences.zip」を解凍し，レポジトリ MLBook の data フォルダに置いてください．

0.5　正誤表

　本書の正誤表など，出版後の追加情報は Github 上のレポジトリ MLBook にて適宜公開します．

0.6　謝辞

　本書を執筆するにあたって，和歌山大学システム工学部の洪秀俊君は，全体の詳細な数式およびコードの確認に尽力してくれました．

　東京大学大学院教授・理化学研究所革新知能統合センター長の杉山将教授は，2005 年から 2012 年まで，イギリス・エディンバラ大学および東京工業大学にて，私に機械学習の研究環境を提供してくださり，熱心にご指導くださいました．

　キヤノン株式会社，理化学研究所および株式会社サイバーリンクスは，私に，本書執筆において非常に参考となった，企業の研究開発や自然科学データの分析に機械学習を応用する機会を提供してくださいました．

　和歌山大学は，私に，本書執筆のモチベーションとなった，機械学習の理論から応用までの講義の教鞭をとる機会を提供してくださいました．

　講談社サイエンティフィクの横山真吾氏には，私の大幅な執筆の遅延にかかわらず，執筆作業全般にわたって大変お世話になりました．

　最後に，八谷家の家族は，週末，年末年始どこに行くにも，常にノートパソコンに向かって執筆作業をしている私を暖かく見守り支援してくれました．

　以上の皆様との出会いおよび熱心なご支援がなければ本書の刊行はなしえなかったと思います．心より感謝申し上げます．

■ 目 次

第 4 章   回帰分析 · 115

機械学習とは何か

近年，囲碁の戦略獲得や画像認識で，人間を凌ぐほどの性能を発揮し話題になっている人工知能技術は機械学習と呼ばれ，データからコンピュータ上で定義した関数 $f(\mathbf{x})$ を学習する技術によって実現されています．本章では，人工知能における機械学習の位置づけ，機械学習が普及した理由，機械学習の種類および応用例について解説します．

1.1 機械学習の位置づけ

　機械学習は，データから確率統計，線形代数，微積分，情報理論および最適化などの数学を駆使して，ある目的のもと定義された関数 $f(\mathbf{x})$ を獲得するための技術の総称です．機械学習は，従来の人工知能における人が知識やルールを明示的に与えるアプローチの限界から生まれ，2000 年頃から研究が盛んに行われてきました．そして，2010 年頃からビッグデータと呼ばれる大規模データと，GPGPU(General-purpose computing on graphics processing units) を用いた大規模並列計算と，大規模な機械学習モデル DNN(Deep Neural Network) の登場により，情報技術の研究分野を超え一躍注目を集め始めるようになりました．

　機械学習は，囲碁の戦略獲得 [36] や画像認識 [28] などコンピュータに知的な振る舞いをさせるために利用されることが多いため，人工知能の研究分野の1つとして位置づけられています (図 1.1)．しかし，人間の知識に基づ

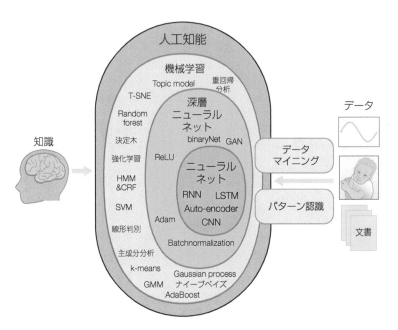

図 1.1　機械学習研究の位置づけ．目的としては人工知能分野に位置づけられるが，そのアプロー
チはデータマイニングやパターン認識分野と類似している．

くルールをコンピュータ上で記述し，それらを組み合わせる従来の人工知能
のアプローチに対し，機械学習は人間の知識を凌駕する情報量を持つビッグ
データから，人間のルールに相当する関数 $f(\mathbf{x})$ を獲得するアプローチを採
用しています．そのため，アプローチという点においては，「データマイニ
ング」や「パターン認識」と呼ばれる研究分野と類似しています．

1.2　機械学習が広まった理由

　私が初めて機械学習関連の本 [42] を執筆した 2008 年頃は，「機械学習」と
いう単語は，まだ一般の方には広く浸透していませんでした．出版された私
の本が，某大型の書店にて，コンピュータや数学などのコーナーにはなく，
機械工学のコーナーに置かれていたくらいです．2008 年当時，「機械学習」
は，本屋さんにも認知されていなかったわけです．それほどマイナーだった

「機械学習」が，なぜ最近ここまで一般の方でも認知するまで広まったのでしょうか．その理由はさまざまあると思いますが，ここでは私の主観で以下の3つを挙げます．

1.2.1 機械学習アルゴリズムと特徴量の分離

　現在，画像，センサ，音声，自然言語テキストおよび金融取引のログなど，あらゆる分野でビッグデータが生成されています．従来は，画像なら画像工学分野，音なら音響工学分野というように，研究分野が縦割りで分かれていて，それぞれ専門家がデータを認識および分析するための手法を研究してきました．なかでも，それぞれのデータから有用な情報である特徴量を抽出する特徴量抽出の技術がさかんに研究されてきました．

　一方，図 1.2 のように，機械学習の研究分野では，特定の種類のデータには特化せず，データはそれぞれの分野で開発された特徴抽出技術で特徴量ベクトルに変換されていることを前提とし，その後段の汎用的な関数 $f(\mathbf{x})$ を学習する部分に重きを置いて研究開発が長年行われてきました．これにより，機械学習では特定の分野に限定されない汎用的なアプローチが発展したため，分野の垣根を超えて応用が期待されるようになってきました．

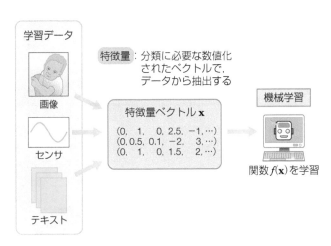

図 1.2　多様なデータの収集，特徴抽出および機械学習の処理の大まかなフロー．

1.2.1節にて上述したように，汎用性を売りにしてきた機械学習ですが，近年，戦略獲得，画像分類，顔認識および行動認識などのさまざまな分野における問題において，それまで長い年月をかけて各研究分野で開発されてきた従来の技術を，凌駕するようになってきました．

その1つの要因は，データから自動的に問題に合わせて特徴量ベクトルを抽出できる機械学習技術である**深層ニューラルネットワーク** (Deep Neural Network：DNN) が誕生したことです．それまでは，人間の専門知識に基づいて研究開発してきた特徴抽出技術の**ハンドメード特徴量** (図 1.3) は，人間が探索可能な比較的小中規模の組み合わせに限定されていました．しかし，DNN では，大規模なモデルにより表現可能な組み合わせの中から，膨大なデータを用いて性能を最大化する特徴抽出方法を探索できます．つまり，人

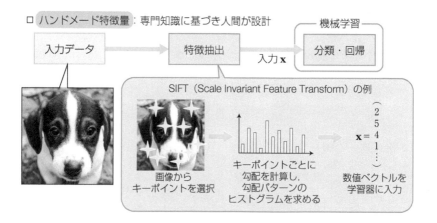

図 1.3　機械学習のフローにおける特徴量抽出の位置づけ．DNN の登場により，特徴抽出は機械学習の一部となった．

図 1.4 ILSVRC 大規模画像分類における DNN 技術の躍進.

間の主観的なハンドメード特徴量と比べて，性能の最大化という最終的な機械学習の目的に着目し，客観的により良い特徴量を抽出できるようになったのです．

　この DNN 技術は，2012 年の大規模画像分類の大会である ILSVRC (ImageNet Large Scale Visual Recognition Challenge) において，トロント大学の Hinton 教授のグループが，ハンドメード特徴量に 10% の大差をつけて優勝したことにより大きく注目されるようになりました [28]（図 1.4）．それ以降の ILSVRC では，DNN 技術を用いたグループが上位を占める状態となっています．また，ILSVRC に限らず，顔認識の Labeled Faces in the Wild [6]，行動認識の UCF101 [14] などにおいても DNN 技術が大きく飛躍し，機械学習技術に注目を集めるようになりました．

　さらに，機械学習は，従来技術だけではなく人間を凌駕するようにもなってきました．その代表的な例が，過去のプロ棋士同士の対戦データが膨大にある将棋と囲碁です．機械学習は，過去のデータからプロ将棋棋士の戦略を学習することにより，2013 年に，プロ将棋棋士と対戦した電王戦において，3 勝 1 敗 1 分けで勝ち越しました [18]．さらに，プロ囲碁棋士の戦略を学習した機械学習同士を対戦させた，Google DeepMind 社による AlphaGo [36] が，2016 年に，それまで困難とされてきた囲碁の対戦において，世界 2 位のプロ囲碁棋士の李セドル氏に 4 勝 1 敗で圧勝しました．

　このように，さまざまな分野において，機械学習は従来技術の性能および

人間の能力を凌駕することにより，一段と注目を集めるようになってきました．

1.2.3　無料のライブラリの拡充

　1.2.2 節にて上述した機械学習の成功とともに，Scikit-learn, TensorFlow, Theano, PyTorch, Caffe および Chainer などのライブラリの拡充が進みました．私が学生の頃は，機械学習のアルゴリズムは，固有値問題や微分などを経て得られた最適解の式を，Matlab の線形代数および行列計算用のライブラリを用いて実装していました．そのため，機械学習の知識と経験を持ち合わせている研究者でなければ容易には実装できず，機械学習研究者の特権のようなものがありました．しかし近年，これらのライブラリの拡充により，テンプレート通りにデータを準備することができれば，ライブラリにより提供されるさまざまな機械学習アルゴリズムを，誰でも簡単に実装し実行できる時代になりました．また，オープンレポジトリの Github の普及が進み，最先端の機械学習のアルゴリズムのコードが，論文発表と同時に一般公開されるようになりました．

　以上の 3 点をまとめると，さまざまな分野の問題に適用可能な，人間をも凌ぐ最先端の機械学習のアルゴリズムが，誰でも入手し動かせるようになったことが，機械学習がここまで一気に広まった理由として考えられます．

1.3　機械学習の種類と方法

　さて，一般に知られるようになった機械学習ですが，いったいコンピュータにどのように学習をさせるのでしょうか．ここでは，機械学習の方法の特徴を確認していきます．

　表 1.1 に示すように，機械学習には，大きく分けて**教師あり学習**，**教師なし学習**および**強化学習**の 3 つの種類があります．

1.3.1　教師あり学習

　教師あり学習は，英語では supervised learning といい，人間の学習例でいうと，**図 1.5** のように，ドリル問題を解いた後に学生自身で正答例を確認し，間違えたところを直していく学習方法に相当します．つまり，教師あり

表 1.1　機械学習の種類，代表的な方法およびその応用例.

方法	定義	代表的な方法	応用例
教師あり学習	入力と出力のデータに基づき，入力を出力に変換する関数を学習	線形回帰分析，線形判別分析，決定木など	顔認識，物体検出，手描き文字分類，株価予測，降水量予測など
教師なし学習	入力のみのデータに基づき，入力の特性（パターン，構造）を学習	主成分分析，因子分析，k平均法など	データの可視化（クラスタリング，次元圧縮）など
強化学習	入力と，出力に対する報酬（評価）のデータに基づき，入力を出力に変換する関数を学習	Q学習など	ロボット制御，ウェブ広告選択，マーケティング，ゲーム戦略獲得，税金徴収の戦略獲得など

図 1.5　教師あり学習，教師なし学習および強化学習の試験対策での例.

の「教師」は，ドリル問題の例では「正答例」を意味し，ドリル問題と正答例の組を用いて問題の解法を学習するところに特徴があります.

　コンピュータの教師あり学習において，ドリル問題と正答例の組は，入力

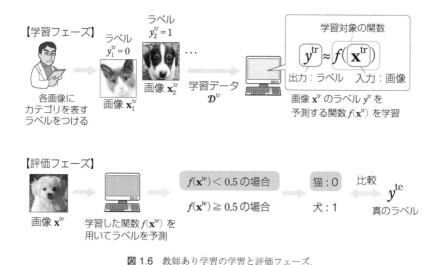

図 1.6　教師あり学習の学習と評価フェーズ.

ベクトル（ベクトルに関しては 3.1.1 節を参照）$\mathbf{x}^{\mathrm{tr}}$ と出力スカラー y^{tr} の組のデータに対応し，分析者が事前に準備します．例えば，画像に写っているのが猫なのか犬なのかをコンピュータに分類させたい場合は，図 1.6 のように，学習フェーズにおいて，まず分析者が各画像 $\mathbf{x}^{\mathrm{tr}}$ に写っている被写体の種類（カテゴリ）を表すラベル y^{tr} を設定します．ラベルは被写体のカテゴリを区別するための離散値で，例えば，猫の場合は $y^{\mathrm{tr}} = 0$，犬の場合は $y^{\mathrm{tr}} = 1$ というように分析者が決定します．このように作成したデータは，**教師あり学習データ**と呼ばれ，以下のように定義します．

$$\mathcal{D}^{\mathrm{tr}} = \{X^{\mathrm{tr}}, Y^{\mathrm{tr}}\} \tag{1.1}$$

ここで，X^{tr} は，以下のように各入力ベクトル $\mathbf{x}_i^{\mathrm{tr}}$ を行に格納する行列（行列に関しては 3.1.4 節を参照）です．

$$X^{\mathrm{tr}} = \begin{pmatrix} \mathbf{x}_1^{\mathrm{tr}} \\ \mathbf{x}_2^{\mathrm{tr}} \\ \vdots \\ \mathbf{x}_N^{\mathrm{tr}} \end{pmatrix} = \begin{pmatrix} x_{11}^{\mathrm{tr}} & x_{12}^{\mathrm{tr}} & \dots & x_{1D}^{\mathrm{tr}} \\ x_{21}^{\mathrm{tr}} & x_{22}^{\mathrm{tr}} & \dots & x_{2D}^{\mathrm{tr}} \\ \vdots & \vdots & \vdots & \vdots \\ x_{N1}^{\mathrm{tr}} & x_{N2}^{\mathrm{tr}} & \dots & x_{ND}^{\mathrm{tr}} \end{pmatrix} \tag{1.2}$$

ここで，N は学習データの数，D は入力ベクトルの次元数です．一方，Y^{tr} は，以下のように各入力ベクトル $\mathbf{x}_i^{\mathrm{tr}}$ に対応する出力 y_i^{tr} を格納します．

$$Y^{\mathrm{tr}} = \begin{pmatrix} y_1^{\mathrm{tr}} \\ y_2^{\mathrm{tr}} \\ \vdots \\ y_N^{\mathrm{tr}} \end{pmatrix} \tag{1.3}$$

ここで，各入力と出力の組 $(\mathbf{x}_i^{\mathrm{tr}}, y_i^{\mathrm{tr}})$ は，独立同一分布に従い（式 (3.67) を参照），生成されていると仮定します．

$$(\mathbf{x}_i^{\mathrm{tr}}, y_i^{\mathrm{tr}}) \overset{\mathrm{i.i.d}}{\sim} p_{\mathbf{x}y}(\mathbf{x}, y) \tag{1.4}$$

この N 組の学習データ $\mathcal{D}^{\mathrm{tr}}$ を用いて，図 1.6 の学習フェーズのように，入力 $\mathbf{x}^{\mathrm{tr}}$ を出力 y^{tr} に変換する関数 $f(\mathbf{x}^{\mathrm{tr}})$ を，予測値 $f(\mathbf{x}^{\mathrm{tr}})$ と真の出力値 y^{tr} の誤差を最小化するように学習します．

そして，評価フェーズでは，学習に用いていない入力と出力の組からなる評価データ $\mathcal{D}^{\mathrm{te}}$ を用いて，学習した関数を評価します．

$$\mathcal{D}^{\mathrm{te}} = \{X^{\mathrm{te}}, Y^{\mathrm{te}}\} \tag{1.5}$$

具体的には，図 1.6 の評価フェーズのように，入力 $\mathbf{x}^{\mathrm{te}}$ に対し，学習した関数 $f(\mathbf{x}^{\mathrm{te}})$ を用いて，出力を予測します．例えば，猫か犬かの分類においては，出力 $f(\mathbf{x}^{\mathrm{te}})$ が 0 に近い場合 $(f(\mathbf{x}^{\mathrm{te}}) < 0.5)$ は猫に分類し，出力 $f(\mathbf{x}^{\mathrm{te}})$ が 1 に近い場合 $(f(\mathbf{x}^{\mathrm{te}}) \geq 0.5)$ は犬に分類します．そして，真のラベル y^{te} と比較して，正しく予測できた割合（正解率）などを計算し，学習した関数の精度を定量的に評価します．

教師あり学習の応用例としては，株価予測，天気予報，顔認識，および歩行者検出などさまざまなものがあります．

1.3.2　教師なし学習

教師なし学習は，英語では unsupervised learning といい，文字通り，教師が存在しない状況での学習となります．人間の学習例でいうと，図 1.5 のように，正答例のない過去問ドリルから，類似問題のカテゴリ分けや，問題の出題頻度を調べるなど過去の出題傾向を分析することに相当します．つま

り，「教師なし」は，ドリル問題の例では「正答例なし」を意味し，ドリル問題のみから試験対策をするところに特徴があります．

コンピュータの教師なし学習において，過去問ドリルは，入力ベクトル $\mathbf{x}^{\mathrm{tr}}$ のみのデータ $\mathcal{D}^{\mathrm{tr}}$ に対応しています．

$$\mathcal{D}^{\mathrm{tr}} = X^{\mathrm{tr}} \tag{1.6}$$

例えば，犬や猫が写っている画像に対して教師なし学習を適用する場合は，図 1.7 の学習フェーズのように，ラベルの付いていない画像 $\mathbf{x}^{\mathrm{tr}}$ だけの学習データ $\mathcal{D}^{\mathrm{tr}}$ から，コンピュータ上で，教師なし学習を用いて，入力データ $\mathbf{x}^{\mathrm{tr}}$ を圧縮してから復元する関数 $f(\mathbf{x}^{\mathrm{tr}})$ を学習します．そして，近似的に入力データ $\mathbf{x}^{\mathrm{tr}}$ を表現する関数 $f(\mathbf{x}^{\mathrm{tr}})$ を用いて，入力データの次元圧縮，クラスタリングおよび要約などのデータ分析を行います．

図 1.7 教師なし学習の学習フェーズ．

1.3.3 強化学習

強化学習は，英語では reinforcement learning といい，人間の学習例でいうと，図 1.5 のように，正答例のないドリル問題を解いた後に得点を確認し，より高い得点がとれる解法を獲得していく学習方法に相当します．つまり，「強化」は，ドリル問題の例では「反復練習」を意味し，より高い得点がとれた解法を繰り返し習得するところに特徴があります．

コンピュータの強化学習において，ドリル問題，解法および得点は，状態ベクトル $\mathbf{x}^{\mathrm{tr}}$，行動スカラー y^{tr} および報酬スカラー r^{tr} に対応します．図 1.8 のように，強化学習をロボット制御に応用する場合，状態ベクトル $\mathbf{x}^{\mathrm{tr}}$ はカ

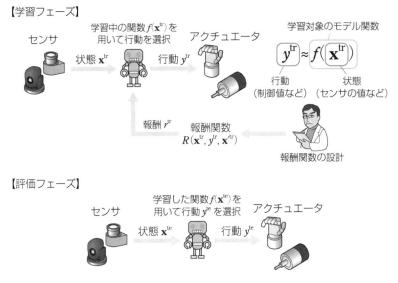

図1.8 強化学習の学習と評価フェーズ.

メラやレーザーセンサなどから得られるロボットの状態を表すデータで，行動スカラー y^{tr} はアクチュエータの制御値に対応しています．そして，報酬スカラー r^{tr} は，分析者が設計した報酬関数 $R(\mathbf{x}^{\mathrm{tr}}, y^{\mathrm{tr}}, \mathbf{x}'^{\mathrm{tr}})$ から得られる報酬値に対応しています．この報酬関数は，例えば，以下のようにロボットの制御が成功した場合に高い値，失敗した場合に低い値をとるように設計します．

$$R(\mathbf{x}, y, \mathbf{x}') = \begin{cases} 1 & \mathbf{x}' : 成功 \\ -1 & \mathbf{x}' : 失敗 \end{cases} \tag{1.7}$$

ここで，$\mathbf{x}'$ は状態 $\mathbf{x}$ で行動 y をとった後に遷移した次の状態を表します．

学習フェーズにて，コンピュータは，現在の状態 $\mathbf{x}^{\mathrm{tr}}$ にて行動 y^{tr} を選択し，報酬 r^{tr} を受け取ることを繰り返し，受け取る報酬の和が最大となるように，状態 $\mathbf{x}^{\mathrm{tr}}$ を行動 y^{tr} に変換する関数 $f(\mathbf{x}^{\mathrm{tr}})$ を学習します．

強化学習の応用例としては，将棋や囲碁などのゲームの戦略獲得 [36]，ウェブ広告の選択 [30]，および税金徴収の戦略獲得 [21] などさまざまなものがあります．

1.4　機械学習の応用例

　近年，さまざまな分野で機械学習の応用が進んでいます．ここでは公表されている代表的な応用事例を紹介します．

1.4.1　きゅうり仕分けシステム [16, 17]

　きゅうりの仕分け作業では，図 1.9 のように，きゅうりの形，大きさ，表面の艶，曲がり具合および太さの均一性などの組み合わせに基づき，各きゅうりを 9 種類の等級に分類します．収穫ピーク時には，1 日 8 時間以上かけて熟練者が 4000 本以上のきゅうりの仕分け作業を行っています．しかし，現在，農業従事者の高齢化に伴い仕分け作業の熟練者数が減少してきています．そこで，元組み込みエンジニアの小池誠さんは，教師あり学習を応用し，カメラで撮影した画像から自動的にきゅうりの等級を予測するシステムを開発しました．

　教師あり学習を実現するために，小池さんは，熟練者であるお母さんが判別した 3 万 6 千組のきゅうりの画像と仕分け等級のデータを収集し，そのうちの 2 万 8 千組を学習データ $\mathcal{D}^{\mathrm{tr}}$ として用いて，ニューラルネットワークでモデル化した関数 $f(\mathbf{x}^{\mathrm{tr}})$ を教師あり学習しました．図 1.10 は，学習に用いたきゅうりの画像 $\mathbf{x}^{\mathrm{tr}}$ と，分類先の等級 y^{tr} の例を示しています．

　そして，学習した関数 $f(\mathbf{x}^{\mathrm{tr}})$ を，残りの 8 千組を評価データ $\mathcal{D}^{\mathrm{te}}$ として

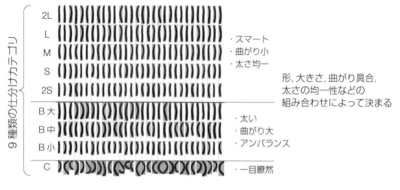

図 1.9　きゅうりの仕分け等級の例 [16]

図 1.10 教師あり学習を用いた，きゅうりの自動仕分けシステムのフロー [16]

用いて評価したところ，約 80% と高い割合で，きゅうりの画像 $\mathbf{x}^{\text{te}}$ を正しい等級 y^{te} に分類できたそうです．そして，この関数をシステムに組み込むことにより，経験の浅い人でも仕分け作業に従事でき，約 1.4 倍の早さで仕分け作業ができるようになったと報告しています．

1.4.2 囲碁の戦略獲得 [36]

2016 年 3 月に，Google Deepmind 社の囲碁の人工知能「AlphaGo」が，世界 2 位のプロ囲碁棋士である李セドル氏に 4 勝 1 敗で圧勝しました．このニュースは，人工知能・機械学習分野に限らず多くのメディアでも取り上げられ，一般の人が機械学習の単語を耳にする機会となりました．

AlphaGo は，**図 1.11** のように，囲碁の盤面画像を状態 $\mathbf{x}^{\text{tr}}$ として入力し，碁石を打つ位置を行動 y^{tr} として選択する関数 $f(\mathbf{x}^{\text{tr}})$ を，過去の膨大なプロ囲碁棋士同士の対戦データから教師あり学習で学習します（教師あり学習フェーズ）．次に，プロ囲碁棋士の真似ができるようになった関数 $f(\mathbf{x}^{\text{tr}})$ 同士を，強化学習を用いて，複数のコンピュータ上で対戦させて，強化していきます（強化学習フェーズ）．ここで，報酬関数 $R(\mathbf{x}^{\text{tr}}, y^{\text{tr}}, \mathbf{x}'^{\text{tr}})$ は囲碁で勝った場合に高い値，負けた場合に低い値をとるように設計します．つまり，関数 $f(\mathbf{x}^{\text{tr}})$ は，コンピュータ上での数万回の対戦を通して，より高い確率で勝てるように，強化学習により更新されていきます．また，AlphaGo では，関数 $f(\mathbf{x}^{\text{tr}})$ はニューラルネットワークを用いてモデル化されています．

このように，教師あり学習と強化学習とを組み合わせることにより，世界トップのプロ囲碁棋士をも打ち負かす戦略を獲得することができるようになりました．同様の技術は，ゲームの分野にとどまらず，今後，医療や広告な

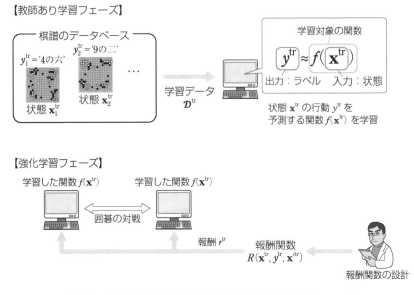

図 1.11 教師あり学習と強化学習を用いた囲碁の戦略の学習フェーズ.

どさまざまな分野での応用が期待されています.

Python入門

Pythonは，近年，機械学習を用いたデータ解析やソフトウェアの
研究開発にて，標準的に利用されているスクリプト言語で，以下
の利点を持っています．

- コンパイルを必要とせずインタラクティブに動作確認をしな
  がら容易に実装ができる
- ブロック構造にカッコを用いず，インデント（スペースやタ
  ブ）を用いるため可読性が高い
- ライブラリが豊富なため，やりたいことがたいていはできる
- オブジェクト指向に対応しているので，大規模な実装も可能
- 行列演算など主要な数値演算は，C言語にて高速に実行でき
  るように実装されたライブラリが利用可能
- Windows，Linux，MacOSなどさまざまなOSで同じコー
  ドを実行できる（クロスプラットフォーム性）
- オープンソースで誰でも利用できるため，ユーザが多く，資
  料が豊富にある

本章では，機械学習をゼロから実装するのに必要なPythonの基
礎を学びます．

2.1　Python環境の構築

本書では，Python本体とJupyter notebook, numpy, pandasおよびmatplotlib などさまざまなライブラリ一式を簡単にインストールできる Anaconda を用いて，機械学習の開発環境を構築します．以下の手順で，Python3 をインストールしてください．

2.1.1　Anaconda のインストール

1. Anaconda のサイトにアクセスし，Python3.x 用の Anaconda をダウンロードします（図 2.1 の赤枠をクリック）．

> ── **(Anaconda の URL)** ──
>
> https://www.anaconda.com/download/

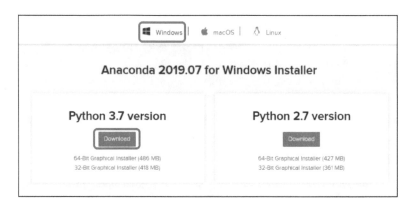

図 2.1　Anaconda のダウンロード画面．

2. ダウンロードした exe ファイルを実行して，Anaconda をインストールします．図 2.2 の手順 (a)〜(d) に従い，インストールしてください．

3. 図 2.3 (a) のように，タスクバーの検索ボックスにて `powershell` を入力し Enter を押します．そして，powershell 上で，0.2 節にて作成したローカルレポジトリ MLBook に移動し，`python` を入力し Enter を押します．図 2.3 (b) のように，Python のインタラクティブモードが起動します．

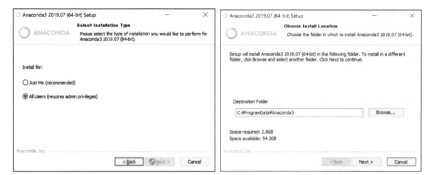

(a) All Users を選択　　　　　(b) インストール先のパスを確認

(c) Add Anaconda to... を選択 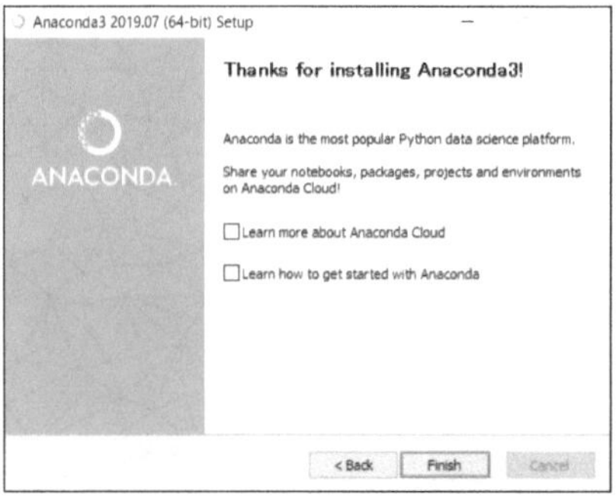　　(d) Finish を押して終了

図 2.2　Windows での Anaconda のインストール手順.

(a) powershell の起動　　　　(b) Python をインタラクティブモードで起動

図 2.3　powershell での Python の起動例.

```
> python
Python 3.6.2 |Anaconda custom (64-bit)
>>>
```

1 行目に Python 3.6.2 のような Python のバージョン情報が表示されていることを確認しましょう.

4. プログラムコード print("Hello World!") を,インタラクティブモードの「>>>」の後に入力し Enter を押して実行しましょう.次の行に Hello World!が出力されれば正しく動作しています.

```
>>> print("Hello World!")
Hello World!
```

2.1.2 CVXOPT のインストール

2.1.1 節にてインストールした Anaconda の Python 環境に,最適化問題のソルバーである CVXOPT モジュールを追加します.

powershell 上で, pip install cvxopt を入力し Enter を押します.

```
> pip install cvxopt
```

次に,インストールした CVXOPT の動作確認をします. powershell 上でpython をインタラクティブモードで起動してください.そして,以下を入力し,CVXOPT をインポートします.

```
> python
>>> import cvxopt
>>> import cvxopt.solvers
```

特にエラーが出なければインストール成功です.

2.1.3 Jupyter notebook を用いたインタラクティブ開発

Jupyter notebook を用いると,ブラウザー上で実行結果を可視化しながら,Python コードの開発を進めることができます. Jupyter notebook は,以下のように powershell 上で,0.2 節にて作成したローカルレポジトリ ML-Book に移動し,以下のコマンドを打ち起動します.

```
> jupyter notebook
```

　図 2.4 (a) のように，ウェブブラウザーが「localhost:8888/tree」にアク
セスした状態で起動し，Jupyter notebook が起動されたフォルダのファイ
ルの一覧が表示されています．次に「New」ボタンをクリックし，「Python
3」を選択すると（図 2.4 (b)），図 2.4 (c) のような画面が表示されます．そ
して，「In [ ]: 」の横にあるフォームに以下の Python コードを入力し，
「Shift+Enter」を押して実行します（図 2.4 (d)）．

```
print("Hello World!")
```

2.2　変数と標準出力

　Python は，変数に値が代入された際に，自動的に変数の型を決めます．ま
た，標準出力は print 関数を用います．以下のように f 文字列 (f-strings) を
用いると，簡単に変数の値や数式の結果を文字列の中に挿入できます．具体
的には，文字列の前に f を置き，文字列中の波括弧のなかに変数や計算式を
置きます．

```
print(f"文字列{変数, 計算式}文字列")
```

では，変数を設定し，print と type 関数を用いて変数の値と型を標準出力し
てみましょう．以下のコードを，python のインタラクティブモードの「>>>」
の横，または，Jupyter notebook のフォームに書き実行しましょう．

```
num = 10
string = "Hello World!"
print(f"num={num}, type(num)={type(num)}")
print(f"string={string}, type(string)={type(string)}")
```

実行結果は以下のようになります．num 変数は int 型，string 変数は str 型
（表 2.1）に設定されていることがわかります．

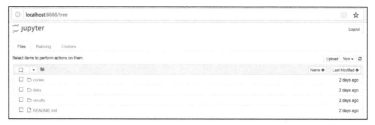

(a) Jupyter notebookの起動画面

(b) Python3 の起動

(c) Python3 の画面

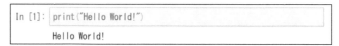

(d) "Hello World!" の標準出力の実行

図 2.4　Jupyter notebook における Python コードの実行過程.

表 2.1　Python の主なデータ型.

データ型	定義	例
str	文字列型	x="abc"
int (int32)	整数型 (32 bit 長)	x=105
float (float64)	浮動小数点型 (64 bit 長)	x=10.5
bool	真偽値型	x=True x=False

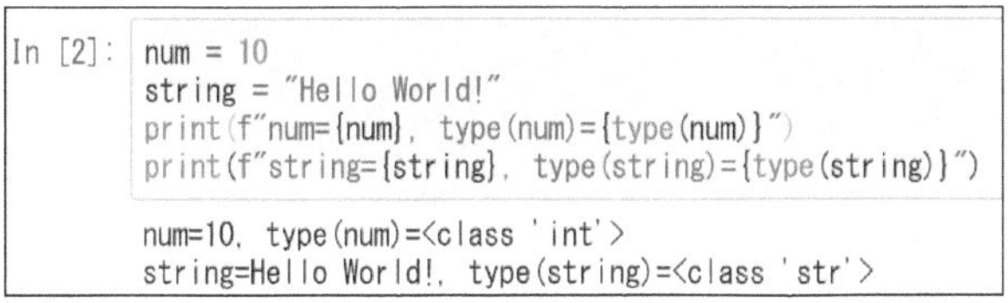

```
In [2]:  num = 10
         string = "Hello World!"
         print(f"num={num}, type(num)={type(num)}")
         print(f"string={string}, type(string)={type(string)}")

         num=10, type(num)=<class 'int'>
         string=Hello World!, type(string)=<class 'str'>
```

図 2.5　Jupyter notebook における Python の自動型設定および f 文字列による標準出力の実行例.

```
num=10, type(num)=<class 'int'>
string=Hello World!, type(string)=<class 'str'>
```

Jupyter notebook の画面上では，図 2.5 のようになります.

　また，f 文字列では標準出力する際の小数表記のフォーマットを，波括弧のなかのコロン以降に指定できます.

```
print(f"文字列{変数, 計算式:フォーマット}文字列")
```

以下は，小数表記のフォーマットの指定の例です.

```
num = 10.5678
print(f"小数 2位:{num:.2f}, 小数 5位:{num:.5f}, 小数 2位の指数表記
    :{num:.2e}")
```

以下は，小数表記のフォーマットの実行結果の例です.

> 小数 2位:10.57，小数 5位:10.56780，小数 2位の指数表記:1.06e+01

2.3 データ構造

次に Python の代表的なデータ構造について解説します．Python には，
多次元配列データを格納するためのデータ構造がいくつかあります．

2.3.1 リスト

リストは，各要素をオブジェクト（数値，文字列，リスト自身など）として
格納する変数で，型を気にせず配列操作が簡単にできます．以下のように，
角括弧 [オブジェクト 1, オブジェクト 2, ...] を用いて定義します．

```
price1 = [120,180]
price2 = [300,150]
all = [price1, price2]
all
```

以下は，作成したリスト **all** の内容です．

```
[[120,180], [300,150]]
```

リスト [] の各要素にリスト [120,180] と [300,150] が設定されています．

2.3.2 リストの大きさ

len 関数を用いると，以下のようにリストの大きさ（要素数）を求めるこ
とができます．

```
len(price1)
# 大きさ：2
```

2.3.3 リストの要素へのアクセス

リストの各要素を参照するためには，以下のように角括弧で要素のイン

デックスを指定します．ここで，インデックスとは，要素が何番目に格納されているかを示すものです．Python のインデックスは，0 から始まります．

```
price1[0]
# 最初（0番目）の要素：120

all[1]
# 1番目の要素：[300,150]

all[1][1]
# 1行 1列目の要素： 150
```

2.3.4 リストの拡張

リストの append 関数を用いると，リストに要素を動的に追加できます．

```
price = []
# 空のリスト：[]

price.append([120,180])
# 要素の追加：[120,180]

price.append([300,150])
# 要素の追加： [[120,180],[300,150]]
```

2.3.5 numpy.ndarray

numpy.ndarray は，リストと異なり，各要素を統一の型（float32, int など）で格納する変数で，厳密に型を意識して，行列やベクトルとして演算できます．以下のように，numpy ライブラリを「np」としてインポートして，np.array(リスト) 関数を用いて定義します．

```
import numpy as np
price1 = np.array([[120,180]])
price2 = np.array([[200,50],[300,150.0]])
```

numpy で自動的に選択された型は，dtype 変数を参照して確認できます．

```
price1.dtype
# price1 の型： int32

price2.dtype
# price2 の型： float64
```

numpy により選択された型の例です．price2 は，小数がある 150.0 に合わせて float64 に設定されていることがわかります．

2.3.6 numpy.ndarray の大きさ

numpy.ndarray の shape 変数を用いると，以下のように numpy.ndarray の形および大きさを求めることができます．

```
price1.shape
# price1 の形：(1, 2)

price2.shape
# price2 の形：(2, 2)
```

price1 は 1 行 2 列の行列，price2 は 2 行 2 列の行列になっていることがわかります．

2.3.7 numpy.ndarray のスライス

numpy.ndarray では，**スライス**と呼ばれる操作で，部分的に要素を抜き出すことができます．

```
price = np.array([120,180,300,150])

price[0]
# 最初（0番目）の要素： 120

price[1]
# 1番目の要素： 180

price[-1]
# 最後の要素： 150

price[-2]
```

```
# 最後から2番目の要素：300

price[1:3]
# 1番目から2番目までの要素：[180 300]

price[:2]
# 最初（0番目）から1番目までの要素：[120 180]

price[:-1]
# 最初（0番目）から2番目までの要素：[120 180 300]

price[:]
# 最初から最後までの要素：[120 180 300 150]
```

　表 2.2 のように，numpy.ndarray の要素を参照するために 0 から始まる
インデックスを指定します．インデックスをマイナスをつけて指定した場合
は，numpy.ndarray の大きさから指定した値を引いたインデックスを指定
したことになります．例えば，price の大きさは 4 なので，[-1] はインデッ
クス 3 を指定し，[-2] はインデックス 2 を指定したことと等価になります．
また，コロン「:」は範囲を指定するための演算子です．1:3 のように，コ
ロンの左側に開始インデックス，右側に終了インデックスを指定すると，開
始インデックスから終了インデックスの 1 つ手前までに対応する要素（[180
300]）を参照することができます．コロンの左側でインデックスが省略され
た場合は最初のインデックスから，右側で省略された場合は最後のインデッ
クスまでに対応する要素を参照することができます．したがって，左右両方
でインデックスが省略された場合は，すべてのインデックスを指定したこと
と等価となります．

表 2.2　numpy.ndarray の price の値とインデックスの関係.

要素	120	180	300	150
前から数えた インデックス	0	1	2	3
後から数えた インデックス	-4	-3	-2	-1

2.3.8 numpy.ndarray の簡単な計算

表 2.3 の numpy の計算関数を用いると，numpy.ndarray に対してさまざまな計算をすることができます．

表 2.3 numpy.ndarray に対する計算関数とその出力値．

計算関数	出力値
sum	和
product	積
square	2 乗
sqrt	平方根
**	べき乗
mean	平均
var	分散
std	標準偏差
min	最小値
max	最大値
argmin	最小のインデックス
argmax	最大のインデックス

```python
price = np.array([120,180,300,150])

np.sum(price)
# 和：750

np.product(price)
# 積：972000000

np.square(price)
# 2乗：array([14400, 32400, 90000, 22500], dtype=int32)

np.sqrt(price)
# 平方根：array([10.95445115, 13.41640786, 17.32050808, 12.24744871])

price**2
# べき乗：array([14400, 32400, 90000, 22500], dtype=int32)

np.mean(price)
```

```
# 平均値： 187.5

np.var(price)
# 分散： 4668.75

np.std(price)
# 標準偏差： 68.32825184358224

np.min(price)
# 最小値： 120

np.max(price)
# 最大値： 300

np.argmin(price)
# 最小のインデックス： 0

np.argmax(price)
# 最大のインデックス： 2
```

2.3.9 numpy.ndarray のソート

numpy.sort 関数を用いると，numpy.ndarray の値を昇順に並べ替えることができます．また，argsort 関数を用いると，昇順に値を並べ替えた際のインデックスを獲得できます．

```
price = np.array([120,180,300,150])

np.sort(price)
# 昇順に並べ替えた値： [120 150 180 300]

np.sort(price)[::-1]
# 降順に並べ替えた値： [300 180 150 120]

np.argsort(price)
# 昇順に並べ替えた値のインデックス： [0 3 1 2]

np.argsort(price)[::-1]
# 降順に並べ替えた値のインデックス： [2 1 3 0]
```

2.3.10 numpy.ndarray のユニーク

numpy.unique 関数を用いると，重複する要素を削除し，昇順にソートすることができます．

```
price = np.array([120,180,300,150,150])

np.unique(price)
# unique 後：[120 150 180 300]
```

unique により，2 つあった「150」が 1 つになっていることがわかります．

2.3.11 numpy.ndarray の条件を満たすインデックス

numpy.where（numpy.ndarray の条件）関数を用いると，条件を満たす numpy.ndarray のインデックスを獲得できます．

```
price = np.array([120,180,300,150])
indices = np.where(price>150)[0]
```

以下は，結果の例です．

```
(array([1, 2], dtype=int64),)
```

150 より大きい 180 と 300 のインデックス 1 と 2 が獲得できていることがわかります．

2.3.12 numpy.ndarray の結合

numpy.concatenate([array1,array2,...],axis=0) 関数を用いると，複数の numpy.ndarray の「array1, array2, ...」を結合できます．また，2 次元以上の numpy.ndarray 同士を結合する場合，axis にて結合する軸を指定できます．2 次元行列の場合，axis=0 が行，axis=1 が列に対応しています．以下，1 行 2 列の行列を結合してみましょう．

```
price1 = np.array([[120,180]])
price2 = np.array([[300,150]])

np.concatenate([price1,price2],axis=0)  # axis=0で結合
np.concatenate([price1,price2],axis=1)  # axis=1で結合
```

以下は，結合結果の例です．

```
# axis=0で結合
[[120 180]
 [300 150]]

# axis=1で結合
[[120 180 300 150]]
```

axis=0 の場合は行方向に結合されて，2行2列の行列になり，axis=1 の場合は列方向に結合されて，1行4列の行列になっていることがわかります．

3 次元行列の場合，複雑ですが，axis=0 が奥行き，axis=1 が行，および axis=2 が列に対応しています．

```
price1 = np.array([[[120,180]]])
price2 = np.array([[[300,150]]])

np.concatenate([price1,price2],axis=0) # axis=0で結合
np.concatenate([price1,price2],axis=1) # axis=1で結合
np.concatenate([price1,price2],axis=2) # axis=2で結合
```

以下は，結合結果の例です．

```
# axis=0で結合
[[[120 180]]

 [[300 150]]]

# axis=1で結合
[[[120 180]
  [300 150]]]

# axis=2で結合
[[[120 180 300 150]]]
```

図 2.6 のように，`axis=0` の場合は 2 奥 1 行 2 列，`axis=1` の場合は 1 奥 2 行 2 列，`axis=2` の場合は 1 奥 1 行 4 列になります．

図 2.6 3 次元行列の場合の `concatenate` 関数による `numpy.ndarray` の結合の `axis` による違い．

2.3.13 numpy.ndarray の変形

`numpy.reshape(array, shape)` 関数を用いると，`array` の形を，`shape` で指定した別の形に変形できます．なお，`shape` としては，`array` の全体の要素数を変更しない範囲で任意に設定できます．以下，1 行 4 列の行列を変形してみましょう．

```python
price = np.array([120,180,300,150])

# 2行 2列に変形
np.reshape(price,[2,2])

# 2行 2列（自動）に変形
np.reshape(price,[2,-1])

# 4行 1列に変形
np.reshape(price,[4,1])
```

ここで，`shape` に「-1」を指定した場合は，`array` の全体の要素数を保つよ

うに自動で適切な大きさが設定されます.

```
# 2行 2列に変形
[[120 180]
 [300 150]]

# 2行 2列（自動）に変形
[[120 180]
 [300 150]]

# 4行 1列に変形
[[120]
 [180]
 [300]
 [150]]
```

2.3.14 numpy.ndarray の繰り返し

numpy.tile(array, repeat) 関数を用いると, array を repeat で指定した回数繰り返した形に変形できます. 以下, 1行 4列の行列を変形してみましょう.

```
price = np.array([120,180,300,150])

# 行方向に 2回, 列方向に 1回繰り返す
np.tile(price,[2,1])

# 行方向に 1回, 列方向に 2回繰り返す
np.tile(price,[1,2])

# 奥方向に 2回, 行・列方向に 1回繰り返す
np.tile(price,[2,1,1])
```

repeat に, 2次元のリストを設定した場合, [行, 列] の順番で繰り返し回数を指定していることに対応します. 一方, 3次元のリストを設定した場合, [奥, 行, 列] の順番で指定していることに対応します. 以下は, 実行結果の例です.

```
# 行方向に 2回, 列方向に 1回繰り返す
array([[120, 180, 300, 150],
       [120, 180, 300, 150]])

# 行方向に 1回, 列方向に 2回繰り返す
array([[120, 180, 300, 150, 120, 180, 300, 150]])

# 奥方向に 2回, 行・列方向に 1回繰り返す
array([[[120, 180, 300, 150]],

       [[120, 180, 300, 150]]])
```

2.3.15 numpy.ndarray の次元拡張

numpy.expand_dims(array, axis)関数を用いると, axis方向にarray の次元を増やすことができます. 以下, 1 行 4 列の行列を変形してみましょう.

```
price = np.array([120,180,300,150])

# 元々のshape
price.shape

# 行方向に増やした後のshape
np.expand_dims(price,axis=0).shape

# 列方向に増やした後のshape
np.expand_dims(price,axis=1).shape
```

以下は, 実行結果の例です.

```
# 元々のshape
(4,)

# 行方向に増やした後のshape
(1, 4)

# 列方向に増やした後のshape
(4, 1)
```

2.3.16　numpy.ndarray の回転

numpy.roll(array, shift, axis) 関数を用いると，array の値を，shift で指定した回数，axis 方向に回転できます．以下，2 行 2 列の行列を変形してみましょう．

```
price = np.array([[120,180],[300,150]])

# 元々の行列
price

# 行方向に 1つ回転する
np.roll(price,1,axis=0)

# 列方向に 1つ回転する
np.roll(price,1,axis=1)
```

以下は，実行結果の例です．

```
# 元々の行列
array([[120, 180],
       [300, 150]])

# 行方向に 1つ回転する
array([[300, 150],
       [120, 180]])

# 列方向に 1つ回転する
array([[180, 120],
       [150, 300]])
```

2.3.17　numpy.ndarray のインデックスの生成

numpy.arange(len) 関数を用いると，0 から len-1 までのインデックスを生成できます．以下，price のインデックスを生成してみましょう．

```
price = np.array([120,180,300,150])
np.arange(len(price))
# array([0, 1, 2, 3])
```

2.3.18 numpy.ndarray のインデックスのシャッフル

numpy.random.permutation(len) 関数を用いると，0 から len-1 まで
のインデックスをランダムに並べ替えて生成できます．以下，price のイン
デックスをランダムに並べ替えてみましょう．

```
price = np.array([120,180,300,150])
np.random.permutation(len(price))
# array([3, 1, 2, 0])
```

2.3.19 numpy.eye のによる単位行列の生成

numpy.eye(len) 関数を用いると，len 行 len 列の単位行列を生成できま
す．以下，5 行 5 列の単位行列の生成の例です．

```
np.eye(5)
# 5行 5列の単位行列
array([[1., 0., 0., 0., 0.],
       [0., 1., 0., 0., 0.],
       [0., 0., 1., 0., 0.],
       [0., 0., 0., 1., 0.],
       [0., 0., 0., 0., 1.]])
```

2.3.20 pandas.DataFrame

pandas.DataFrame はデータベース（またはエクセル）のテーブルのよう
に，カラム名（列）とインデックスを割り振って各要素を格納する変数で．
エクセル（csv 形式）のデータの読み書きが簡単にできるため，データ解析
でよく使われます．以下のように，pandas ライブラリを「pd」としてイン
ポートして利用します．

```
import pandas as pd
```

0.4 節にて導入した物件価格データは csv 形式で保存されています．レ
ポジトリ MLBook に移動して，学習データ「data/house-prices-advanced-
regression-techniques/train.csv」を，pandas.read_csv 関数を用いて，

dataframe として読み込んでみましょう.

```
data = pd.read_csv('data/house-prices-advanced-regression-techniques/
    train.csv')
```

dataframe の head 関数を用いて, 読み込んだテーブルの5行目までを見てみましょう.

```
data.head()
```

次に, dataframe の columns 変数を参照して, データの項目（カラム）の一覧を見てみましょう.

```
data.columns
```

全部で81種類のカラムがあります. 以下はカラムの例です.

(物件価格データのカラムの例)
- MSSubClass：建物の等級
- LotArea：敷地面積
- GrLivArea：居住面積
- SalePrice：物件価格（米ドル）
- TotRmsAbvGrd：全部屋数
- GarageArea：車庫面積
- PoolArea：プール面積
- BedroomAbvGr：ベッド部屋数

次に dataframe の describe 関数を用いて, 物件価格（SalePrice）に関する基本統計量を計算してみましょう（**図 2.7**）.

```
In [5]:   data['SalePrice'].describe()

Out[5]:   count      1460.000000
          mean     180921.195890
          std       79442.502883
          min       34900.000000
          25%      129975.000000
          50%      163000.000000
          75%      214000.000000
          max      755000.000000
          Name: SalePrice, dtype: float64
```

図 2.7   物件価格の基本統計量の例.

各統計量の定義は以下のようになっています.

(describe 関数の基本統計量)

- count：データ総数
- mean：平均値
- std：標準偏差
- min：最小値
- 25%：降順にソートし，下から 25% の所にある値（25% 点）
- 50%：同じく下から 50% の所にある値（中央値）
- 75%：同じく下から 75% の所にある値（75% 点）
- max：最大値

この基本統計量から，平均価格が約 18 万ドル（=約 1900 万円），最低価格 34900 ドル（=約 380 万円），最高価格が 755000 ドル（=約 8200 万円）および標準偏差が約 80000 ドル（=約 870 万円）となっており，さまざまな種類の物件（等級，敷地面積など）があるため，比較的バラツキが大きいことがわかります.

次に dataframe の unique 関数を用いて，建物の等級（MSSubClass）にどのような値があるのか見てみましょう.

```
In [24]:  data[data['MSSubClass']==30]['SalePrice'].describe()
Out[24]:  count        69.000000
          mean      95829.724638
          std       24857.110083
          min       34900.000000
          25%       81000.000000
          50%       99900.000000
          75%      110500.000000
          max      163500.000000
          Name: SalePrice, dtype: float64
```

図 2.8　「1 階建て 1945 年以前建設」の物件価格の基本統計量の例.

```
data['MSSubClass'].unique()
```

建物の等級が全部で 15 種類あります.

```
array([ 60,  20,  70,  50, 190,  45,  90, 120,  30,  85,  80, 160,
        75, 180,  40], dtype=int64)
```

以下は,等級の内容の例です.

- 20：1 階建て 1946 年以降建設
- 30：1 階建て 1945 年以前建設
- 60：2 階建て 1946 年以降建設
- 70：2 階建て 1945 年以前建設

次に「1 階建て 1945 年以前建設」(MSSubClass=30)の建物に限定してから,基本統計量を求めてみます(図 2.8).

　今回は,平均価格は約 95000 ドル(=約 1000 万円)まで半減し,標準偏差は約 25000 ドル(=約 270 万円)となりバラツキも減っていることがわかります.

2.3.21　dataframe から numpy.ndarray への変換

　dataframe の values 変数を用いることにより,dataframe のテーブルを numpy.ndarray に変換できます(図 2.9).

```
In [23]:  data[['GrLivArea','SalePrice']].values

Out[23]:  array([[  1710, 208500],
                 [  1262, 181500],
                 [  1786, 223500],
                 ...,
                 [  2340, 266500],
                 [  1078, 142125],
                 [  1256, 147500]], dtype=int64)
```

図 2.9   居住面積と物件価格データの numpy.ndarray への変換例.

2.3.22 dataframe のカラムの削除

dataframe の drop(col,axis=1) を用いると，dataframe から col で指定したカラム（列）を削除できます．以下は，カラム PoolArea を削除する例です．

```
len(data.columns)
# カラム数が 81個

data = data.drop('PoolArea',axis=1)
# PoolArea カラムを削除

len(data.columns)
# カラム数が 80個
```

2.4 グラフのプロット

Python では，グラフのプロットに matplotlib.pylab ライブラリが用いられます．2.3.20 節の物件価格データに関する以下の 2 つの**散布図**を plot 関数を用いてプロットしてみましょう．

- 横軸に居住面積（GrLivArea），縦軸に物件価格（SalePrice）
- 横軸に建物の等級（MSSubClass），縦軸に物件価格（SalePrice）

以下は，散布図をプロットするコードの例です．

▶ **code2-1　散布図のプロット (scatterPlot1.py)**

```
1   # -*- coding: utf-8 -*-
2   import pandas as pd
3   import matplotlib.pylab as plt
4
5   #------------------
6   # データの読み込み
7   data = pd.read_csv('../../data/house-prices-advanced-regression-
        techniques/train.csv')
8   #------------------
9
10  #------------------
11  # 散布図のプロット
12
13  # 図の初期化
14  fig = plt.figure()
15
16  # 横軸GrLivArea、縦軸 SalePrice の散布図
17  ax = fig.add_subplot(1,2,1)    # グラフの位置指定（1行 2列の 1列目）
18  ax.plot(data['GrLivArea'],data['SalePrice'],'.')
19  ax.set_xlabel('GrLivArea',fontSize=14)  # 横軸のラベル
20  ax.set_ylabel('SalePrice',fontSize=14)  # 縦軸のラベル
21
22  # 横軸MSSubClass、縦軸 SalePrice の散布図
23  ax = fig.add_subplot(1,2,2)    # グラフの位置指定（1行 2列の 2列目）
24  ax.plot(data['MSSubClass'],data['SalePrice'],'.')
25  ax.set_xlabel('MSSubClass',fontSize=14) # 横軸のラベル
26  ax.set_ylabel('SalePrice',fontSize=14)  # 縦軸のラベル
27
28  fig.tight_layout()  # グラフ間に隙間をあける
29  plt.show()  # グラフの表示
30  #------------------
```

レポジトリ MLBook の「codes/pythonBasics」フォルダに移動しコード `scatterPlot1.py` を実行してみましょう.

1. powershell 上で実行する場合, 以下をコマンドライン上で入力し Enter を押し実行します.

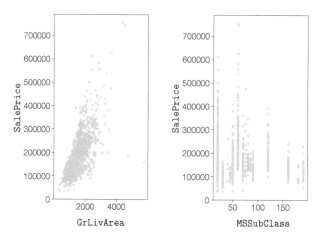

図 2.10 2 つの散布図をプロットする例.

```
> python scatterPlot1.py
```

2. Jupyter notebook 上で実行する場合, 以下をフォーム上で入力し
「Shift+Enter」を押し実行します.

```
run -i scatterPlot1.py
```

なお, Jupyter notebook 上にて, 現在いるフォルダを確認するために
は,「%pwd」をフォームに入力し「Shift+Enter」を押し実行します. ま
た, ファイル・フォルダの一覧の表示には「%ls」, フォルダの移動には
「%cd 移動先」を用います.

コード scatterPlot1.py を実行すると, 図 2.10 のように 2 つの散布図
が表示されます. scatterPlot1.py では, まず 1 行目で以下の utf-8 の日
本語コードを用いるための設定をしています.

```
# -*- coding: utf-8 -*-
```

7 行目にて, pandas.read_csv 関数を用いてデータを読み込み, 14 行目

で図の初期化を行ったのち，17行目と23行目にて，add_subplot 関数を用いてグラフの位置を指定して2つのグラフを追加しています．

```
add_subplot(行数,列数,位置インデックス)
```

ここで，「行数」と「列数」はプロットするグラフの行と列の総数を設定します．また，「位置インデックス」は，「1」から始まり，左端の列から右に，そして右端の列まで行くと，次の行の左端の列に戻るように数値が順番に割り当てられています．17行目の add_subplot(1,2,1) により，1行2列のグラフの1列目（左）の位置を指定し，23行目の add_subplot(1,2,2) により，1行2列のグラフの2列目（右）の位置を指定しています．

18行目，24行目にて，plot 関数を用いて，散布図をプロットしています．

```
ax.plot(横軸の値,縦軸の値,マーカーの設定)
```

19〜20行目，25〜26行目にて，以下によりフォントサイズ14の横軸および縦軸のラベルを設定しています．

```
ax.set_xlabel('ラベル名',fontSize=14)
ax.set_ylabel('ラベル名',fontSize=14)
```

最後に，28〜29行目にて，以下によりグラフが重ならないように隙間を調整し，表示しています．なお，plt.show()の代わりに，plt.savefig(file)関数を用いることにより，グラフを表示せずに変数 file で指定したファイルに保存することができます．

```
fig.tight_layout()  # グラフ間に隙間をあける
plt.show()  # グラフの表示
```

図2.10のグラフから，居住面積（GrLivArea）と物件価格（SalePrice）の間には正の相関があり，「2階建て1946年以降建設」（MSSubClass = 60）の場合に物件価格（SalePrice）が高い傾向があることがわかります．

2.5 for 文と if 文

Python の for 文と if 文には，C 言語と同じように記述する通常のもの
と，リストの括弧 [] 内に記述する**リスト内包表記**があります．

2.5.1 通常の for 文と if 文

Python では，C 言語などと異なり，for 文と if 文内の処理ブロックは括
弧で囲みません．その代わり行頭にインデント（タブまたはスペース）を空
けて記述することにより，処理ブロックを明示します．

通常の for 文

```
for 変数A in データ集合:
    変数A を用いた処理 A1
    変数A を用いた処理 A2
```

通常の if 文

```
if 条件B1:
    処理B1
elif 条件B2:
    処理B2
else:
    処理C
```

同じファイル内では共通のインデント（タブまたはスペース）を使うこと
がルールとなっているため，タブとスペースを混在させることができないの
で注意しましょう．

2.5.2 リスト内包表記の for 文と if 文

リスト内包表記は以下のようなフォーマットとなっていて，for 文と if
文を 1 行で記述できます．

リスト内包表記の for 文

```
[変数A を用いた処理 A for 変数A in データ集合]
```

リスト内包表記の if 文

```
[処理B if 条件B else 処理C]
```

リスト内包表記の for 文と if 文の組み合わせ

```
[変数A を用いた処理 B if 条件B else 処理C  for 変数A in データ集合]
```

以下は，通常の for 文と if 文およびリスト内包表記を用いた例です．

▶ **code2-2 for 文と if 文の例 (forif.py)**

```
 1  import numpy as np
 2
 3  values = np.array([10,3,1,5,8,6])
 4
 5  #------------------
 6  # 通常のfor 文
 7  # 空のリスト
 8  passed_values = []
 9  for ind in np.arange(len(values)):
10      # 通常のif 文
11      if values[ind] > 5:
12          passed_values.append(values[ind])
13
14  # 結果を標準出力
15  print("5以上の値",passed_values)
16  #------------------
17
18  #------------------
19  # リスト内包表記のfor 文と if 文
20  passed_values = values[[True if values[ind]>5 else False for ind in
        np.arange(len(values))]]
21
22  # 結果を標準出力
23  print("5以上の値",passed_values)
24  #------------------
```

3行目にて，6つの値を持つ numpy.ndarray（2.3.5節）の values を作成し，8行目にて，空のリスト passed_values（2.3.4節）を作成しています．9行目にて，numpy.arange 関数（2.3.17節）を用いて，values の大きさ分のインデックス「0,1,2,3,4,5」をそれぞれ ind 変数に設定して，for 文を用いてループ処理をします．そして，11行目にて，if 文を用いて values[ind] が

5 より大きいか否かを判定し，大きい場合，12 行目にて，append 関数（2.3.4
節）を用いて passed_values に values[ind] を追加しています．

　一方，20 行目のリスト内包表記では，各ループにて values[ind] が 5 よ
り大きい場合は True，5 以下の場合は False を，その外側の values に渡し
ます．そして，True の要素の values の値を passed_values に返します．

　レポジトリ MLBook の「codes/pythonBasics」フォルダに移動しコード
forif.py を実行してみましょう．

```
5以上の値 [10   8   6]
5以上の値 [10   8   6]
```

通常の for 文と if 文では 4 行必要な処理を，リスト内包表記では 1 行で記
述できることがわかります．

2.5.3　例外処理

　for 文でループ処理をしているときに，想定外の演算などによりエラーが
発生し処理が停止してしまうことがあります．例えば，以下のような for 文
では，途中で分母が「0」になり，ゼロ割 ZeroDivisionError が発生するた
め，エラーでループ処理が止まってしまいます．

```
for i in [-1,0,1]:
    print(f"{1/i}")
```

```
-1.0
Traceback (most recent call last):
  File "<stdin>", line 1, in <module>
ZeroDivisionError: division by zero
```

　このようなエラーが発生した場合でも，ループ処理を止めたくない場合は，
例外処理を用います．Python では，例外処理は以下のような形式で記述し
ます．

```
try:
    例外が発生する可能性のある処理

except:
    例外処理
```

以下は，ゼロ割が発生する for 文において例外処理として continue を用いて，ループの停止を回避する例です．i=0 のときに実際にはゼロ割が起きていますが，例外処理によりループが停止することなく実行できていることがわかります．

```
for i in [-1,0,1]:
    try:
        print(f"{1/i}")
    except:
        continue
```

```
-1.0
1.0
```

2.6 関数とオブジェクト指向

Python では，関数とクラスの定義を以下のような形式で記述します．

```
def 関数名 (引数 1,引数 2,...):
    関数の処理
```

```
class クラス名:
    def __init__(self,引数 1,引数 2,….):
        # コンストラクタの定義

    def メソッド名 (self,引数 1,引数 2,….):
        # メソッドの定義
```

ここで，self はインスタンス変数やメソッドを格納するクラス自身を参照

する変数です．コンストラクタとメソッドの最初の引数として，必ず self
変数を渡します．

　物件価格データを読み込み，指定した建物の等級 (MSSubClass) の散布図
(横軸 GrLivArea，縦軸 SalePrice) をプロットする housePriceData クラ
スを作ってみましょう．housePriceData クラスでは，以下のインスタンス
変数とメソッドを定義します．

- インスタンス変数 self.data：csv ファイルから読み込んだ dataframe
  を格納する．
- コンストラクタ __init__：指定された path の csv ファイルから
  dataframe を読み込み，self.data に設定する．
- plotScatter メソッド：指定された建物の等級 (MSSubClass) の散布
  図 (横軸 GrLivArea，縦軸 SalePrice) をプロットする．

まず，以下のように housePriceData クラスを宣言します．

```
class housePriceData:
```

次に，housePriceData クラスのコンストラクタを実装します．

▶ **code2-3　コンストラクタ (housePriceData.py)**

```
1   # 1. コンストラクタ
2   # path: ファイルのパス（文字列）
3   def __init__(self,path):
4       self.data = pd.read_csv(path)  # dataframe の読み込み
```

4 行目にて引数 path にて指定された csv ファイルを，pandas.read_csv 関
数（2.3.20 節）を用いて読み込み，インスタンス変数 self.data に設定して
います．

　次に，housePriceData クラスの plotScatter メソッドを実装します．

▶ **code2-4　plotScatter メソッド (housePriceData.py)**

```
1   # 2. 建物の等級 (MSSubClass)を限定した散布図 (横軸GrLivArea, 縦軸 SalePrice)
       をプロットするメソッド
2   # titles: タイトル (グラフ数のリスト)
3   # levels: 建物の等級 (グラフ数のリスト)
4   def plotScatter(self,titles,levels):
5
6       # 図の初期化
7       fig = plt.figure()
8
9       # 横軸と縦軸の範囲計算
10      xrange = [np.min(self.data['GrLivArea'].values),np.max(self.data[
         'GrLivArea'].values)]
11      yrange = [np.min(self.data['SalePrice'].values),np.max(self.data[
         'SalePrice'].values)]
12
13      # 列数の計算
14      ncol = int(len(titles)/2)
15
16      # 各グラフのプロット
17      for ind in np.arange(len(titles)):
18
19          # グラフの位置を設定
20          ax = fig.add_subplot(2,ncol,ind+1)
21
22          # タイトルの設定
23          ax.set_title(titles[ind])
24
25          # 散布図のプロット
26          ax.plot(self.data[self.data['MSSubClass']==levels[ind]]['
         GrLivArea'].values,
27                  self.data[self.data['MSSubClass']==levels[ind]]['
         SalePrice'].values,'.')
28
29          # 各軸の範囲とラベルの設定
30          ax.set_xlim([xrange[0],xrange[1]])
31          ax.set_ylim([yrange[0],yrange[1]])
32          ax.set_xlabel('GrLivArea',fontSize=14)
33          ax.set_ylabel('SalePrice',fontSize=14)
34
35      plt.tight_layout() # グラフ間に隙間をあける
36      plt.show() # グラフの表示
```

10〜11行目にて，numpy.min と numpy.max 関数 (2.3.8節) を用いて，横

軸のデータ self.data['GrLivArea'].values の最小値と最大値を要素に持つリスト xrange と，縦軸のデータ self.data['SalePrice'].values の最小値と最大値を要素に持つリスト yrange を求めています．

14 行目にて，タイトル titles の大きさ len(titles) を 2 で割ることにより，行数を 2 で固定にした場合，すべてのグラフをプロットするのに必要な列数を求めています．20～33 行目にて，code 2-1 と同じように，順番にグラフの位置を指定し散布図をプロットしています．

以下は，housePriceData クラスの実行例です．housePriceData クラスを myData としてインスタンス化したあと，プロットする 4 種類の MSSubClass の値とタイトルを設定し，plotScatter メソッドを実行しています．

▶ **code2-5　housePriceData クラスの実行例 (housePriceDataMain.py)**

```
 1  import housePriceData as hpd
 2
 3  #------------------
 4  # 1. housePriceData クラスのインスタンス化
 5  myData = hpd.housePriceData('../../data/house-prices-advanced-
        regression-techniques/train.csv')
 6  #------------------
 7
 8  #------------------
 9  # 2. MSSubClass とタイトルのリスト作成
10  levels = [20,30,60,70]
11
12  titles = []
13  titles.append('1-Story 1946 & Newer')
14  titles.append('1-Story 1945 & Older')
15  titles.append('2-Story 1946 & Newer')
16  titles.append('2-Story 1945 & Older')
17  #------------------
18
19  #------------------
20  # 3. 散布図をプロット
21  myData.plotScatter(titles,levels)
22  #------------------
```

1 行目にて，housePriceData クラスを hpd として読み込み，5 行目にて，housePriceData クラスを myData としてインスタンス化しています．

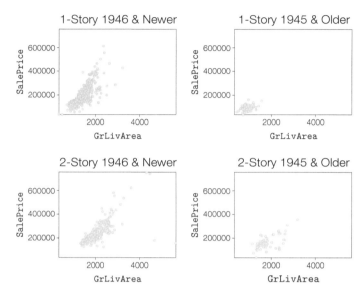

図 2.11 housePriceData クラスによる散布図のプロットの例.

10 行目にて, プロットする建物の等級の値のリスト levels を作成し, 13～16 行目にて, append 関数 (2.3.4 節) を用いて, リストに要素 (タイトルの文字列) を追加しています. そして, 21 行目にて, plotScatter メソッドを実行し, グラフをプロットしています.

レポジトリ MLBook の「codes/pythonBasics」フォルダに移動しコード housePriceDataMain.py を実行してみましょう. 図 2.11 のように 4 つの散布図がプロットされます.

2.7 OpenAI [7]

OpenAI は, 強化学習のアルゴリズムを評価するためのさまざまなベンチマークツールが動作するプラットフォームです. ベンチマークツールとしては, 図 2.12 のように Atari ゲーム, 古典制御およびロボット制御などがあります.

2.1.1 節にてインストールした Anaconda の Python 環境に, OpenAI Gym

Atari ゲーム：Pacman,
Pong など

MsPacman
-ram-v0

Pong-ram-v0

ロボット：PickAndPlace,
HandManipulateBlock など

FetchPickAndPlace
-v0

HandManipulateBlock
-v0

古典制御：MountainCar, Acrobot, CartPole など

Acrobot-v1

CartPole-v1

MountainCar-v0

図 2.12　OpenAI のタスクの例 [7]

のモジュールを追加します．powershell 上で，`pip install gym` を入力し
Enter を押します．

```
> pip install gym
```

次に，インストールした OpenAI Gym の動作確認をします．引き続き，pow-
ershell 上で `python` を入力し Enter を押します．そして，`import gym` を入
力し，OpenAI Gym をインポートします．

```
> python
>>> import gym
```

特にエラーが出なければ，引き続き，古典制御タスクの MountainCar タスク
`MountainCar-v0` を `gym.make` 関数を用いて `env` に読み込み，環境の初期化
の `env.reset()` および描画の `env.render()` 関数を実行してみましょう．

```
>>> env = gym.make('MountainCar-v0')
>>> env.reset()
array([-0.44697984,  0.        ])
>>> env.render()
```

図 2.13 のような車と山なりの曲線が描画されれば，OpenAI Gym の動作確

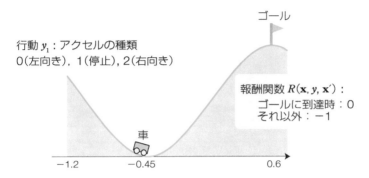

行動 y_1：アクセルの種類
0（左向き），1（停止），2（右向き）

報酬関数 $R(\mathbf{x}, y, \mathbf{x}')$：
ゴールに到達時：0
それ以外：−1

車

−1.2   −0.45   0.6

状態 $\mathbf{x}$（2次元ベクトル）：車の横軸上の位置（−1.2～0.6）と速度

図 2.13 MountainCar タスクの状態，行動および報酬関数.

認は完了です.

　最後は必ず env.close() 関数を実行してタスクを終了します.

```
>>> env.close()
```

　次に，レポジトリ MLBook の「codes/pythonBasics」フォルダに移動し，コード randomCar.py を実行してみましょう．実行すると，ランダムに 500 回行動を選択し，MountainCar を動かすことができます.

▶ **code2-6　MountainCar のランダム動作 (randomCar.py)**

```
 1  import gym
 2
 3  #-------------------
 4  # 1. MountainCar タスクの読み込み
 5  env = gym.make('MountainCar-v0')
 6  #-------------------
 7
 8  #-------------------
 9  # 2. 環境の初期化
10  env.reset()
11  #-------------------
12
13  #-------------------
14  # 3. ランダムに行動を選択し描画
```

```
15  for i in range(500):
16      env.step(env.action_space.sample())
17      env.render()

18  #-------------------
19  #-------------------
20  # 4. 終了
21  env.close()
22  #-------------------
```

MountainCar タスクは，図 2.13 のように，2 つの山の間の谷底に置かれた車を，右の山の頂上にあるゴールまで誘導することを目的にしたタスクです．車の状態 $\mathbf{x}$ は，横軸上の位置 $([-1.2, 0.6])$ と速度の 2 次元ベクトルとなっていて，報酬関数 $R(\mathbf{x}, y, \mathbf{x}')$ は，ゴールの場所で 0，それ以外の場所では -1 となっています．車の行動 y は，左に移動，停止，右に移動の 3 種類ありますが，車の馬力が足りないため，そのまま右の山を頂上まで登ることができません．

3

数学のおさらい

機械学習は数学の異種格闘技といってもいいほど，線形代数，確率統計，情報理論および最適化を駆使して，学習アルゴリズムを構築します．本章では，数学の基礎を学ぶとともに，Python による数式の実装方法を紹介します．

3.1 線形代数

　機械学習では，多次元の変数により定義された関数を用いて，多次元のデータを処理します．多次元の変数やデータを，数式およびプログラムコード上で表現するのに，ベクトルと行列およびそれらの演算が不可欠となります．ここでは，機械学習の基礎を学ぶうえで必須のベクトルと行列の性質および演算の基礎について学びます．

3.1.1 スカラーとベクトル

　まず，機械学習で用いる代表的な変数であるスカラーとベクトルについて説明します．質量，温度，長さなど，大きさだけを表す 1 つの数値からなる変数のことを**スカラー** (scalar) といいます．スカラーは，x や w のように細い小文字で表します．スカラー w が実数の場合，w は実数の集合 $\mathbb{R}$ の 1 つの要素という意味で，$w \in \mathbb{R}$ のように表現します．

　一方，速度，力など大きさに加え方向を表す複数のスカラーからなる変数のことを**ベクトル** (vector) といいます．ベクトルは，太字の小文字 $\mathbf{w}$ で表

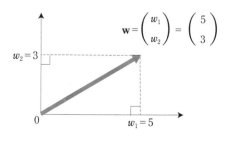

図 3.1　ベクトルの例.

します. 以下は, 図 3.1 のように, 2 つのスカラー $w_1 = 5$ と $w_2 = 3$ からなる 2 次元ベクトルの例です.

$$\mathbf{w} = \begin{pmatrix} w_1 \\ w_2 \end{pmatrix} = \begin{pmatrix} 5 \\ 3 \end{pmatrix} \tag{3.1}$$

ベクトル $\mathbf{w}$ が実数のスカラーを要素として持つ場合, 2 行 1 列の実数の集合の 1 つの要素という意味で, $\mathbf{w} \in \mathbb{R}^{2 \times 1}$ のように表現します.

　ここで, スカラーの下付きの添え字は, ベクトルの要素の番号（インデックス）を表しています. 式 (3.1) のように, スカラーを縦に並べたベクトルを列ベクトルといいます. **本書では, 機械学習のモデルパラメータのベクトルを列ベクトルで表します.** 一方, 式 (3.2) のようにスカラーを横に並べたベクトル $\mathbf{x} \in \mathbb{R}^{1 \times 2}$ を行ベクトルといいます. **本書では, 機械学習のデータを行ベクトルで表します.**

$$\mathbf{x} = (x_1, x_2) \tag{3.2}$$

　Python の数値演算用ライブラリの `numpy.ndarray`（2.3.5 節）を用いて, 列ベクトル $\mathbf{w}$ と行ベクトル $\mathbf{x}$ を定義してみましょう. また, `numpy` の `zeros`, `ones`, `random.normal` および `random.uniform` 関数を用いてベクトルを生成してみましょう.

▶ **code3-1　ベクトルの定義 (vectorMatrix1.py)**

```
1  import numpy as np
2
3  # 列ベクトル: 2行 1列のnumpy.ndarray を定義
4  w = np.array([ [5.0], [3.0] ])
```

```
 5
 6    # 行ベクトル: 1行 2列のnumpy.ndarray を定義
 7    x = np.array([ [1.0,5.0] ])
 8
 9    # すべての要素が 0または 1の 1行 5列のnumpy.ndarray を生成
10    zeros = np.zeros([1,5])
11    ones = np.ones([1,5])
12
13    # 一様分布または正規分布に従ってランダムに 1行 5列のnumpy.ndarray を生成
14    uniform = np.random.rand(1,5)
15    normal = np.random.normal(size=[1,5])
16
17    # 標準出力
18    print(f"ベクトル w) 形:{w.shape}, 型:{w.dtype}\n{w}\n")
19
20    print(f"ベクトル x) 形:{x.shape}, 型:{x.dtype}\n{x}\n")
21
22    print(f"ベクトル zeros) 形:{zeros.shape}, 型:{zeros.dtype}\n{zeros}\n")
23
24    print(f"ベクトル ones) 形:{ones.shape}, 型:{ones.dtype}\n{ones}\n")
25
26    print(f"ベクトル
         uniform) 形:{uniform.shape}, 型:{uniform.dtype}\n{uniform}\n")
27
28    print(f"ベクトル
         normal) 形:{normal.shape}, 型:{normal.dtype}\n{normal}")
```

0.2 節にて作成したレポジトリ MLBook の「codes/mathBasics」フォルダに移動し，コード vectorMatrix1.py を実行してみましょう．

```
# ベクトルw) 形：(2, 1)，型：float64
[[5.]
 [3.]]

# ベクトルx) 形：(1, 2)，型：float64
[[1. 5.]]

# ベクトルzeros) 形：(1, 5)，型：float64
[[0. 0. 0. 0. 0.]]

# ベクトルones) 形：(1, 5)，型：float64
[[1. 1. 1. 1. 1.]]
```

```
# ベクトルuniform) 形：(1, 5), 型：float64
[[0.23434658 0.51140919 0.4008266  0.25777362 0.16618067]]

# ベクトルnormal) 形：(1, 5), 型：float64
[[ 1.16004146  1.6891473  -0.81821055  1.00463536  0.74577309]]
```

ベクトル w では，float64 型の実数の 2 行 1 列の `numpy.ndarray` が，ベクトル x では，float64 型の実数の 1 行 2 列の `numpy.ndarray` が定義されていることがわかります．

また，`zeros` と `ones` は，`numpy.zeros` または `numpy.ones` 関数を用いて，すべての要素が 0 または 1 の `numpy.ndarray` を生成しています．

また，`uniform` と `normal` は，`numpy.random.uniform` または `numpy.random.normal` 関数を用いて，一様分布または正規分布に従って `numpy.ndarray` を生成しています．

3.1.2　ベクトルの内積

同じ次元数を持つ 2 つのベクトルの積である**内積** (inner product) は，以下のように行ベクトル $\mathbf{x}$ と列ベクトル $\mathbf{w}$ の各要素同士を掛けて，足すことにより計算します．

$$\mathbf{x}\mathbf{w} = (x_1, x_2) \begin{pmatrix} w_1 \\ w_2 \end{pmatrix} = x_1 w_1 + x_2 w_2 \tag{3.3}$$

また，同じベクトル同士の内積の平方根をとったものを**L2 ノルム**といい，ベクトルの大きさを表します．ノルムは，以下のようにベクトルを二重線で挟んだ形で表現します．

$$\|\mathbf{w}\| = \sqrt{\mathbf{w}^\top \mathbf{w}} = \sqrt{w_1^2 + w_2^2} \tag{3.4}$$

ここで，$\top$ は**転置**と呼ばれ，以下のように行と列を入れ替える演算子です．

$$\mathbf{w}^\top = (w_1, w_2) \tag{3.5}$$

L2 ノルム以外にも，ノルムには L0，L1 などさまざまな種類がありますが，本書では，L2 ノルムのみを用いるため，以下ノルムと省略します．内積は，**コサイン類似度**とも呼ばれ，2 つのベクトルの類似度を表します．

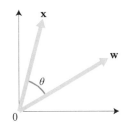

図 3.2 2 つのベクトルのなす角.

$$\mathbf{xw} = \|\mathbf{x}\|\|\mathbf{w}\| \cos\theta \tag{3.6}$$

ここで，θ は以下のようにベクトル $\mathbf{x}$ と $\mathbf{w}$ のなす角です（図 3.2）.

2 つのベクトルが直交している場合，つまり，なす角 $\theta = 90°$ の場合，$\cos 90° = 0$ となるため，2 つのベクトルの類似度は 0 となります．また，同じベクトル同士の内積はノルムと等しいため正に大きい値をとり，反対方向を向くベクトル同士の内積は負に大きい値をとります．

コード vectorMatrix1.py にて定義した列ベクトル $\mathbf{w}$ と行ベクトル $\mathbf{x}$ の内積および $\mathbf{w}$ のノルムを計算してみましょう．内積の計算には np.matmul 関数，ベクトルの転置 $\top$ には numpy.ndarray.T 演算子を用います．

▶ **code3-2　ベクトルの内積 (vectorMatrix2.py)**

```
 1  import numpy as np
 2
 3  # 列ベクトル： 2行 1列のnumpy.ndarray を定義
 4  w = np.array([ [5.0], [3.0] ])
 5
 6  # 行ベクトル： 1行 2列のnumpy.ndarray を定義
 7  x = np.array([ [1.0,5.0] ])
 8
 9  # 内積の計算：x （行ベクトル）と w （列ベクトル）の掛け算
10  xw = np.matmul(x,w)
11
12  # w のノルムの計算： w の転置（行ベクトル）と w （列ベクトル）の掛け算
13  ww = np.matmul(w.T,w)
14
15  # 標準出力
16  print(f"x と w の内積）形:{xw.shape}, 型:{xw.dtype}\n{xw}\n")
17  print(f"w のノルム）形:{ww.shape}, 型:{ww.dtype}\n{ww}\n")
```

レポジトリ MLBook の「codes/mathBasics」フォルダに移動し，コード `vectorMatrix2.py` を実行してみましょう．

```
# x と w の内積）形：(1, 1)，型：float64
[[20.]]

# w のノルム）形：(1, 1)，型：float64
[[34.]]
```

内積 $\mathbf{xw}$ とノルム $\|\mathbf{w}\|$ ともに float64 型の実数のスカラー（1行1列）になっていることがわかります．

3.1.3 　正規直交基底ベクトル

ノルムが1で，直交しているベクトル同士のことを**正規直交基底ベクトル**（orthonormal basis vector）といいます．正規直交基底ベクトルは，ベクトル空間の次元数と同じ数だけ存在します．例えば，以下の $\mathbf{i}$ および $\mathbf{j}$ は，2次元のベクトル空間上の正規直交基底ベクトルです（**図3.3**）．

2次元のベクトル空間上の任意のベクトル $\mathbf{w}$ は，正規直交基底ベクトルを用いて，以下のように和の形に分解できます．このような正規直交基底ベクトルを用いた分解を**直交展開**といいます．

$$\mathbf{w} = w_1\,\mathbf{i} + w_2\,\mathbf{j} = w_1 \begin{pmatrix} 1 \\ 0 \end{pmatrix} + w_2 \begin{pmatrix} 0 \\ 1 \end{pmatrix} \tag{3.7}$$

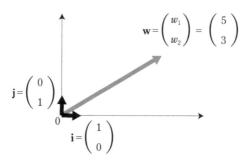

図3.3　正規直交基底ベクトルの例．

3.1.4 行列

スカラーを,格子状の行と列に並べたものを**行列** (matrix) といい,細い大文字 X で表します.以下は,3 行 2 列の行列の例です.

$$X = \begin{pmatrix} x_{11} & x_{12} \\ x_{21} & x_{22} \\ x_{31} & x_{32} \end{pmatrix} \tag{3.8}$$

ここで,スカラーの下付きの添え字は,以下のように 1 つ目が行番号,2 つ目が列番号に対応しています（図 3.4）.

行列 X が実数のスカラーを要素として持つ場合,3 行 2 列の実数の集合の 1 つの要素という意味で,$X \in \mathbb{R}^{3 \times 2}$ のように表現します.機械学習では,行列をデータやモデルパラメータを格納するために用います.例えば,図 3.5 のように,健康診断で 7 人の身長,体重および胸囲を測定したデータは,7 行 3 列の行列で表すことができます.つまり,行が各データサンプル,列が身長や体重などの属性に対応しています.

i 行目　　j 列目

図 3.4 行列に格納されている変数の行と列のインデックス.

3 種類の属性		
身長	体重	胸囲
170	60	80
167	52	93
174	57	85
181	70	80
171	62	70
171	66	95
168	54	85

7 人分のデータ

$$X = \begin{pmatrix} 170 & 60 & 80 \\ 167 & 52 & 93 \\ 174 & 57 & 85 \\ 181 & 70 & 80 \\ 171 & 62 & 70 \\ 171 & 66 & 95 \\ 168 & 54 & 85 \end{pmatrix}$$

図 3.5 表データの行列表現.

3.1.5　行列とベクトルの関係

式 (3.8) の行列 X から，i 行目を取り出したものは，1 行 2 列の行ベクトルとなります．

$$X_{i:} = X[i-1,:] = (x_{i1}, x_{i2}) \tag{3.9}$$

ここで，コロン : は，numpy.ndarray のスライス（2.3.7 節）のときと同様に，すべての要素を意味することとします．つまり，$X_{i:}$ は，列番号がコロン : になっているので，すべての列を意味します．

一方，行列 X から，j 列目を取り出したものは，以下のように 3 行 1 列の列ベクトルとなります．

$$X_{:j} = X[:,j-1] = \begin{pmatrix} x_{1j} \\ x_{2j} \\ x_{3j} \end{pmatrix} \tag{3.10}$$

行列は，ベクトルと同様に numpy.ndarray を用いて定義します．以下のように，3 行 2 列の行列 X を定義し，スライスを用いて 1 行目の行ベクトル $X_{1:}$ と 2 列目の列ベクトル $X_{:2}$ を取り出してみましょう．ここで，numpy.ndarray のインデックスは，0 から始まるため，数式上の行と列のインデックスから，「1」引いたインデックスを指定する必要があるので，気を付けましょう．

▶ **code3-3　行列の定義とスライス (vectorMatrix3.py)**

```
1   import numpy as np
2
3   # 行列： 3行 2列のnumpy.ndarray を定義
4   X = np.array([ [1.0,2.0], [2.0,4.0], [3.0,6.0] ])
5
6   # 1行目の行ベクトル (1行 2列)の取り出し
7   Xrow1 = X[[0],:]
8
9   # 2列目の列ベクトル (3行 1列)の取り出し
10  Xcol2 = X[:,[1]]
11
12  # 標準出力
13  print(f"行列 X) 形:{X.shape}, 型:{X.dtype}\n{X}\n")
14  print(f"1行目) 形:{Xrow1.shape}, 型:{Xrow1.dtype}\n{Xrow1}\n")
15  print(f"2列目) 形:{Xcol2.shape}, 型:{Xcol2.dtype}\n{Xcol2}\n")
```

レポジトリ MLBook の「codes/mathBasics」フォルダに移動し，コード vectorMatrix3.py を実行してみましょう．

```
# 行列X) 形：(3, 2), 型：float64
[[1. 2.]
 [2. 4.]
 [3. 6.]]

# 1行目) 形：(1, 2), 型：float64
[[1. 2.]]

# 2列目) 形：(3, 1), 型：float64
[[2.]
 [4.]
 [6.]]
```

float64型の実数の3行2列の行列 X から1行目の行ベクトルを取り出すために，行または列のインデックスをリスト [] で指定しています．これは，以下のように，リストを用いてインデックスを指定する場合（つまり，X[[0],:]）は，shape が (1,2) の行列としてスライスできるのに対し，リストを用いない場合（つまり，X[0,:]）は，shape が (2,) となり行列ではなくなってしまうからです．

```
X[0,:]
# リストなしの場合：[1. 2.], shape ：(2,)

X[[0],:]
# リストありの場合：[[1. 2.]], shape ：(1, 2)
```

このように，行ベクトルまたは列ベクトルでも，行列の形を保っておかないと，numpy.matmul 関数で行列の掛け算をする際などにエラーがでてしまうので気を付けましょう．

3.1.6 行列の積と和

列数と行数が等しい2つの行列は掛けることができます．行列の積の計算は，掛け合わせる左の行列の i 行の各要素と，右の行列の j 列の各要素を掛けて足し合わせた値を，積の結果の行列の i 行 j 列の要素に格納します．例

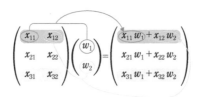

図 3.6　行列の掛け算の例.

えば，3 行 2 列の行列 X と 2 行 1 列の行列 $\mathbf{w}$（列ベクトル）の積は**図** 3.6 のようになります．具体的には，左の行列の 1 行目と，右の行列の 1 列目の同じ色の枠同士を掛けて足したものが，右辺の結果の行列の 1 行目に格納されます．

　結果の行列の行数と列数は，掛け合わせる左の行列の行数と，右の行列の列数と等しくなります．例えば，3 行 2 列の行列と 2 行 1 列の行列の積の結果は，3 行 1 列の行列となります．

　また，同じ大きさの行列同士は足すことができます．行列の和の計算は，単純に同じ位置にある要素同士を足します．行列とベクトルの足し算は，以下のように計算します．以下は，行列とベクトルの積 $X\mathbf{w}$ に 3 行 1 列の行列 $\mathbf{b} = (b_1, b_2, b_3)^{\top}$ を足す例です．

$$
\begin{aligned}
X\mathbf{w} + \mathbf{b} &= \begin{pmatrix} x_{11}w_1 + x_{12}w_2 \\ x_{21}w_1 + x_{22}w_2 \\ x_{31}w_1 + x_{32}w_2 \end{pmatrix} + \begin{pmatrix} b_1 \\ b_2 \\ b_3 \end{pmatrix} \\
&= \begin{pmatrix} x_{11}w_1 + x_{12}w_2 + b_1 \\ x_{21}w_1 + x_{22}w_2 + b_2 \\ x_{31}w_1 + x_{32}w_2 + b_3 \end{pmatrix}
\end{aligned} \tag{3.11}
$$

`numpy.matmul` 関数を用いて，行列とベクトルの積と和の計算をしてみましょう．

▶ **code3-4　行列とベクトルの積と和 (vectorMatrix4.py)**

```
1  import numpy as np
2
3  # 行列：3行 2列のnumpy.ndarray を定義
```

```
4   X = np.array([ [1.0,2.0], [2.0,4.0], [3.0,6.0] ])
5
6   # 列ベクトルw ： 2 行 1 列の numpy.ndarray を定義
7   w = np.array([ [5.0], [3.0] ])
8
9   # 列ベクトルb ： 3 行 1 列の numpy.ndarray を定義
10  b = np.array([ [1.0], [1.0], [1.0] ])
11
12  # 行列とベクトルの積と和
13  res = np.matmul(X,w) + b
14
15  # 標準出力
16  print(f"積和の結果）\n{res}")
```

レポジトリ MLBook の「codes/mathBasics」フォルダに移動し，コード `vectorMatrix4.py` を実行してみましょう．

```
# 積和の結果
[[12.]
 [23.]
 [34.]]
```

行列（3 行 2 列）と列ベクトル（2 行 1 列）の積と和の結果として，float64 型実数の 3 行 1 列の列ベクトルが出力されていることがわかります．

3.1.7 逆行列

掛け算に対する逆数のように，**正則行列** (regular matrix) A に対しては，以下のような性質を満たす**逆行列** (inverse matrix) A^{-1} が存在します．

$$A^{-1}A = AA^{-1} = I \tag{3.12}$$

ここで，I は**単位行列**（identity matrix）と呼ばれ，対角成分に 1，それ以外に 0 を格納する行列です．また，正則行列は行数と列数が等しい正方行列で，かつランク落ち（3.1.8 節）しない行列のことをいいます．

行列 A が，以下のように 2 行 2 列の行列とすると，

$$A = \begin{pmatrix} a & b \\ c & d \end{pmatrix} \tag{3.13}$$

逆行列は，以下のように求めることができます．

$$A^{-1} = \frac{1}{ad-bc} \begin{pmatrix} d & -b \\ -c & a \end{pmatrix} \tag{3.14}$$

実際に，求めた逆行列 A^{-1} を元の行列 A にかけると，単位行列 I が求まります．

$$A^{-1}A = \frac{1}{ad-bc} \begin{pmatrix} d & -b \\ -c & a \end{pmatrix} \begin{pmatrix} a & b \\ c & d \end{pmatrix} = \begin{pmatrix} 1 & 0 \\ 0 & 1 \end{pmatrix} = I \tag{3.15}$$

3.1.8 行列の階数

行列の行または列ベクトルの中で線形独立なベクトルの数のことを**ランク（階数）**(rank) といい，行列 A のランクは，rank(A) で表現します．正方行列の場合，最大のランクは行数および列数と等しくなります．一方，正方行列のランクが行数および列数より小さい場合，行列は「ランク落ち」しているといいます．

(線形独立性)

2 つの相異なる非ゼロのベクトル $\mathbf{v}_1$ と $\mathbf{v}_2$ が，次の必要十分条件を満たすとき，ベクトル $\mathbf{v}_1$ と $\mathbf{v}_2$ は**線形独立**である．

$$\gamma_1 = \gamma_2 = 0 \iff \gamma_1 \mathbf{v}_1 + \gamma_2 \mathbf{v}_2 = \mathbf{0} \tag{3.16}$$

ここで，γ_1 と γ_2 はスカラーの係数，$\mathbf{0}$ はすべての要素が 0 のベクトルである．

例えば，以下の 2 行 2 列の正方行列 A の 2 つの列ベクトル $\mathbf{v}_1$ と $\mathbf{v}_2$ に対して，0 以外の係数 γ_1 と γ_2 をどのように組み合わせても，線形結合を $\mathbf{0}$ にすることができません．行ベクトルに対しても同じです．したがって，線形独立なベクトルの数は，行・列ともに 2 個となり，行列 A のランクは，行数と列数と等しい rank(A) = 2 となります．

$$A = \begin{pmatrix} 6 & 2 \\ 2 & 5 \end{pmatrix} = (\mathbf{v}_1, \mathbf{v}_2) \tag{3.17}$$

　一方，以下の行列 B の場合はどうでしょうか．$\gamma_1 = 1$ と $\gamma_2 = -2$ のとき
に線形結合は $\mathbf{0}$ になります．したがって，式 (3.16) より，2 つの列ベクトル
は線形独立ではないため，ランクは 1 つ落ちます．一方，残った 1 つの列ベ
クトルに対しては，$\gamma_1 \mathbf{v}_1 = 0$ となるのは係数 $\gamma_1 = 0$ のときのみなので，式
(3.16) より，線形独立となります．したがって，線形独立な列ベクトルの数
は 1 個となり，行列 B のランクは，$\mathrm{rank}(B) = 1$ となります．

$$B = \begin{pmatrix} 6 & 3 \\ 2 & 1 \end{pmatrix} = (\mathbf{v}_1, \mathbf{v}_2) \tag{3.18}$$

　このようなランク落ちする行列は**特異行列** (singular matrix) といい，逆
行列は存在しません．実際に計算してみると，分母が 0 の分数が出てくるた
め無限に発散してしまうことがわかります．

$$B^{-1} = \frac{1}{6-6} \begin{pmatrix} 1 & -3 \\ -2 & 6 \end{pmatrix} \tag{3.19}$$

　では，2 行 2 列の正則行列 A と特異行列 B を定義し，ランクを求めてみ
ましょう．また，行列のランクが落ちていない場合に，逆行列を計算してみ
ましょう．

▶ **code3-5　逆行列 (vectorMatrix5.py)**

```python
import numpy as np

# 行列： 2行 2列のnumpy.ndarray を定義
A = np.array([ [6.0,2.0], [2.0,5.0] ])
B = np.array([ [6.0,3.0], [2.0,1.0] ])

# 行列のランクの計算
rankA = np.linalg.matrix_rank(A)
rankB = np.linalg.matrix_rank(B)

# A の逆行列
if rankA == len(A):
    invA = np.linalg.inv(A)
    print(f"行列 A) ランク:{rankA}\n 逆行列:\n{invA}\n")
else:
    print(f"行列 A) ランク:{rankA}, 特異行列\n")

# B の逆行列
```

```
19   if rankB == len(B):
20       invB = np.linalg.inv(B)
21       print(f"行列 B) ランク:{rankB}\n 逆行列:\n{invB}\n")
22   else:
23       print(f"行列 B) ランク:{rankB}，特異行列\n")
```

ランクの計算は，8〜9行目のように`numpy.linalg.matrix_rank`関数，逆行列の計算は，13行目と20行目のように`numpy.linalg.inv`関数を用います.

レポジトリ MLBook の「codes/mathBasics」フォルダに移動し，コード`vectorMatrix5.py`を実行してみましょう.

```
# 行列A) ランク： 2
# 逆行列：
[[ 0.19230769 -0.07692308]
 [-0.07692308  0.23076923]]

# 行列B) ランク： 1，特異行列
```

行列 A のランクは 2 であり正則行列のため逆行列を計算し，float64 型実数の 2 行 2 列の行列が出力されています. 一方，行列 B のランクは 1 であるため，ランク落ちが発生し特異行列になるため，逆行列の計算ができません. 実際に計算すると，エラー (`LinAlgError: Singular matrix`) がでます.

3.1.9　行列式

行列式 (determinant) は，正方行列の列ベクトルにより構成される立体の体積に対応する量で，行列が正則か否かを判定するのに用いられます.

行列 A の行列式は，$\det(A)$ で表現します. 例えば，2 行 2 列の行列 $A = \begin{pmatrix} a & b \\ c & d \end{pmatrix}$ の行列式は以下のようになります.

$$\det(A) = ad - bc \tag{3.20}$$

図 3.7 のように，行列 A の列ベクトル $\mathbf{v}_1$ と $\mathbf{v}_2$ が構成する平行四辺形の面積 s は，以下のように $ad - bc$ に絶対値をとった値となります.

$$s = |ad - bc| \tag{3.21}$$

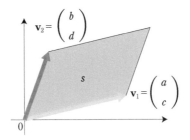

図 3.7　行列 A の列ベクトル $\mathbf{v}_1$ と $\mathbf{v}_2$ から構成される平行四辺形の例.

　つまり，行列 A の行列式 $\det(A)$ の絶対値と，行列 A の列ベクトルから構成される平行四辺形の面積は等価になっています.

$$s = |ad - bc| = |\det(A)| \tag{3.22}$$

3.1.10　行列式と逆行列の関係

　式 (3.18) の行列 B の列ベクトル $\mathbf{v}_1$ と $\mathbf{v}_2$ は，図 3.8 のように平行な関係になっています. この場合，平行四辺形は直線につぶれてしまうので体積は 0 となることが容易にイメージできます. そして，体積に対応している行列式は $\det(A) = 0$ となります.

　このように，列ベクトルが平行な関係になっている場合は，列ベクトル同士で定数倍して引くと 0 にすることができるため，式 (3.16) で定義した線形独立性を満たしません. つまり，行列 A は，ランク落ちが発生し特異行列となり，逆行列が存在しません.

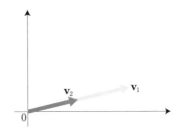

図 3.8　行列 B の列ベクトル $\mathbf{v}_1$ と $\mathbf{v}_2$ から構成される平行四辺形の例（$\mathbf{v}_1$ と $\mathbf{v}_2$ が平行な場合）.

行列式と正則行列の間には，以下の必要十分条件が成り立ちます．

┌─ **(行列の正則性)** ─────────────────────────────
│
│ $\det(A) \neq 0 \iff$ 行列 A は正則 $\iff$ 逆行列 A^{-1}が存在   (3.23)
│
└──

したがって，行列式が 0 か否かによって，行列が正則であり逆行列が存在するか否かを判定することができます．式 (3.17) の行列 A と式 (3.18) の行列 B の行列式を計算してみましょう．

$$\det(A) = 30 - 4 = 26 \tag{3.24}$$
$$\det(B) = 6 - 6 = 0 \tag{3.25}$$

行列 A は正則で，行列 B は特異であることが容易に判定できます．

行列式の計算は，`numpy.linalg.det` 関数を用います．

▶ **code3-6　行列式の計算 (vectorMatrix6.py)**

```
1  import numpy as np
2
3  # 行列：2×2のnumpy.ndarray を定義
4  A = np.array([ [6.0,2.0], [2.0,5.0] ])
5  B = np.array([ [6.0,3.0], [2.0,1.0] ])
6
7  # 行列式の計算
8  detA = np.linalg.det(A)
9  detB = np.linalg.det(B)
10
11  # 標準出力
12  print(f"行列 A の行列式:{detA:.1f}")
13  print(f"行列 B の行列式:{detB:.1f}")
```

レポジトリ MLBook の「codes/mathBasics」フォルダに移動し，コード `vectorMatrix6.py` を実行してみましょう．

```
# 行列A の行列式：26.0
# 行列B の行列式：0.0
```

行列 A の行列式は 26.0 であり非ゼロのため，行列 A は正則行列であるのに

対し，行列 B の行列式は 0.0 であるため，行列 B はランク落ちが発生し特異行列になっていることがわかります．

3.1.11 固有値問題

行列とベクトルの掛け算において，行列はベクトルに対し回転，並進および拡大などの変換として作用します．図 3.9 では，以下の行列 A によって，ベクトル $\mathbf{v} = (1, -1)^\top$ は回転・拡大により，ベクトル $\mathbf{v}' = (1, 3)^\top$ に変換されていることがわかります．

$$A = \begin{pmatrix} 3 & 2 \\ 4 & 1 \end{pmatrix} \tag{3.26}$$

しかし，行列 A はすべてのベクトルを回転できるわけではありません．例えば，ベクトル $\mathbf{v} = (\frac{1}{\sqrt{2}}, \frac{1}{\sqrt{2}})^\top$ の場合はどうでしょうか．図 3.10 のように，ベクトル $\mathbf{v}$ は回転せず拡大だけされて，ベクトル $\mathbf{v}' = 5(\frac{1}{\sqrt{2}}, \frac{1}{\sqrt{2}})^\top$ に変換されていることがわかります．

このように，任意の行列 A に対し，拡大または縮小のみが作用されるベクトル $\mathbf{v}$ のことを**固有ベクトル**といいます．また，拡大・縮小率のことを**固有値**といいます．固有値はよくスカラーの λ で表現されます．図 3.10 の例では，$\mathbf{v} = (\frac{1}{\sqrt{2}}, \frac{1}{\sqrt{2}})^\top$ が固有ベクトルであり，以下のように，変換後 $\mathbf{v}'$ は $\mathbf{v}$ の 5 倍の拡大されていることから，固有値 $\lambda = 5$ となります．

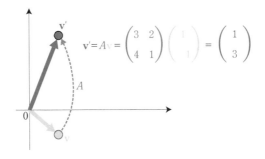

図 3.9 行列 A によるベクトル $\mathbf{v}$ の変換の例．ベクトル $\mathbf{v}$ は回転・拡大されベクトル $\mathbf{v}'$ に変換．

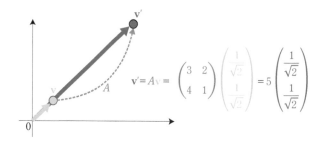

図 3.10 行列 A によるベクトル $\mathbf{v}$ の変換の例. ベクトル $\mathbf{v}$ は拡大だけされベクトル $\mathbf{v}'$ に変換.

$$\mathbf{v}' = A\mathbf{v} = \begin{pmatrix} 3 & 2 \\ 4 & 1 \end{pmatrix} \begin{pmatrix} \frac{1}{\sqrt{2}} \\ \frac{1}{\sqrt{2}} \end{pmatrix} = 5 \begin{pmatrix} \frac{1}{\sqrt{2}} \\ \frac{1}{\sqrt{2}} \end{pmatrix} = 5\mathbf{v} \tag{3.27}$$

つまり，行列 A と固有値 λ と固有ベクトル $\mathbf{v}$ の間には以下の関係が成り立ちます．

(固有値問題)

$$A\mathbf{v} = \lambda\mathbf{v}$$

$$\mathbf{v} \neq \mathbf{0}, \quad \|\mathbf{v}\| = 1 \tag{3.28}$$

任意の行列 A に対する，式 (3.28) を満たす固有値 λ と固有ベクトル $\mathbf{v}$ を求める問題を**固有値問題**（eigen value problem）といいます．なお，式 (3.28) では便宜上，標準的な固有値問題に固有ベクトルのノルム $\|\mathbf{v}\| = 1$ の制約を追加しています．

3.1.12　固有値問題の解法

実際に固有値問題を解いてみます．まず，固有値問題の右辺を左辺に移動します．

$$A\mathbf{v} - \lambda\mathbf{v} = 0$$

$$(A - \lambda I)\mathbf{v} = 0$$

通常であれば，両辺に逆行列 $(A - \lambda I)^{-1}$ を掛けるのですが，$\mathbf{v} = \mathbf{0}$ となり，

固有値問題の条件である $\mathbf{v} \neq \mathbf{0}$ を満たすことができません．したがって，固有値問題の条件を満たすために，逆行列 $(A - \lambda I)^{-1}$ は存在できません．逆行列 $(A - \lambda I)^{-1}$ が存在しないことから，行列式と正則性の必要十分条件（式(3.23)）により，固有値問題は，$\det(A - \lambda I) = 0$ の問題に帰着されます．したがって，以下の手順で固有値 λ および固有ベクトル $\mathbf{v}$ を求めます．

手順1 $\det(A - \lambda I) = 0$ を満たす固有値 λ を求める．

手順2 求めた固有値 λ を用いて，固有値問題 $A\mathbf{v} = \lambda\mathbf{v}$ と固有ベクトルのノルム $\|\mathbf{v}\| = 1$ を満たす固有ベクトル $\mathbf{v}$ を求める．

実際に行列 A の固有値と固有ベクトルを求めてみましょう．

$$
\begin{aligned}
\det(A - \lambda I) = \det &\left(\begin{pmatrix} 3 & 2 \\ 4 & 1 \end{pmatrix} - \begin{pmatrix} \lambda & 0 \\ 0 & \lambda \end{pmatrix} \right) = 0 \\
&\to \det \begin{pmatrix} 3 - \lambda & 2 \\ 4 & 1 - \lambda \end{pmatrix} = 0 \\
&\to (3 - \lambda)(1 - \lambda) - 8 = 0 \\
&\to \lambda^2 - 4\lambda - 5 = 0 \to (\lambda - 5)(\lambda + 1) = 0 \\
&\to \lambda = 5, \; -1
\end{aligned}
$$

したがって，固有値 λ は $\lambda_1 = 5$ および $\lambda_2 = -1$ となります．次に，固有値 λ_1 に対応する固有ベクトル $\mathbf{v}_1 = (v_{11}, v_{21})^\top$ を求めます．

$$
\begin{aligned}
A\mathbf{v}_1 - \lambda\mathbf{v}_1 = &\begin{pmatrix} 3 & 2 \\ 4 & 1 \end{pmatrix} \begin{pmatrix} v_{11} \\ v_{21} \end{pmatrix} - 5 \begin{pmatrix} v_{11} \\ v_{21} \end{pmatrix} = 0 \\
&\to \begin{pmatrix} 3v_{11} + 2v_{21} \\ 4v_{11} + v_{21} \end{pmatrix} - 5 \begin{pmatrix} v_{11} \\ v_{21} \end{pmatrix} = \begin{pmatrix} -2v_{11} + 2v_{21} \\ 4v_{11} - 4v_{21} \end{pmatrix} = 0 \\
&\to v_{11} - v_{21} = 0 \to v_{11} = v_{21}
\end{aligned}
$$

そして，$v_{11} = v_{21}$ をノルム $\|\mathbf{v}_1\| = 1$ に代入します．

$$
\begin{aligned}
\|\mathbf{v}_1\| = \sqrt{v_{11}^2 + v_{21}^2} = \sqrt{v_{11}^2 + v_{11}^2} = \sqrt{2v_{11}^2} = 1 \\
\to v_{11} = \pm\frac{1}{\sqrt{2}}, v_{21} = \pm\frac{1}{\sqrt{2}}
\end{aligned}
$$

したがって, 固有ベクトルは $\mathbf{v}_1 = (\pm\frac{1}{\sqrt{2}}, \pm\frac{1}{\sqrt{2}})^{\top}$ となります. 同様に計算すると, 固有値 $\lambda_2 = -1$ に対応する固有ベクトルは $\mathbf{v}_2 = (\mp\frac{1}{\sqrt{5}}, \pm\frac{2}{\sqrt{5}})^{\top}$ となります.

　Python を用いて, 行列 A の固有値 λ と固有ベクトル $\mathbf{v}$ を求めてみましょう.

▶ **code3-7　固有値問題の解の計算 (vectorMatrix7.py)**

```
1   import numpy as np
2
3   # 行列A の定義
4   A = np.array([ [3,2], [4,1] ])
5
6   # 固有値問題の解
7   L, V = np.linalg.eig(A)
8
9   # 標準出力
10  print(f"固有値:\n{L}")
11  print(f"固有ベクトル:\n{V}")
```

固有値問題を解くために, 7 行目で `np.linalg.eig(A)` 関数を用いています. `np.linalg.eig(A)` は, 固有値を要素に持つベクトル $L = (\lambda_1, \lambda_2)$ と, 固有ベクトル $\mathbf{v}$ を列に並べた行列 V を返します.

$$V = \begin{pmatrix} v_{11} & v_{12} \\ v_{21} & v_{22} \end{pmatrix} = (\mathbf{v}_1, \mathbf{v}_2) \tag{3.29}$$

レポジトリ MLBook の「codes/mathBasics」フォルダに移動し, コード `vectorMatrix7.py` を実行しましょう.

```
# 固有値:
[ 5. -1.]

# 固有ベクトル:
[[ 0.70710678 -0.4472136 ]
 [ 0.70710678  0.89442719]]
```

　行列 A の固有値は手計算と同じ $\{5, -1\}$, 固有ベクトルは手計算のうち1つの $\mathbf{v}_1 = (\frac{1}{\sqrt{2}}, \frac{1}{\sqrt{2}})^{\top}$ と $\mathbf{v}_2 = (-\frac{1}{\sqrt{5}}, \frac{2}{\sqrt{5}})^{\top}$ が得られていることがわかります.

3.1.13 固有値と固有ベクトルの性質

固有値と固有ベクトルにはさまざまな性質があります.

性質 1 行列 A が対称行列の場合,固有ベクトルは互いに正規直交し,固有ベクトルを列に持つ行列 V は直交行列となる.

性質 2 固有値の和は,行列の対角成分の和(トレース)と一致する.

性質 3 固有値の積は,行列式と一致する.

性質 4 直交行列 V の逆行列 V^{-1} は転置行列 $V^\top$ と一致する.

以下の対称行列(転置しても変化しない行列)を定義し,上記の 4 つの性質を確認しましょう.

$$A = A^\top = \begin{pmatrix} 3 & 1 \\ 1 & 3 \end{pmatrix} \tag{3.30}$$

対称行列 A の 2 つの固有ベクトルを Python で求めて内積を計算してみましょう.

▶ **code3-8 固有値・固有ベクトルの性質 (vectorMatrix8.py)**

```python
import numpy as np

# 行列A の定義
A = np.array([ [3,1], [1,3] ])

# 固有値問題
L, V = np.linalg.eig(A)

# 標準出力
print(f"行列 A の固有値:\n{L}\n")

print(f"行列 A の固有ベクトル:\n{V}\n")

print(f"固有ベクトルの内積:{np.matmul(V[:,[0]].T,V[:,[1]])}\n")

print(f"固有値の和:{np.sum(L)}\n")

print(f"行列 A のトレース(対角成分の和):{np.sum(np.diag(A))}\n")

print(f"固有値の積:{np.prod(L)}\n")

print(f"行列 A の行列式:{np.linalg.det(A):.1f}\n")
```

```
24   print(f"行列 V の逆行列:\n{np.linalg.inv(V)}\n")
25
26   print(f"行列 V の転置:\n{V.T}\n")
```

　18行目の `numpy.diag(A)` 関数は，A が行列の場合，行列 A の対角成分を抽出し，A がベクトルの場合，対角成分に A を持つ行列を返します．

　レポジトリ MLBook の「codes/mathBasics」フォルダに移動し，コード `vectorMatrix8.py` を実行してみましょう．

```
# 行列A の固有値：
[4. 2.]

# 行列A の固有ベクトル：
[[ 0.70710678 -0.70710678]
 [ 0.70710678  0.70710678]]

# 固有ベクトルの内積： [[0.]]

# 固有値の和： 6.0

# 行列A のトレース（対角成分の和）： 6

# 固有値の積： 8.0

# 行列A の行列式： 8.0

# 行列V の逆行列：
[[ 0.70710678  0.70710678]
 [-0.70710678  0.70710678]]

# 行列V の転置：
[[ 0.70710678  0.70710678]
 [-0.70710678  0.70710678]]
```

　対称行列 A の固有ベクトルは，$\mathbf{v}_1 = (\frac{1}{\sqrt{2}}, \frac{1}{\sqrt{2}})^\top$ と $\mathbf{v}_2 = (-\frac{1}{\sqrt{2}}, \frac{1}{\sqrt{2}})^\top$ であるため，内積は $\mathbf{v}_1^\top \mathbf{v}_2 = 0$ となり，互いに直交していることがわかります（性質1）．また，固有値の和と対称行列 A のトレースがどちらも6で等しく（性質2），固有値の積と対称行列 A の行列式がどちらも8で等しい（性質3）ことがわかります．そして，対称行列 A の固有ベクトルを列に持つ行列 V

は，直交行列となっていて，直交行列 V の逆行列と転置行列は等しい（性質 4）ことがわかります．

3.1.14 固有値分解

正方行列 A が固有値 λ および固有ベクトル $\mathbf{v}$ を持つとき，$D \times D$ の正方行列 A は，以下の固有値と固有ベクトルの積に分解できます．この分解を**固有値分解** (eigenvalue decomposition) といいます．

$$A = V\Lambda V^{-1} \tag{3.31}$$

ここで，行列 V は固有ベクトルを列に並べた $D \times D$ の行列です．また，行列 Λ は固有値を対角成分に並べた $D \times D$ の行列です．

$$\Lambda = \begin{pmatrix} \lambda_1 & 0 & \cdots & 0 \\ 0 & \lambda_2 & \cdots & 0 \\ \vdots & \vdots & \vdots & \vdots \\ 0 & 0 & \cdots & \lambda_D \end{pmatrix} = \mathrm{diag}(\lambda_1, \lambda_2, \ldots, \lambda_D) \tag{3.32}$$

ここで，行列 A が対称行列の場合，3.1.13 節の性質 1 より，行列 V は直交行列となっており，性質 4 より，行列 V の逆行列 V^{-1} は転置 $V^\top$ と一致します．このことから，固有値分解は以下のように転置行列 $V^\top$ を用いて表すことができ，さらに展開すると，行列 A は固有値と固有ベクトルの積和に分解できます．この分解を**スペクトル分解**といいます．

$$A = V\Lambda V^\top = (\mathbf{v}_1, \mathbf{v}_2, \ldots, \mathbf{v}_D)\mathrm{diag}(\lambda_1, \lambda_2, \ldots, \lambda_D)\begin{pmatrix} \mathbf{v}_1^\top \\ \mathbf{v}_2^\top \\ \vdots \\ \mathbf{v}_D^\top \end{pmatrix}$$

$$= (\lambda_1\mathbf{v}_1, \lambda_1\mathbf{v}_2, \ldots, \lambda_D\mathbf{v}_D)\begin{pmatrix} \mathbf{v}_1^\top \\ \mathbf{v}_2^\top \\ \vdots \\ \mathbf{v}_D^\top \end{pmatrix}$$

$$= \lambda_1\mathbf{v}_1\mathbf{v}_1^\top + \lambda_2\mathbf{v}_2\mathbf{v}_2^\top + \cdots + \lambda_D\mathbf{v}_D\mathbf{v}_D^\top \tag{3.33}$$

3.2 最適化

コンピュータ上での学習（つまり，機械学習）は，分析者によって定義された関数のモデルパラメータを最適化することに対応します．したがって，機械学習は基本的には「学習＝最適化」です．ここでは，本書で利用する最適化手法を学びます．

3.2.1 連立方程式を用いた解法

まず，簡単な 1 次連立方程式の問題の最適化について学びます．以下のような 2 元 1 次連立方程式を考えます．

$$ax + by = k$$
$$cx + by = l$$

ここで，a, b, c, d は定数，x, y は最適化したい変数とします．この 2 元 1 次連立方程式は，以下のように行列 A とベクトル $\mathbf{w}$ および $\mathbf{b}$ を用いて表現できます．

$$\begin{pmatrix} a & b \\ c & d \end{pmatrix} \begin{pmatrix} x \\ y \end{pmatrix} = \begin{pmatrix} k \\ l \end{pmatrix}$$
$$A\mathbf{w} = \mathbf{b}$$

ここで，式 (3.23) より，行列式 $\det(A) \neq 0$ であれば逆行列 A^{-1} が存在するので，逆行列を用いて以下のように連立方程式の解を解析的に求めることができます．

$$A^{-1}A\mathbf{w} = A^{-1}\mathbf{b}$$
$$\mathbf{w} = A^{-1}\mathbf{b}$$

行列 A の大きさは，「方程式の数 × 変数の数」に相当します．逆行列が存在するためには，行列は正則でなければなりませんので，方程式の数と変数の数は等しくなければなりません．

Python で，以下の 2 元 1 次連立方程式の解を逆行列を用いて解析的に求められるかどうかを確認し，解を求めてみましょう．

$$2x - 3y = 5$$
$$4x + y = -2$$

▶ **code3-9　1 次連立方程式の解法 (optimization1.py)**

```
1    import numpy as np
2
3    # 行列A の定義
4    A = np.array([ [2,-3], [4,1] ])
5
6    # 列ベクトルb の定義
7    b = np.array([ [5], [-2] ])
8
9    # 行列式が非ゼロか否かを確認
10   if np.linalg.det(A) != 0:
11       # A の逆行列とベクトル b の積から解を求める
12       w = np.matmul(np.linalg.inv(A),b)
13       print(f"w の解) \n{w}")
14   else:
15       # 解が存在しない
16       print(f"解が存在しません. ")
```

10 行目で行列式 $\det(A)$ が 0 か否かを確認し，0 でなければ，12 行目で行列 A の逆行列をベクトル $\mathbf{b}$ に掛けて解 $\mathbf{w}$ を求めています．

optimization1.py を実行してみると，以下のように解が求まります．

```
# w の解
[[-0.07142857]
 [-1.71428571]]
```

3.2.2　微分を用いた解法

図 3.11 のように，関数 $f(w)$ の任意の点 $p_0 : (w, f(w))$ を横軸で Δw 分ずらした点を $p_1 : (w + \Delta w, f(w + \Delta w))$ とします．

2 点 p_0 と p_1 を通る直線の傾きは $\frac{f(w+\Delta w)-f(w)}{\Delta w}$ となります．微分は，点 p_1 を点 p_0 に極限まで近づけた場合の傾きに対応しており，以下のように定義されます．

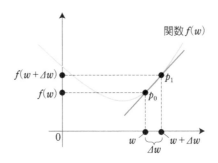

図 3.11　微分の定義のイメージ.

定義 3.1 (微分の定義)

$$f'(w) \equiv \frac{df(w)}{dw} \equiv \lim_{\Delta w \to 0} \frac{f(w + \Delta w) - f(w)}{\Delta w} \tag{3.34}$$

つまり，関数 $f(w)$ の微分 $f'(w)$ は，任意の点 $(w, f(w))$ における関数 $f(w)$ の接線の傾きに対応しています.

(1)　微分を直接用いる場合

　関数の接線の傾きである微分は，関数の極値（極大と極小）の判定に用いられます．関数 $f(w)$ の極値は，微分 $f'(w)$ を用いて以下のように定義されます.

(極値)

$$f(a) は極値 \iff f'(a) = 0 \, かつ前後で \, f'(w) \, の符号が反転 \tag{3.35}$$

　極値のなかでも，図 3.12 左の $f(a)$ のように，微分 $f'(a) = 0$ で，横軸の a を境に微分 $f'(w)$ の符号が正（接線が右上がり）から負（接線が右下がり）に反転する場合は**極大**といいます．また，$f(b)$ のように，微分 $f'(b) = 0$ であり，横軸の b を境に微分 $f'(w)$ の符号が負から正に反転する場合は**極小**といいます．一方，図 3.12 右の $f(c)$ のように，微分 $f'(c) = 0$ であっても，横軸の c を境に微分 $f'(w)$ の符号が反転しない場合（どちらも符号が正か負）

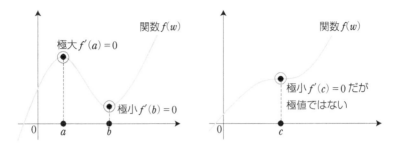

図 3.12 極値の例.

の場合は,極値とはなりません.

関数 $f(w)$ が上に凸な関数の場合,極大値と最大値は一致し,下に凸な関数の場合,極小値と最小値は一致します.したがって,凸関数の最適化では,微分 $f'(w) = 0$ の方程式を w に関して解き,最小解または最大解 w^* を求めて,最小値または最大値 $f(w^*)$ を求めます.

微分の定義を利用して,下に凸な関数 $f(w) = w^2 + 2w$ の最小解 w^* と最小値 $f(w^*)$ を求めてみましょう.

$$
\begin{aligned}
\frac{df(w)}{dw} &= \lim_{\Delta w \to 0} \frac{w^2 + 2w\Delta w + \Delta w^2 + 2w + 2\Delta w - w^2 - 2w}{\Delta w} \\
&= \lim_{\Delta w \to 0} \frac{2w\Delta w + \Delta w^2 + 2\Delta w}{\Delta w} \\
&= \lim_{\Delta w \to 0} 2w + \Delta w + 2 = 2w + 2 = 0 \\
&\longrightarrow w^* = -1
\end{aligned}
$$

したがって,最小解は $w^* = -1$,最小値は $f(w^*) = -1$ となります.

(2) 勾配を用いる場合

図 3.13 のように,目的関数 $f(w)$ が非凸な場合,極値が複数存在したり,極値が最小値または最大値とは限らない場合があります.非凸な目的関数に対する最適化問題では,微分を利用した**勾配法**(gradient method)が用いられます.関数 $f(w)$ の接線の傾きに対応している微分 $f'(w)$ は,w 軸上では,関数 $f(w)$ が最急上昇する方向を表しています.例えば,図 3.13 のよう

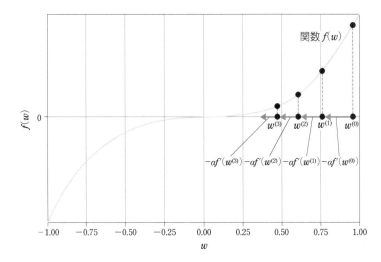

図 3.13　最急降下法の例.

に，関数 $f(w) = w^3$ の微分 $f'(w) = 3w^2$ は，$w \neq 0$ のとき $f'(w) > 0$ となり関数 $f(w)$ が上昇する方向を示しています．勾配法により最大化問題を解く**最急上昇法**（gradient ascent method）では，ランダムにモデルパラメータの初期値 $w^{(0)}$ を設定し，以下のように微分による上昇方向にモデルパラメータ w を更新していきます．

$$w^{(t+1)} = w^{(t)} + \alpha f'(w^{(t)}) \tag{3.36}$$

ここで，$\alpha > 0$ は**学習率**と呼ばれ，モデルパラメータの更新幅を決める**ハイパーパラメータ**です．

　一方，勾配法により最小化問題を解く**最急降下法**（gradient descent method）では，図 3.13 のように，ランダムにモデルパラメータの初期値 $w^{(0)}$ を設定し，以下のように微分によるマイナスを付けた下降方向にモデルパラメータ w を更新していきます．

$$w^{(t+1)} = w^{(t)} - \alpha f'(w^{(t)}) \tag{3.37}$$

　Python で，関数 $f(w) = w^3$（図 3.13）の最小化問題を最急降下法を用いて解いてみましょう．

▶ **code3-10 最急降下法による最適化 (optimization2.py)**

```
1  import numpy as np
2
3  # 学習率の設定
4  alpha = 0.2
5
6  # パラメータの初期化
7  w = 1
8
9  for ite in range(50):
10     print(f"反復:{ite}, w={round(w,2):.2f}")
11
12     # 最急降下法によるパラメータの更新
13     w -= alpha * 3 * w**2
```

4行目で学習率 α を 0.2 に設定し，7行目でパラメータ w を 1 に初期化しています．そして 13 行目で，関数 $f(w)$ の微分 $f'(w) = 3w^2$ を用いて，最急降下法（式 (3.37)）により，パラメータ w を更新しています．

optimization2.py を実行してみると，以下のように，各反復にてパラメータ w の値が減少し，微分 $f'(w) \approx 0$ となる $w \approx 0$ に収束していることがわかります．しかし，図 3.13 の $-1 \leq w \leq 1$ の範囲における $f(w)$ の最小解は $w^* = -1$ ですが，最急降下法では最小解を見つけることができていないことがわかります．

このように，最急降下法では，微分 $f'(w)$ を用いてパラメータを更新するため，簡単に目的関数 $f(w)$ を減少させるパラメータ w を見つけることができますが，大域最適解は保証していません．

```
反復:0, w=1.00
反復:1, w=0.40
反復:2, w=0.30
反復:3, w=0.25
反復:4, w=0.21
反復:5, w=0.18
反復:6, w=0.16
反復:7, w=0.15
反復:8, w=0.13
反復:9, w=0.12
```

```
反復:10, w=0.11

～省略～

反復:40, w=0.04
反復:41, w=0.04
反復:42, w=0.03
反復:43, w=0.03
反復:44, w=0.03
反復:45, w=0.03
反復:46, w=0.03
反復:47, w=0.03
反復:48, w=0.03
反復:49, w=0.03
```

3.2.3 偏微分

微分を用いた解法を，多変数関数 $f(w_1, w_2)$ に適用するために，偏微分を用います．**偏微分**（partial derivative）は，多変数関数 $f(w_1, w_2)$ の 1 つの変数 w_1 または w_2 に関する微分で，以下のように定義されます．

定義 3.2 (偏微分の定義)

$$\frac{\partial f(w_1, w_2)}{\partial w_1} \equiv \lim_{\Delta w_1 \to 0} \frac{f(w_1 + \Delta w_1, w_2) - f(w_1, w_2)}{\Delta w_1} \quad (3.38)$$

微分と同様に，偏微分は接線の傾きに対応しています．図 **3.14** のように，w_1 に関する偏微分は $w_2 = b$ に固定にした関数 $f(w_1, b)$ の断面の接線（赤線），w_2 に関する偏微分は $w_1 = a$ に固定にした関数 $f(a, w_2)$ の断面の接線（緑線）に対応しています．

3.2.4 ベクトルの微分を用いた解法

微分を用いた解法を，ベクトル関数 $f(\mathbf{w})$ に適用するために，ベクトルの微分を用います．ここで，関数の出力も O 次元のベクトル $f(\mathbf{w}) \in \mathbb{R}^{O \times 1}$ とすると，関数 $f(\mathbf{w})$ のベクトル $\mathbf{w} = (w_1, w_2, \ldots, w_D)^\top \in \mathbb{R}^{D \times 1}$ に関する微分は，以下のように各要素に偏微分を持つ D 行 O 列の行列となります．

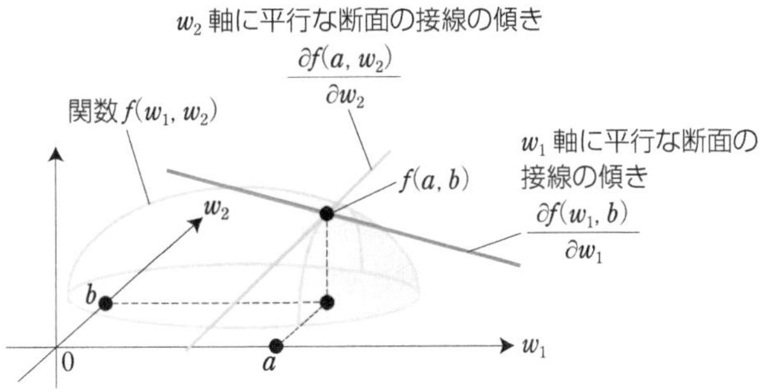

図 3.14 偏微分の定義のイメージ.

定義 3.3 (ベクトルに関する微分の定義)

$$\mathbf{w} \in \mathbb{R}^{D \times 1}$$

$$f(\mathbf{w}) \in \mathbb{R}^{O \times 1}$$

$$\frac{\partial f(\mathbf{w})}{\partial \mathbf{w}} \equiv \begin{pmatrix} \frac{\partial f_1(\mathbf{w})}{\partial w_1} & \frac{\partial f_2(\mathbf{w})}{\partial w_1} & \cdots & \frac{\partial f_O(\mathbf{w})}{\partial w_1} \\ \frac{\partial f_1(\mathbf{w})}{\partial w_2} & \frac{\partial f_2(\mathbf{w})}{\partial w_2} & \cdots & \frac{\partial f_O(\mathbf{w})}{\partial w_2} \\ \vdots & \vdots & \vdots & \vdots \\ \frac{\partial f_1(\mathbf{w})}{\partial w_D} & \frac{\partial f_2(\mathbf{w})}{\partial w_D} & \cdots & \frac{\partial f_O(\mathbf{w})}{\partial w_D} \end{pmatrix} \in \mathbb{R}^{D \times O}$$

$f_o(\mathbf{w})$ は, 関数 $f(\mathbf{w})$ の出力ベクトルの o 番目の要素とする.

ベクトルに関する微分のいくつかの例を見ていきましょう.

(1) ベクトルの内積の場合

まず一番簡単な例として, 関数が $f(\mathbf{w}) = \mathbf{x}\mathbf{w} \in \mathbb{R}^{1 \times 1}$ のようにベクトルの内積の場合の, ベクトル変数 $\mathbf{w} = (w_1, w_2)^\top \in \mathbb{R}^{2 \times 1}$ に関する微分を計算してみましょう.

$$f(\mathbf{w}) = \mathbf{x}\mathbf{w} = (x_1, x_2) \begin{pmatrix} w_1 \\ w_2 \end{pmatrix} = x_1 w_1 + x_2 w_2 \in \mathbb{R}^{1 \times 1}$$

$$\frac{\partial f(\mathbf{w})}{\partial \mathbf{w}} = \begin{pmatrix} \frac{\partial(x_1 w_1 + x_2 w_2)}{\partial w_1} \\ \frac{\partial(x_1 w_1 + x_2 w_2)}{\partial w_2} \end{pmatrix} = \begin{pmatrix} x_1 \\ x_2 \end{pmatrix} \in \mathbb{R}^{2 \times 1} \tag{3.39}$$

したがって，関数 $f(\mathbf{w})$ の微分は $\frac{\partial f(\mathbf{w})}{\partial \mathbf{w}} = \mathbf{x}^\top$ となります．通常のスカラー変数の微分と似ていることがわかります．

(2) 行列とベクトルの積の場合

次に，関数が図 3.6 のように，$f(\mathbf{w}) = X\mathbf{w} \in \mathbb{R}^{3 \times 1}$ の行列とベクトルとの積の場合，ベクトル変数 $\mathbf{w} \in \mathbb{R}^{2 \times 1}$ に関する微分を計算してみましょう．

$$f(\mathbf{w}) = X\mathbf{w} = \begin{pmatrix} x_{11} & x_{12} \\ x_{21} & x_{22} \\ x_{31} & x_{32} \end{pmatrix} \begin{pmatrix} w_1 \\ w_2 \end{pmatrix} = \begin{pmatrix} x_{11}w_1 + x_{12}w_2 \\ x_{21}w_1 + x_{22}w_2 \\ x_{31}w_1 + x_{32}w_2 \end{pmatrix} \in \mathbb{R}^{3 \times 1}$$

$$\frac{\partial f(\mathbf{w})}{\partial \mathbf{w}} = \begin{pmatrix} \frac{\partial(x_{11}w_1 + x_{12}w_2)}{\partial w_1} & \frac{\partial(x_{21}w_1 + x_{22}w_2)}{\partial w_1} & \frac{\partial(x_{31}w_1 + x_{32}w_2)}{\partial w_1} \\ \frac{\partial(x_{11}w_1 + x_{12}w_2)}{\partial w_2} & \frac{\partial(x_{21}w_1 + x_{22}w_2)}{\partial w_2} & \frac{\partial(x_{31}w_1 + x_{32}w_2)}{\partial w_2} \end{pmatrix}$$

$$= \begin{pmatrix} x_{11} & x_{21} & x_{31} \\ x_{12} & x_{22} & x_{32} \end{pmatrix} = X^\top \in \mathbb{R}^{2 \times 3} \tag{3.40}$$

したがって，行列とベクトルの積の関数 $f(\mathbf{w}) = X\mathbf{w}$ の微分は $\frac{\partial f(\mathbf{w})}{\partial \mathbf{w}} = X^\top$ となります．通常のスカラー変数の微分と似ていることがわかります．

(3) ベクトルの 2 次形式の場合

次に，関数が $f(\mathbf{w}) = \mathbf{w}^\top X\mathbf{w} \in \mathbb{R}^{1 \times 1}$ のようなベクトルの 2 次形式の場合，ベクトル変数 $\mathbf{w} \in \mathbb{R}^{2 \times 1}$ に関する微分を計算してみましょう

$$f(\mathbf{w}) = \mathbf{w}^\top X\mathbf{w} = (w_1, w_2) \begin{pmatrix} x_{11} & x_{12} \\ x_{21} & x_{22} \end{pmatrix} \begin{pmatrix} w_1 \\ w_2 \end{pmatrix}$$

$$= w_1 w_1 x_{11} + w_2 w_1 x_{21} + w_1 w_2 x_{12} + w_2 w_2 x_{22} \in \mathbb{R}^{1 \times 1}$$

$$\frac{\partial f(\mathbf{w})}{\partial \mathbf{w}} = \begin{pmatrix} \frac{\partial(w_1 w_1 x_{11} + w_2 w_1 x_{21} + w_1 w_2 x_{12} + w_2 w_2 x_{22})}{\partial w_1} \\ \frac{\partial(w_1 w_1 x_{11} + w_2 w_1 x_{21} + w_1 w_2 x_{12} + w_2 w_2 x_{22})}{\partial w_2} \end{pmatrix} \in \mathbb{R}^{2 \times 1}$$

$$= \begin{pmatrix} 2w_1 x_{11} + w_2 x_{21} + w_2 x_{12} \\ w_1 x_{21} + w_1 x_{12} + 2w_2 x_{22} \end{pmatrix} \tag{3.41}$$

$$= \begin{pmatrix} x_{11} + x_{11} & x_{12} + x_{21} \\ x_{21} + x_{12} & x_{22} + x_{22} \end{pmatrix} \begin{pmatrix} w_1 \\ w_2 \end{pmatrix} = (X + X^\top)\mathbf{w}$$

$$(3.42)$$

したがって，関数 $f(\mathbf{w}) = \mathbf{w}^\top X\mathbf{w}$ の微分は $\frac{\partial f(\mathbf{w})}{\partial \mathbf{w}} = (X + X^\top)\mathbf{w}$ となります．ここで，もし X が対称行列の場合は，$\frac{\partial f(\mathbf{w})}{\partial \mathbf{w}} = 2X\mathbf{w}$ となることから，通常の 2 次のスカラー変数の微分と似ていることがわかります．ベクトルや行列に関する微分の公式は，The Matrix Cookbook [33] に詳しくまとまっています．

3.2.5 制約付き最適化問題

これまで説明した微分を用いた最大化や最小化は，制約なし最適化問題でした．機械学習で扱う最適化問題は，以下のように制約条件が伴う場合が多くあります（図 3.15）．

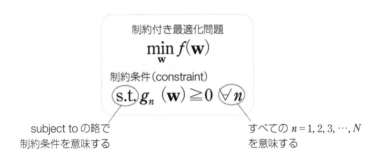

図 3.15 制約付き最適化問題のフォーマット．

例えば，図 3.16 のような下に凸な関数の最適化問題において，最適化したい変数 w の範囲が $w \geq a$ に制限されている場合などがあります．この場合，目的関数 $f(w)$ の最小解（黒い丸枠）は，制約の外にあるため最適解となりません．制約のなかでの最小値をとるところを求めなければなりません．

3.2.6 ラグランジュ未定乗数法 [23,24]

制約付き最適化問題を解く代表的な方法に，**ラグランジュ未定乗数法**（Lagrange multiplier method）[24] があります．ラグランジュ未定乗数法の手

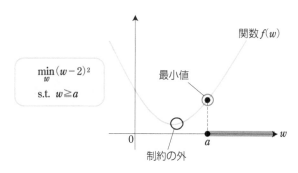

図 3.16　制約付き最適化問題の例.

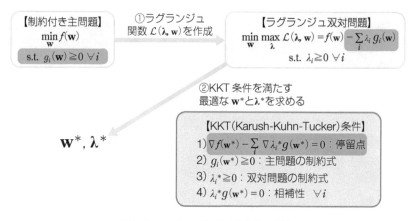

図 3.17　ラグランジュ未定乗数法の手順.

順を説明します（図 3.17）.

手順 1　制約付き最適化問題（**主問題**）から，目的関数と制約条件をまとめ
たラグランジュ関数 $\mathcal{L}(\boldsymbol{\lambda}, \mathbf{w})$ を作成する. このラグランジュ関数
は，各制約条件 $g_i(\mathbf{w}) \geq 0$ にラグランジュ未定乗数 λ_i を掛けて，
目的関数 $f(\mathbf{w})$ から引いた形となっています.

ここで，ラグランジュ未定乗数 $\lambda_i \geq 0$ および制約条件 $g_i(\mathbf{w}) \geq$
0 からラグランジュ関数 $\mathcal{L}(\boldsymbol{\lambda}, \mathbf{w})$ の 2 項目は $-\sum_i \lambda_i g_i(\mathbf{w}) \leq$
0 となります. ラグランジュ関数 $\mathcal{L}(\boldsymbol{\lambda}, \mathbf{w})$ の 2 項目を 0 にし，

$\mathcal{L}(\boldsymbol{\lambda}^*, \mathbf{w}^*) = f(\mathbf{w}^*)$ を獲得するために，$\boldsymbol{\lambda}$ に関する最大化と $\mathbf{w}$ に関する最小化を同時に扱う**ラグランジュ双対問題**を解きます．

手順2 ラグランジュ関数の変数 $\boldsymbol{\lambda}$ と $\mathbf{w}$ を，最適解 $\boldsymbol{\lambda}^*$ と $\mathbf{w}^*$ に関する 4つの **KKT**(Karush-Kuhn-Tucker) **条件**を満たすように最適化する．KKT 条件の 2) は主問題の制約条件で，3) は双対問題の制約条件となっています．1) はラグランジュ関数 $\mathcal{L}(\boldsymbol{\lambda}^*, \mathbf{w}^*)$ の微分を 0 と置いたものに対応しており，**停留点**と呼ばれるものです．

ラグランジュ関数の形および停留点の考え方については，**図 3.18** を用いて説明します．図 3.18 は，2 次元変数 $\mathbf{w} = (w_1, w_2)^\top$ の目的関数 $f(\mathbf{w})$ と制約条件 $g(\mathbf{w}) \geq 0$ を頭上から見下ろした図となっています．したがって，目的関数 $f(\mathbf{w})$ の形は等高線で表現されています．

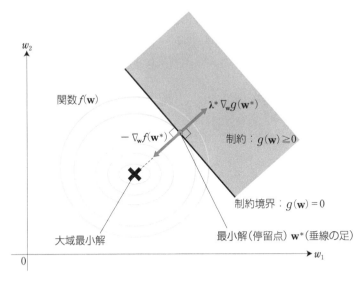

図 3.18 ラグランジュ関数のイメージ．

制約条件 $g(\mathbf{w}) \geq 0$ を満たす目的関数 $f(\mathbf{w})$ の最小解 $\mathbf{w}^*$ は，目的関数 $f(\mathbf{w})$ の大域最小解から，制約境界線 $g(\mathbf{w}) = 0$ 上の最短距離のところにあります．点と直線の最短距離は，点から直線への垂線に対応しているので，

大域的最小解から境界線 $g(\mathbf{w}) = 0$ に引いた垂線の足に最小解 $\mathbf{w}^*$ が存在することがわかります．この垂線の足では，大域的最小解の方向を向く目的関数 $f(\mathbf{w})$ の微分ベクトル $-\nabla_{\mathbf{w}} f(\mathbf{w}^*)$ が境界線に直交します．ここで，ナブラ $\nabla_{\mathbf{w}}$ はベクトルの微分 $\frac{\partial}{\partial \mathbf{w}}$ の省略記号です．さらに，制約境界では，制約条件の微分ベクトル $\boldsymbol{\lambda}^* \nabla_{\mathbf{w}} g(\mathbf{w})$ は，境界の内側を向く方向で，境界線に常に直交しています．

　したがって，最小解 $\mathbf{w}^*$ では，これら 2 つの微分ベクトル $-\nabla_{\mathbf{w}} f(\mathbf{w}^*)$ と $\boldsymbol{\lambda}^* \nabla_{\mathbf{w}} g(\mathbf{w}^*)$ が逆向きになっているため，ラグランジュ未定乗数 $\boldsymbol{\lambda}^*$ を調整することにより，つり合いをとり，これらの和 $-\nabla_{\mathbf{w}} f(\mathbf{w}^*) + \boldsymbol{\lambda}^* \nabla_{\mathbf{w}} g(\mathbf{w}^*)$ を 0 にできます．そして，この和の微分をとる前の形がラグランジュ関数 $\mathcal{L}(\boldsymbol{\lambda}, \mathbf{w})$ に対応しています．

$$\mathcal{L}(\boldsymbol{\lambda}, \mathbf{w}) = f(\mathbf{w}) - \lambda g(\mathbf{w})$$

　最後に，KKT 条件の 4) の**相補性**は，ラグランジュ双対問題の最適値 $\mathcal{L}(\boldsymbol{\lambda}^*, \mathbf{w}^*)$ と主問題の最適値 $f(\mathbf{w}^*)$ が一致するための条件です．つまり，一致するためには，$\mathcal{L}(\boldsymbol{\lambda}^*, \mathbf{w}^*)$ の 2 項目は 0 である必要があります．

3.2.7　ラグランジュ未定乗数法の例

　以下の制約付き主問題の最適解および最適値を，ラグランジュ未定乗数法を用いて求めましょう．

> **(制約付き主問題の例)**
>
> $$\min_{w,v}\ f(w, v) = w^2 + v^2$$
>
> $$\text{s.t.}\ \ w + v \geq 1 \tag{3.43}$$

　まず，制約がない場合の $f(w, v)$ の最小解 $w^* = v^* = 0$ は，制約式 $w^* + v^* \geq 1$ を満たさないことを確認します．そして，ラグランジュ関数を作成し，主問題をラグランジュ双対問題に帰着させます．

(ラグランジュ双対問題)

$$\min_{w,v} \max_{\lambda} \mathcal{L}(\lambda, w, v) = w^2 + v^2 - \lambda(w + v - 1)$$

$$\text{s.t.} \quad \lambda \geq 0 \tag{3.44}$$

次に，KKT 条件の 1) の停留点の条件を用いるために，ラグランジュ関数 $\mathcal{L}(\lambda, w, v)$ の w と v に関する偏微分を 0 とおき，連立方程式を作ります．

$$\frac{\partial L}{\partial w} = 2w - \lambda = 0 \tag{3.45}$$

$$\frac{\partial L}{\partial v} = 2v - \lambda = 0 \tag{3.46}$$

式 (3.45) と式 (3.46) から

$$w^* = \frac{1}{2}\lambda, \quad v^* = \frac{1}{2}\lambda \tag{3.47}$$

が得られます．式 (3.47) を，ラグランジュ双対問題 (3.44) に代入します．

$$\max_{\lambda} \mathcal{L}(\lambda, w^*, v^*) = \frac{1}{4}\lambda^2 + \frac{1}{4}\lambda^2 - \lambda(\frac{1}{2}\lambda + \frac{1}{2}\lambda - 1)$$

$$= -\frac{1}{2}\lambda^2 + \lambda \tag{3.48}$$

式 (3.48) を，λ について微分をとり 0 とおき，ラグランジュ関数を最大化する λ^* を求めます．

$$\frac{\partial L}{\partial \lambda} = -\lambda + 1 = 0 \longrightarrow \lambda^* = 1 \tag{3.49}$$

これを，式 (3.45) と式 (3.46) に代入すると，最適解 w^* と v^* を得ることができます．

$$w^* = \frac{1}{2}, \quad v^* = \frac{1}{2} \tag{3.50}$$

最後に，式 (3.43) の目的関数 $f(w^*, v^*)$ に式 (3.50) を代入し，最小値を求めると以下のようになります．

$$f(w^*, v^*) = \left(\frac{1}{2}\right)^2 + \left(\frac{1}{2}\right)^2 = \frac{1}{2} \tag{3.51}$$

このように，制約条件がある場合の最適化問題でも，ラグランジュ未定乗数

法を用いると，微分の知識があれば最適解を簡単に計算できます．

3.3　確率

1.3.1 節や 1.3.3 節にて紹介したように，機械学習では，関数のモデルパラメータを最適化するために，学習データが必須になります．現在，データはあらゆる分野で生成されビッグデータとなっていますが，これらのデータはどのように生成されるのでしょうか．機械学習では，データは，1 つまたは複数の確率分布に従って生成されると仮定します．そして，確率と統計を用いて，3.2 節にて紹介したような最適化問題を定式化していきます．本節では，確率について学びます．

3.3.1　確率の定義

確率（probability）は，以下のように定義されます．

定義 3.4 (確率の定義)

- **試行**：繰り返すことができて，結果が偶然に決まる実験や観察．
- **事象**：試行の結果起こる事柄．
- **根元事象**：これ以上細かく分けることのできない最小単位の事象．
- **標本空間 Ω**：試行の結果起こりうる根元事象全体の集合．

標本空間の大きさを $N(\Omega)$，事象 a の起こる場合の数を $N(a)$ とすると，事象 a が起こる確率は以下に定義される．

$$p_x(x = a) = \frac{N(a)}{N(\Omega)} \tag{3.52}$$

ここで，x は確率変数，a は事象（または実現値），$p_x(x)$ は確率変数 x の確率質量関数を表す．

まず，簡単な例として，青色のボールが 6 個，赤色のボールが 7 個入っている箱から 1 つボールを取り出す試行を行ったとき，そのボールの色が「青」または「赤」である確率を求めてみましょう．まず，取り出すボールの色の確率変数を x，根元事象の集合である標本空間を Ω で表すこととします．

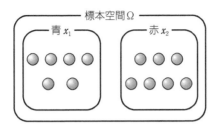

図 3.19 箱からボールを取り出す試行の標本空間 Ω のベン図の例.

　標本空間 Ω, 事象およびその確率の関係は, **図 3.19** のような根元事象の集合のベン図を用いて可視化されます. まず, ボールを取り出す試行による事象の最小単位は, 「青」や「赤」ではなく, ボール 1 つ 1 つです. したがって, 根元事象は 1 つ 1 つのボールとなり, 標本空間 Ω は, 13 個のボール ($N(\Omega) = 13$) を要素に持つ集合となります.

　また, 標本空間 Ω には, 「青」と「赤」の 1 つ 1 つのボール（根元事象）を要素に持つ部分集合があり, それぞれの大きさは, $N(青) = 6$ と $N(赤) = 7$ となります. したがって, 事象「青」の確率と事象「赤」の確率は, 式 (3.52) を用いて, 以下のように計算できます.

$$p_x(青) = \frac{N(青)}{N(\Omega)} = \frac{6}{13}$$

$$p_x(赤) = \frac{N(赤)}{N(\Omega)} = \frac{7}{13}$$

3.3.2　ベルヌーイ分布

　各事象の確率を表す**確率分布**は, **図 3.20** のようになります. このように, 取り出したボールの色が「青」か「赤」かなど事象が 2 つしかない試行のことを**ベルヌーイ試行**といい, その確率分布のことを**ベルヌーイ分布**（Bernoulli distribution）といいます. ベルヌーイ分布の 2 つの事象の確率値には以下のような関係が成り立ちます.

$$p_x(青) = 1 - p_x(赤) \tag{3.53}$$

ここで, 各事象の実現値をそれぞれ 青 $= 1$, 赤 $= 0$ に設定し, 事象「青」の

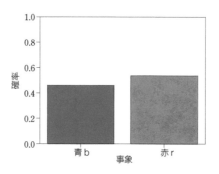

図 3.20 取り出すボールの色の確率分布の例.

確率値を $p_x(青) = p$ とおくと，2つの確率値の関係を利用して，ベルヌーイ分布の確率質量関数 $\mathrm{Bern}(x; p)$ は以下のように表現できます.

$$p_x(x) = \mathrm{Bern}(x; p) = p^x \, (1-p)^{1-x} \tag{3.54}$$

Python では，`numpy.random.binomial(1, prob, len)` を用いると，事象「1」の確率が `prob` のベルヌーイ分布に従って `len` 個のデータを生成することができます.

▶ **code3-11　ベルヌーイ分布 (probability1.py)**

```
 1  import numpy as np
 2
 3  # p=6/13（青色のボールの確率）のベルヌーイ分布に従って 10回試行を行う
 4  X1 = np.random.binomial(1,6/13,10)
 5  X2 = np.random.binomial(1,6/13,10)
 6  X3 = np.random.binomial(1,6/13,10)
 7
 8  # 標準出力
 9  print(f"データ X1:\n{X1}")
10  print(f"データ X2:\n{X2}")
11  print(f"データ X3:\n{X3}")
```

レポジトリ MLBook の「codes/mathBasics」フォルダに移動し，コード `probability1.py` を実行してみましょう．以下のように，ベルヌーイ分布に従って青「1」と赤「0」のデータを生成できます.

```
# データX1 :
[1 1 1 0 0 1 1 1 1 1]
# データX2 :
[1 1 1 0 1 1 0 1 0 1]
# データX3 :
[1 0 1 1 0 0 1 1 0 0]
```

3.3.3 2種類の確率変数

次に，図 3.21 のように，ボールの色の確率変数 x に加え，素材の確率変数 y がある場合を考えます．ここで，素材の事象が「木」と「ゴム」の場合の数は，$N(木) = 7$ と $N(ゴ) = 6$ とします．また，素材と色の組み合わせの場合の数は，以下のようになります．

- 素材が木かつ色が青の場合，$N(木 \cap 青) = 4$
- 素材が木かつ色が赤の場合，$N(木 \cap 赤) = 3$
- 素材がゴムかつ色が青の場合，$N(ゴ \cap 青) = 2$
- 素材がゴムかつ色が赤の場合，$N(ゴ \cap 赤) = 4$

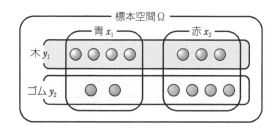

図 3.21 箱からボールを取り出す試行の標本空間 Ω のベン図の例.

3.3.4 同時確率

2つの異なる事象「木」と「青」が同時に起こる**同時確率** (joint probability) は，以下のように「木」と「青」の積集合「木 $\cap$ 青」を用いて定義されます．

定義 3.5 (同時確率)

$$p_{yx}(y = 木, x = 青) = p_{yx}(木, 青) = \frac{N(木 \cap 青)}{N(\Omega)} \qquad (3.55)$$

例えば，取り出すボールの素材が「木」で，かつ色が「赤」である同時確率は，$p_{yx}(木, 赤) = \frac{N(木 \cap 赤)}{N(\Omega)} = \frac{3}{13}$ となります．

3.3.5 条件付き確率

事象「木」が観測されたもとで，事象「青」が発生する**条件付き確率**（conditional probability）は以下のように定義されます．

定義 3.6 (条件付き確率)

$$p_{x|y}(x = 青 \,|y = 木) = p_{x|y}(青 \mid 木) = \frac{N(木 \cap 青)}{N(木)} \qquad (3.56)$$

例えば，取り出すボールの素材が「木」であると観測されたもとで，その色が「赤」である条件付き確率は，$p_{x|y}(赤 \mid 木) = \frac{N(木 \cap 赤)}{N(木)} = \frac{3}{7}$ となります．

条件付き確率は，確率変数間の依存度合を表現するのに用いられます．例えば，条件付き確率 $p_{x|y}$ は，素材の確率変数 y が原因で，色の確率変数 x が結果の場合の関係を表しています．もし，結果 x が原因 y に依存していない場合，結果 x の確率は原因 y によって変化しないことになるので，条件付き確率 $p_{x|y}$ と，結果 x の確率 p_x の間には以下の関係が成り立ちます．

$$x \perp\!\!\!\perp y \iff p_x(x) = p_{x|y}(x|y) \qquad (3.57)$$

ここで，$\perp\!\!\!\perp$ は 2 つの確率変数の独立性を表す記号です．

3.3.6 周辺確率

同時確率 p_{yx} がわかっている状況で，確率変数 x の確率を求める方法を**周辺化**といいます．周辺化では，以下のように，確率変数 y のすべての事象「木」，「ゴム」に関して，同時確率 p_{yx} を足し合わせます．そして，周辺化によって得られた確率を**周辺確率**（marginal probability）といいます．

定義 3.7 (周辺確率)

$$p_x(青) = \sum_{y \in \{\,木,\,ゴ\,\}} p_{yx}(y, 青) \tag{3.58}$$

例えば，色が青の周辺確率は，$p_x(青) = p_{yx}(木, 青) + p_{yx}(ゴ, 青) = \frac{4}{13} + \frac{2}{13} = \frac{6}{13}$ となります．

3.3.7 乗法定理とベイズの定理

同時確率 p_{yx} の定義を以下のように展開していくと，条件付き確率 $p_{x|y}$ と周辺確率 p_y の積がでてくることがわかります．

$$p_{yx}(木, 青) = \frac{N(木 \cap 青)}{N(\Omega)} = \frac{N(木 \cap 青)}{N(木)} \frac{N(木)}{N(\Omega)} = p_{x|y}(青 \mid 木) p_y(木)$$

右辺の条件付き確率と周辺確率の積は，$p_{y|x}(木 \mid 青) p_x(青)$ に入れ替えても成り立ちます．このように，同時確率と条件付き確率および周辺確率の間には，**乗法定理**（probability product rule）と呼ばれる以下の関係が成り立ちます．

定義 3.8 (乗法定理)

$$p_{yx}(y, x) = p_{x|y}(x|y) p_y(y)$$
$$= p_{y|x}(y|x) p_x(x) \tag{3.59}$$

式 (3.59) の乗法定理の条件付き確率を左辺に，同時確率を右辺に移動し，さらに，同時確率を乗法定理で展開して変形したものを**ベイズの定理**（Bayesian theorem）といいます．

定義 3.9 (ベイズの定理)

$$p_{y|x}(y|x) = \frac{p_{yx}(y, x)}{p_x(x)} = \frac{p_{x|y}(x|y) p_y(y)}{p_x(x)} \tag{3.60}$$

3.3.8 事後確率

原因 y と結果 x を入れ替えた条件付き確率のことを**事後確率**（posterior probability）といい，図 3.22 のように，ベイズの定理の左辺に対応しています.

ここで，**尤度**（likelihood）$p_{x|y}$ は，結果 x を観測したときの原因 y の尤もらしさを表す指標で，観測データから客観的に計算できる確率です．一方，**事前確率**（prior probability）p_y は人間が経験に基づき主観的に決定する確率です．事後確率 $p_{y|x}$ の計算は，結果 x を観測した後に，すでに起きている原因 y の確率を求めることに相当します．例えば，血圧 x を測定したもとでの，健康状態 y の条件付き確率 $p_{y|x}$ は，一般的に，血圧 x は健康状態 y を原因として決まると考えられるので事後確率となります.

それでは，簡単な例を用いて，健康状態 y の事後確率を計算してみましょう．まず，健康な人と病気の人をそれぞれ 100 人ずつ集めて，血圧測定をし**表 3.1** を得たとします.

この観測により，まずベイズの定理の右辺の条件付き確率である尤度を求めます.

- 健康な人が通常血圧な確率：$p_{x|y}(通 \mid 健) = \frac{N(健 \cap 通)}{N(健)} = \frac{90}{100} = 0.9$
- 健康な人が高血圧な確率：$p_{x|y}(高 \mid 健) = \frac{N(健 \cap 高)}{N(健)} = \frac{10}{100} = 0.1$

$$\underbrace{P_{y|x}(y_i \mid x_i)}_{\text{事後確率}} = \frac{\overbrace{P_{x|y}(x_i \mid y_i)}^{\text{尤度}}\ \overbrace{P_y(y_i)}^{\text{事前確率}}}{P_x(x_i)}$$

図 3.22 ベイズの定理と各確率の名称.

表 3.1 健康状態 y と血圧 x の観測データの例.

		血圧 x	
		通常血圧	高血圧
健康状態 y	健康	90 人	10 人
	病気	10 人	90 人

- 病気の人が通常血圧な確率 $p_{x|y}(通 \mid 病) = \frac{N(病 \cap 通)}{N(病)} = \frac{10}{100} = 0.1$
- 病気の人が高血圧な確率 $p_{x|y}(高 \mid 病) = \frac{N(病 \cap 高)}{N(病)} = \frac{90}{100} = 0.9$

次に，事前確率 p_y を設定します．健康状態 y の確率は健康診断を実施する環境によって大きく変わると考えられます．例えば，学校での健康診断の場合，病気である確率は一般的には低いと考えられるので，事前確率は主観的に以下のように設定します．

$$p_y(健) = 0.9, \quad p_y(病) = 0.1 \tag{3.61}$$

次に，ベイズの定理の右辺分母の血圧の確率 p_x を，以下のように周辺化を用いて計算します．

$$
\begin{aligned}
p_x(通) &= \sum_{y \in \{ 健, 病 \}} p_{yx}(y, 通) = \sum_{y \in \{ 健, 病 \}} p_{x|y}(通 \mid y)p_y(y) \\
&= p_{x|y}(通 \mid 健)p_y(健) + p_{x|y}(通 \mid 病)p_y(病) \\
&= 0.9 \times 0.9 + 0.1 \times 0.1 = 0.82 \\
p_x(高) &= \sum_{y \in \{ 健, 病 \}} p_{x|y}(高 \mid y)p_y(y) \\
&= 0.1 \times 0.9 + 0.9 \times 0.1 = 0.18
\end{aligned}
$$

これで，ベイズの定理を計算するうえでのすべての確率がそろったので，ベイズの定理（式 (3.60)）に代入し事後確率を計算します．高血圧と観測された場合，病気である事後確率は以下のようになります．

$$p_{y|x}(病 \mid 高) = \frac{p_{x|y}(高 \mid 病)p_y(病)}{p_x(高)} = \frac{0.9 \times 0.1}{0.18} = 0.5 \tag{3.62}$$

一方，通常血圧と観測された場合，病気である事後確率は以下のようになります．

$$p_{y|x}(病 \mid 通) = \frac{p_{x|y}(通 \mid 病)p_y(病)}{p_x(通)} = \frac{0.1 \times 0.1}{0.82} = 0.012 \tag{3.63}$$

通常血圧の場合と，高血圧と観測された場合とを比べると，事後確率が 0.012 から 0.5 に大きく増加していることがわかります．

3.3.9　確率密度関数

　ここまで，ボールの色や素材の種類，血圧が通常か否かなど，観測から容易に計算が可能な事象が少ない場合を考えてきました．しかし，機械学習で扱う観測データは，センサの信号値や平均株価など連続値の場合があります．事象が連続値の場合，事象の種類が無限に存在するため，式 (3.52) のような標本空間の大きさに対する，場合の数の比による確率の計算は困難になります．そこで，事象が連続な場合は，**確率密度関数**（probability density function）と呼ばれる連続な関数を用いて確率を定義します．確率密度関数には，正規分布，一様分布，指数分布，二項分布，ベータ分布，ガンマ分布などさまざまな関数があり，観測データの性質に合わせて選択します．

　正規分布（normal distribution）は，工学分野にて幅広く応用されている代表的な確率密度関数で，平均と標準偏差に対応するパラメータ μ と σ を用いて，以下のように定義されます．

$$g_x(x) = \mathcal{N}(x; \mu, \sigma^2) = \frac{1}{\sqrt{2\pi}\sigma} \exp\left\{ -\frac{(x-\mu)^2}{2\sigma^2} \right\} \tag{3.64}$$

図 **3.23** は，正規分布 $\mathcal{N}(x; \mu = 0, \sigma^2 = 1)$ を，横軸に確率変数 x の実現値をとり，縦軸にその確率密度をとりプロットした例です．

　ここで，確率密度関数 $g_x(x)$ は，連続に変化する実現値 x の瞬間的な確

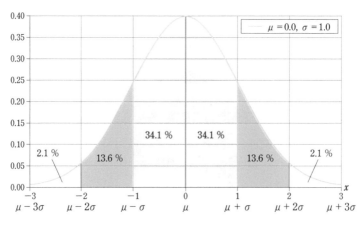

図 3.23　正規分布の例.

率のようなものですが，厳密には確率値ではないことに注意しましょう．以下，連続型の確率密度関数は，離散型の確率密度関数 $p.(\cdot)$ と区別する必要がある場合，記号 $g.(\cdot)$ を用いて表します．確率密度関数 $g_x(x)$ を確率に変換するためには，x の任意の区間にて $g_x(x)$ の定積分を計算する必要があります．例えば，α 以上 β 以下の実現値 x が観測される確率は以下のようになります．

$$p_x(\alpha \leq x \leq \beta) = \int_{\alpha}^{\beta} g_x(x) dx \qquad (3.65)$$

また，すべての実現値 x が観測される確率は 1 になります．

$$p_x(-\infty \leq x \leq \infty) = \int_{-\infty}^{\infty} g_x(x) dx = 1 \qquad (3.66)$$

図 3.23 が示すように，正規分布は，平均に対応するパラメータ $\mu = 0$ を中心に左右対称な鐘のような形をしており，$x = \mu$ のときに確率密度が最大になり，μ から離れるにつれて，確率密度が減少していきます．図 3.24 左のように，μ の値を変えることにより，正規分布を平行移動し最大確率密度をとる実現値 x を調整できます．

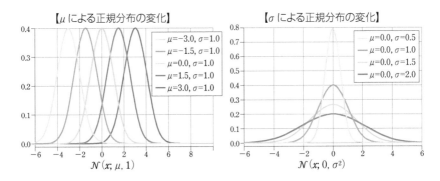

図 3.24 μ および σ を変えた場合の正規分布の例．

さらに，σ は正規分布の幅を決定する標準偏差に対応するパラメータで，μ を中心に高い確率をとる範囲を調整できます．正規分布では，図 3.23 のように，$[\mu - \sigma, \mu + \sigma]$ の区間の面積が全体の約 68.2% を占め，$[\mu - 2\sigma, \mu + 2\sigma]$

の区間の面積は全体の約 95.4% を占めます．つまり，$\mu = 0$，$\sigma = 1$ の場合，$[-1, 1]$ の区間に入る事象の発生確率が約 68.2%，$[-2, 2]$ の区間に入る事象が発生する確率は 95.4% となります．図 3.24 右のように，σ の値を変えることにより，正規分布の幅を変えることができ，高い確率をとる実現値 x の範囲を調整できます．

では，`numpy.random.normal(mean, std, len)` 関数を用いて，平均 `mean` と標準偏差 `std` の正規分布に従って `len` 個のデータを生成してみましょう．

▶ **code3-12　正規分布 (probability2.py)**

```python
import numpy as np

# 平均 0の分散 1の正規分布に従って 10回試行を行う
X1 = np.random.normal(0,1,10)
# 平均 3の分散 1の正規分布に従って 10回試行を行う
X2 = np.random.normal(3,1,10)
# 平均-3の分散 1の正規分布に従って 10回試行を行う
X3 = np.random.normal(-3,1,10)

# 標準出力
print(f"データ X1:\n{X1}")
print(f"データ X2:\n{X2}")
print(f"データ X3:\n{X3}")
```

レポジトリ MLBook の「codes/mathBasics」フォルダに移動し，コード probability2.py を実行してみましょう．以下のように，それぞれの平均 0, 3, -3 を中心にデータが生成されていることがわかります．

```
# データX1 :
[-1.04670609 -0.10985639 -0.28708075  0.47471365 -0.39910294
    -1.1793546
 -2.18515972 -0.3960821  -1.54498949  0.56039295]
# データX2 :
[3.46044838 2.897582    2.38476768 4.20514757 2.04367627 2.48111791
 1.73679991 3.29384754 3.82215134 2.72940043]
# データX3 :
[ 0.29334305 -3.75052655 -3.06588406 -4.18910559 -3.20778934
    -3.60610773
 -1.4378754  -1.68101069 -3.27150467 -5.39450958]
```

3.3.10 確率過程

機械学習では，データがどの確率分布に従うかだけではなく，どのような手順で確率分布に従いデータを生成しているのかを示す**確率過程** (stochastic process) も仮定します．代表的な確率過程としては，**独立同一分布** (independent identically distributed) と**マルコフ過程** (Markov process) があります．

> #### 定義 3.10 (独立同一分布)
>
> データ $\{x_1, x_2, \ldots, x_N\}$ の各データ点 x_i が，以下のように独立に同一の確率関数（確率質量関数または確率密度関数）$p_x(x)$ に依存し生成される．
>
> $$x_i \overset{\text{i.i.d}}{\sim} p_x(x) \qquad (3.67)$$

> #### 定義 3.11 (マルコフ過程)
>
> データ $\{x^{(1)}, x^{(2)}, \ldots, x^{(T)}\}$ の各データ点 $x^{(t)}$ が，以下のように1つ前の時刻ステップのデータ点 $x^{(t-1)}$ に依存し生成される．
>
> $$x_i^{(t)} \overset{\text{i.i.d}}{\sim} p_{x'|x}(x'|x_i^{(t-1)}) \qquad (3.68)$$

3.4 統計

ここでは，基本的な統計量である平均値，中央値，期待値，分散，分散共分散行列および相関について学びます．

3.4.1 中心の統計量

観測されたデータの中心を知るための統計量として代表的なものに，**平均値** (mean) と**中央値** (median) があります．平均値は以下のように定義されます．

定義 3.12 (平均値)

N 個のデータ $\{x_1, x_2, \ldots, x_N\}$ の平均値は以下のように定義される.
$$\bar{x} = \frac{1}{N}(x_1 + x_2 + \cdots + x_N) = \frac{1}{N}\sum_{i=1}^{N} x_i \qquad (3.69)$$

平均値は, 平均身長や平均点など日常的によく使う統計量ですが, どのような意味でデータの中心なのでしょうか. 平均の意味を理解するために, 図 3.25 のように, データの中心を表す変数 μ と, 各データ点 x_i との差を考えます.

平均値は, 以下のように, 各データ点 x_i の二乗差和の最小解 μ^* に対応していることが知られています.

$$\min_{\mu} \sum_{i=1}^{N}(x_i - \mu)^2 \to \frac{\partial}{\partial \mu}\sum_{i=1}^{N}(x_i - \mu)^2 = 0$$

$$\to \sum_{i=1}^{N}\frac{\partial}{\partial \mu}(x_i^2 - 2\mu x_i + \mu^2) = \sum_{i=1}^{N}(-2x_i + 2\mu) = 0$$

$$\to -\sum_{i=1}^{N}x_i + N\mu = 0 \to N\mu = \sum_{i=1}^{N}x_i$$

$$\to \mu^* = \frac{1}{N}\sum_{i=1}^{N}x_i = \bar{x}$$

つまり, 平均値は二乗差の意味でデータの中心を表しています.

一方, 中央値は以下のように定義されます.

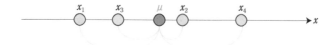

図 3.25 データの中心の変数 μ と各データ点 x_i の差.

定義 3.13 (中央値)

降順に並べ替えた N 個のデータ $x_1 \geq x_2 \geq x_3, \ldots, \geq x_N$ の中央値は以下のように定義される.

$$\mathrm{med}(x) = x_{\lfloor \frac{N}{2} \rfloor} \tag{3.70}$$

ここで, $\lfloor \ \rfloor$ は床関数である.

中央値は, 以下のように絶対差和を満たすことが知られています.

$$\min_{\mu} \sum_{i=1}^{N} |x_i - \mu| \rightarrow \frac{\partial}{\partial \mu} \sum_{i=1}^{N} |x_i - \mu| = 0$$

$$\rightarrow \sum_{i=1}^{N_+} \frac{\partial}{\partial \mu}(x_i^+ - \mu) + \sum_{i=1}^{N_-} -\frac{\partial}{\partial \mu}(x_i^- - \mu) = 0$$

$$\rightarrow \sum_{i=1}^{N_+} -1 + \sum_{i=1}^{N_-} 1 = -N_+ + N_- = 0 \rightarrow N_- = N_+$$

ここで, x_i^+ と N_+ は μ より大きいデータとその数で, x_i^- と N_- は μ より小さいデータとその数です. したがって, 「$N_- = N_+$」は, μ より小さい数 N_- と大きい数 N_+ が等しい場合に相当するので, μ は, 式 (3.70) にて定義された中央値に対応していることがわかります. このことから, 中央値は絶対差の意味でデータの中心を表しています.

numpy を用いて, 身長, 体重および胸囲のデータ (図 3.5) の平均値と中央値を求めてみましょう.

▶ **code3-13　平均値と中央値 (statistics1.py)**

```
import numpy as np

# 3種類 (身長, 体重, 胸囲) のデータを格納する 7行 3列の行列
X = np.array([[170,60,80],[167,52,93],[174,57,85],[181,70,80],\
  [171,62,70],[171,66,95],[171,66,95],[168,54,85]])

# 行方向 (axis=0)に対して, 平均値を計算
means = np.mean(X,axis=0)

# 行方向 (axis=0)に対して, 中央値を計算
```

```
11   medians = np.median(X,axis=0)
12
13   # 標準出力
14   print(f"データ X:\n{X}\n")
15
16   print(f"平均値）身長
        :{means[0]:.2f}, 体重:{means[1]:.2f}, 胸囲:{means[2]:.2f}\n")
17
18   print(f"中央値）身長
        :{medians[0]:.2f}, 体重:{medians[1]:.2f}, 胸囲:{medians[2]:.2f}\n")
```

8行目で numpy.mean，11行目で numpy.median 関数を用いて，それぞれ平均値と中央値を計算しています．レポジトリ MLBook の「codes/math-Basics」フォルダに移動し，コード **statistics1.py** を実行してみましょう．

```
# データ X :
[[170   60   80]
 [167   52   93]
 [174   57   85]
 [181   70   80]
 [171   62   70]
 [171   66   95]
 [171   66   95]
 [168   54   85]]

# 身長の平均値： 171.62, 体重の平均値： 60.88, 胸囲の平均値： 85.38

# 身長の中央値： 171.00, 体重の中央値： 61.00, 胸囲の中央値： 85.00
```

なお，numpy.mean 関数の axis は，axis=0 が行方向，axis=1 が列方向のデータの平均に対応していますが，以下のように，平均の処理後の numpy の形は，(3,) のように行列ではなくなってしまいます．

```
np.mean(X,axis=0).shape
# 行方向の平均： (3,)

np.mean(X,axis=1).shape
# 列方向の平均： (8,)
```

numpy.mean 関数の処理後に行列を維持するためには，keepdims=True を

指定します.

```
np.mean(X,axis=0,keepdims=True).shape
# 行方向の平均: (1,3)

np.mean(X,axis=1,keepdims=True).shape
# 列方向の平均: (8,1)
```

axis=0 を指定して平均をとると, 8行3列の行列 X が1行3列の行列になり, axis=1 を指定して平均をとると, 8行1列の行列となるように, どの方向 (行か列かなど) に平均の処理をしたのかを情報として残すことができます.

3.4.2 期待値

期待値 (expectation) は以下のように定義されます.

定義 3.14 (期待値)

確率質量関数 $p_x(x)$ に従い離散的な事象 $a, b, c \ldots$ をとる離散型確率変数 x の期待値は以下のように定義される.

$$\mathop{\mathbb{E}}_{p_x}[x] = \sum_{x \in \{a,b,c,\ldots\}} x p_x(x) \tag{3.71}$$

確率密度関数 $g_x(x)$ に従い連続的な事象をとる連続型確率変数 x の期待値は以下のように定義される.

$$\mathop{\mathbb{E}}_{g_x(x)}[x] = \int x g_x(x) dx \tag{3.72}$$

平均値は期待値の近似に対応していて, データ数が無限にある場合は平均値は期待値に収束することが知られています. 例えば, 離散型確率変数 x の事象 a, b, c が, 無限回の試行により, それぞれ, N_a, N_b および N_c 回観測されたとします. 全体のデータ数 N に対する, それぞれの事象の観測回数の割合 $\frac{N_a}{N}$, $\frac{N_b}{N}$ および $\frac{N_c}{N}$ は, それぞれの確率 $p_x(a)$, $p_x(b)$ および $p_x(c)$ と等しくなります. このことから, 以下のように, 式 (3.69) により定義される平均値は期待値に収束します.

$$\frac{1}{N}\sum_{i=1}^{N} x_i \overset{N\to\infty}{\longrightarrow} a\frac{N_a}{N} + b\frac{N_b}{N} + c\frac{N_c}{N}$$

$$= \sum_{x\in\{a,b,c\}} x\frac{N_x}{N} = \sum_{x\in\{a,b,c\}} xp_x(x) = \mathbb{E}_{p_x}[x] \tag{3.73}$$

3.4.3 分散と共分散

分散（variance）は，データのバラツキ度合を表す統計量です．1つの確率変数 x の分散は，以下のようにデータの平均 $\bar{x}$ からの二乗差の平均として定義されます．

定義 3.15 (分散)

N 個のデータ $\{x_1, x_2, \ldots, x_N\}$ の分散は以下のように定義される．

$$\mathrm{Var}(x) = \sigma_x^2 = \frac{1}{N}\sum_{i=1}^{N}(x_i - \bar{x})^2 \tag{3.74}$$

なお，分散の平方根 $\sqrt{\sigma_x^2} = \sigma_x$ を**標準偏差**（standard distribution）と呼びます．

次に，2つの確率変数 x と y の**共分散**（covariance）は以下のように定義されます．

定義 3.16 (共分散)

N 個のデータ $\{(x_1, y_1), (x_2, y_2), \ldots, (x_N, y_N)\}$ の共分散は以下のように定義される．

$$\mathrm{Cov}(x, y) = \sigma_{xy} = \frac{1}{N}\sum_{i=1}^{N}(x_i - \bar{x})(y_i - \bar{y}) \tag{3.75}$$

ここで，同じ変数に関する共分散は分散と等価です．

$$\mathrm{Cov}(x, x) = \sigma_{xx} = \mathrm{Var}(x) = \sigma_x^2 \tag{3.76}$$

共分散は，2つの変数の相関（直線的な比例関係の強さ）を測るために用いられます．図 3.26 のように，共分散が正に大きいときは変数 x と y の間に

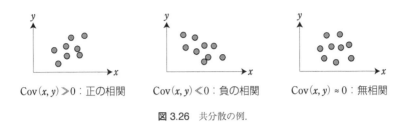

図 3.26 共分散の例.

は正の相関があり，負に大きいときは負の相関があり，0 に近いときは無相関となります.

3.4.4 分散共分散行列

以下のように，変数 x と y の各データ点 (x_i, y_i) からそれぞれ平均 $(\bar{x}, \bar{y})$ を引いたベクトルを，各行に並べた行列を X' とします.

$$X' = \begin{pmatrix} x_1 - \bar{x} & y_1 - \bar{y} \\ x_2 - \bar{x} & y_2 - \bar{y} \\ \vdots & \vdots \\ x_N - \bar{x} & y_N - \bar{y} \end{pmatrix} \tag{3.77}$$

そして，**分散共分散行列**（variance-covariance matrix）Σ は以下のように計算されます.

$$\Sigma = \frac{1}{N} X'^\top X'$$

$$= \frac{1}{N} \begin{pmatrix} x_1 - \bar{x} & x_2 - \bar{x} & \cdots & x_N - \bar{x} \\ y_1 - \bar{y} & y_2 - \bar{y} & \cdots & y_N - \bar{y} \end{pmatrix} \begin{pmatrix} x_1 - \bar{x} & y_1 - \bar{y} \\ x_2 - \bar{x} & y_2 - \bar{y} \\ \vdots & \vdots \\ x_N - \bar{x} & y_N - \bar{y} \end{pmatrix}$$

$$= \begin{pmatrix} \frac{1}{N} \sum_{i=1} (x_i - \bar{x})^2 & \frac{1}{N} \sum_{i=1} (x_i - \bar{x})(y_i - \bar{y}) \\ \frac{1}{N} \sum_{i=1} (y_i - \bar{y})(x_i - \bar{x}) & \frac{1}{N} \sum_{i=1} (y_i - \bar{y})^2 \end{pmatrix}$$

$$= \begin{pmatrix} \mathrm{Var}(x) & \mathrm{Cov}(x, y) \\ \mathrm{Cov}(y, x) & \mathrm{Var}(y) \end{pmatrix} \tag{3.78}$$

以上のように，分散共分散行列は，対角成分に分散，非対角成分に共分散を持つ行列です．

　では，numpy.cov 関数を用いて，身長，体重および胸囲のデータ（図 3.5）の分散共分散行列を求めてみましょう．

▶ **code3-14　分散共分散行列の計算 (statistics2.py)**

```
 1  import numpy as np
 2
 3  # 3種類（身長，体重，胸囲）のデータを格納する 7行 3列の行列
 4  X = np.array([[170,60,80],[167,52,93],[174,57,85],[181,70,80],\
 5    [171,62,70],[171,66,95],[171,66,95],[168,54,85]])
 6
 7  # 行方向（axis=0）に対して，分散と標準偏差を計算
 8  vars = np.var(X,axis=0)
 9  stds = np.std(X,axis=0)
10
11  # X を転置（変数×データ数）して，分散共分散行列の計算
12  cov_nobias = np.cov(X.T)
13  cov_bias = np.cov(X.T,bias=1)
14
15  # 標準出力
16  print(f"データ X:\n{X}\n")
17
18  print(f"分散）身長
19      :{vars[0]:.2f}, 体重:{vars[1]:.2f}, 胸囲:{vars[2]:.2f}\n")
20  print(f"標準偏差）身長
21      :{stds[0]:.2f}, 体重:{stds[1]:.2f}, 胸囲:{stds[2]:.2f}\n")
22  print(f"分散共分散行列 バイアスなし:\n{cov_nobias}\n")
23
24  print(f"分散共分散行列 バイアスあり:\n{cov_bias}\n")
```

8〜9 行目にて，numpy.var と numpy.std 関数を用いて，行列 X の行方向 (axis=0)，つまり身長，体重，および胸囲それぞれのデータの分散と標準偏差を計算しています．12〜13 行目にて，numpy.cov 関数を用いて分散共分散行列を計算しています．numpy.cov 関数で計算される分散共分散行列は，デフォルトでは以下のように分母が $N-1$ になっているので注意しましょう．分母が $N-1$ の場合，バイアスなしの分散および共分散として知られています．

$$\sigma'_{XY} = \frac{1}{N-1} \sum_{i=1}^{N} (x_i - \bar{x})(y_i - \bar{y}) \tag{3.79}$$

12 行目では，バイアスなしの分散共分散行列，そして，13 行目では，式 (3.78) にて定義された分散共分散行列（バイアスあり）を計算するために，オプションで bias=1 を指定しています．

レポジトリ MLBook の「codes/mathBasics」フォルダに移動し，コード statistics2.py を実行してみましょう．

```
# データX：
[[170  60  80]
 [167  52  93]
 [174  57  85]
 [181  70  80]
 [171  62  70]
 [171  66  95]
 [171  66  95]
 [168  54  85]]

# 分散) 身長： 16.48, 体重： 34.86, 胸囲： 67.23

# 標準偏差) 身長： 4.06, 体重： 5.90, 胸囲： 8.20

# 分散共分散行列 バイアスなし：
[[ 18.83928571  19.51785714 -11.26785714]
 [ 19.51785714  39.83928571  -3.80357143]
 [-11.26785714  -3.80357143  76.83928571]]

# 分散共分散行列 バイアスあり：
[[16.484375 17.078125 -9.859375]
 [17.078125 34.859375 -3.328125]
 [-9.859375 -3.328125 67.234375]]
```

バイアスありの分散共分散行列の各要素の値が，バイアスなしと比べて，少し低い値となっていることがわかります．

3.4.5 データの中心化と分散共分散行列

機械学習では，データの前処理として，あらかじめ各データ点から平均を差し引く処理である**中心化**がよく用いられます．以下は，2 つの変数 x と y の各データ点に対する中心化の処理例です．

$$x_i' = x_i - \bar{x}$$
$$y_i' = y_i - \bar{y}$$

このように，各変数のデータ点から，各変数の平均値を差し引きます．もし，データがベクトル $\mathbf{x} = (x_1, x_2, \ldots, x_D)$ の場合は，ベクトルの各要素が異なる変数に対応しているため，要素ごとに平均を求めて各データ点から差し引きします．

$$\mathbf{x}_i' = \mathbf{x}_i - \bar{\mathbf{x}} \tag{3.80}$$

このように中心化した各データ点 $\mathbf{x}_i'$ を行に並べた行列 X' は，式 (3.77) の行列と等価で，式 (3.78) により分散共分散行列を求めることができます．

$$X' = \begin{pmatrix} \mathbf{x}_1' \\ \mathbf{x}_2' \\ \vdots \\ \mathbf{x}_N' \end{pmatrix} = \begin{pmatrix} x_{11} - \bar{x_1} & x_{12} - \bar{x_2} & \cdots & x_{1D} - \bar{x_D} \\ x_{21} - \bar{x_1} & x_{22} - \bar{x_2} & \cdots & x_{2D} - \bar{x_D} \\ \vdots & \vdots & \vdots & \vdots \\ x_{N1} - \bar{x_1} & x_{N2} - \bar{x_2} & \cdots & x_{ND} - \bar{x_D} \end{pmatrix} \tag{3.81}$$

3.4.6 分散と共分散の特性

分散と共分散には以下のような特性があります．

1. 3 変数の和の分散

$$\begin{aligned} &\mathrm{Var}(x + y + z) \\ &= \mathrm{Var}(x) + \mathrm{Var}(y) + \mathrm{Var}(z) \\ &\quad + 2\mathrm{Cov}(x, y) + 2\mathrm{Cov}(x, z) + 2\mathrm{Cov}(y, z) \end{aligned} \tag{3.82}$$

2. 定数 a と変数 x の積の分散

$$\mathrm{Var}(ax) = a^2 \mathrm{Var}(x) \tag{3.83}$$

3. 3 変数の和の共分散

$$\begin{aligned} &\mathrm{Cov}(x + y + z, u + v + w) \\ &= \mathrm{Cov}(x, u) + \mathrm{Cov}(x, v) + \mathrm{Cov}(x, w) \\ &\quad + \mathrm{Cov}(y, u) + \mathrm{Cov}(y, v) + \mathrm{Cov}(y, w) \\ &\quad + \mathrm{Cov}(z, u) + \mathrm{Cov}(z, v) + \mathrm{Cov}(z, w) \end{aligned} \tag{3.84}$$

4. 定数 a, b と変数 x, y の積の共分散

$$\mathrm{Cov}(ax, by) = ab\mathrm{Cov}(x, y) \tag{3.85}$$

3.4.7　相関係数と相関行列

分散および共分散の大きさは，データの値の範囲に依存します．そのため，異なるデータ間で相関の強弱を比較することが困難です．そこで代わりに，以下のように，共分散を標準偏差の平方根で割って正規化した，**相関係数**（correlation coefficient）および**相関行列**（correlation matrix）が用いられます．

定義 3.17 (相関係数と相関行列)

相関係数は以下のように定義される．

$$R_{xy} = \frac{\sigma_{xy}}{\sqrt{\sigma_{xx}}\sqrt{\sigma_{yy}}} \tag{3.86}$$

相関行列は以下のように定義される．

$$R = \begin{pmatrix} R_{xx} & R_{xy} & R_{xz} \\ R_{yx} & R_{yy} & R_{yz} \\ R_{zx} & R_{zy} & R_{zz} \end{pmatrix}$$

相関係数に基づく相関の目安は**表 3.2** のようになっています．

表 3.2　相関係数による相関の強弱の目安.

相関係数の値	相関の強弱
$0.7 \sim 1.0$	強い正の相関がある
$0.4 \sim 0.7$	中程度の正の相関がある
$0.2 \sim 0.4$	弱い正の相関がある
$-0.2 \sim 0.2$	ほとんど相関がない
$-0.4 \sim -0.2$	弱い負の相関がある
$-0.7 \sim -0.4$	中程度の負の相関がある
$-1.0 \sim -0.7$	強い負の相関がある

では，身長，体重および胸囲のデータ（図 3.5）の相関行列を求めてみましょう．

▶ **code3-15   相関行列の計算 (statistics3.py)**

```
 1  import numpy as np
 2
 3  # 3種類（身長，体重，胸囲）のデータを格納する 7行 3列の行列
 4  X = np.array([[170,60,80],[167,52,93],[174,57,85],[181,70,80],\
 5    [171,62,70],[171,66,95],[171,66,95],[168,54,85]])
 6
 7  # X を転置（変数×データ数）して，相関行列の計算
 8  corrcoef = np.corrcoef(X.T)
 9
10  # 標準出力
11  print(f"データ X:\n{X}\n")
12  print(f"相関行列:\n{corrcoef}\n")
```

8 行目にて，`numpy.corrcoef` 関数を用いて相関行列を計算しています．
　レポジトリ MLBook の「codes/mathBasics」フォルダに移動し，コード `statistics3.py` を実行してみましょう．

```
# データX：
[[170  60  80]
 [167  52  93]
 [174  57  85]
 [181  70  80]
 [171  62  70]
 [171  66  95]
 [171  66  95]
 [168  54  85]]

# 相関行列：
[[ 1.          0.7124332  -0.2961539 ]
 [ 0.7124332   1.         -0.06874548]
 [-0.2961539  -0.06874548  1.         ]]
```

この相関行列から，身長と体重の間の相関係数が約 0.7 と強い相関があり，身長と胸囲の間の相関係数が約 −0.3 と弱い負の相関があり，体重と胸囲の間の相関係数はほぼゼロと無相関であることがわかります．

3.4.8 情報エントロピー

情報エントロピー（information entropy）は，次に観測するデータの予測の難しさを表す指標です．

> **定義 3.18 (情報エントロピー)**
>
> 確率質量関数 $p_x(x)$ に従い離散的な事象 $\{a, b, \ldots\}$ をとる離散型確率変数 x の情報エントロピーは以下のように定義される．
>
> $$H[p_x] = - \sum_{x \in \{a, b, \ldots\}} p_x(x) \log p_x(x) \tag{3.87}$$

例えば，2つの事象 $\{a, b\}$ が同じ確率 $p_x(a) = p_x(b) = 0.5$ で観測されて，どちらの事象が起こるか不確定な場合，情報エントロピーは，

$$H[p_x] = -0.5 \log(0.5) - 0.5 \log(0.5) = -\log(0.5) \approx 0.7 \tag{3.88}$$

と高い値になります．ここで log は自然対数（図 3.27）です．一方，1つの事象が確率「1」で確定的に観測される場合，情報エントロピーは，

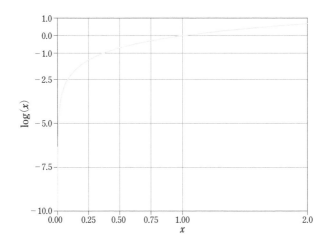

図 3.27 自然対数 $\log(x)$ の例．

$$H[p_x] = -1.0 \log(1.0) - 0.0 \log(0.0) = -\log(1.0) = 0.0 \tag{3.89}$$

と最小値になります.

3.4.9 交差エントロピー損失

交差エントロピー損失 (cross–entropy loss) は,情報エントロピー (式 (3.87)) を拡張し,2 つの確率関数の差を測るために用いられます.

> **定義 3.19 (交差エントロピー損失)**
>
> 離散的な事象 $\{a, b, \ldots\}$ をとる 2 つの確率質量関数 $p_x(x)$ と $q_x(x)$ の交差エントロピー損失は以下のように定義される.
>
> $$C(p_x, q_x) = - \sum_{x \in \{a,b,\ldots\}} p_x(x) \log q_x(x) \tag{3.90}$$

例えば,2 つの事象 $\{a, b\}$ に対し,以下のように 2 つの確率関数が確定的に異なる確率値をとる場合,

$$p_x : \begin{cases} p_x(a) = 1.0 \\ p_x(b) = 0.0 \end{cases} \quad q_x : \begin{cases} q_x(a) = 0.0 \\ q_x(b) = 1.0 \end{cases} \tag{3.91}$$

交差エントロピー損失は,

$$C(p_x, q_x) = -1.0 \log(0.0) - 0.0 \log(1.0) = -\log(0.0) = \infty \tag{3.92}$$

のように,無限に大きな値をとります.一方,以下のように 2 つの確率関数が確定的に同じ確率をとる場合,

$$p_x : \begin{cases} p_x(a) = 1.0 \\ p_x(b) = 0.0 \end{cases} \quad q_x : \begin{cases} q_x(a) = 1.0 \\ q_x(b) = 0.0 \end{cases} \tag{3.93}$$

交差エントロピー損失は,

$$C(p_x, q_x) = -1.0 \log(1.0) - 0.0 \log(0.0) = -\log(1.0) = 0 \tag{3.94}$$

のように,最小値をとります.

回帰分析

入力と出力の組からなる学習データに基づき，入力を出力に変換する関数を学習する教師あり学習では，出力の種類が連続値か離散値かにより大きく問題が分かれます．前者は回帰問題と呼ばれ，後者は分類問題と呼ばれています．

本章では，まず，回帰分析の基本的な方法である線形モデルを用いた線形回帰分析を紹介します．その後，より発展的な一般化線形モデルを用いたロジスティック回帰分析を紹介します．

4.1 線形回帰分析

本節では，回帰分析のイメージを掴むための例を紹介した後，線形モデルを用いた**線形回帰分析** (linear regression analysis) のアルゴリズムの数学的な導出方法と Python での実装方法を紹介します．また，線形回帰分析を用いたデータの分析方法と，その課題について解説します．

4.1.1 回帰分析とは

回帰分析は，入力ベクトル $\mathbf{x}_i \in \mathbb{R}^{1 \times D}$ を連続的な出力 $y_i \in \mathbb{R}^{1 \times 1}$ に変換する関数 $f(\mathbf{x}_i)$ を，入力と出力の組の学習データ $\mathcal{D}^{\mathrm{tr}}$（式 (1.1) を参照）から学習する教師あり学習の 1 つです．回帰分析の主な目的は「予測」で，「回帰」という言葉は，よく「予測」の同義語として用いられます．また，回帰分析では，予測対象の出力 y_i を**目的変数**，入力 $\mathbf{x}$ を**説明変数**といいます．回帰

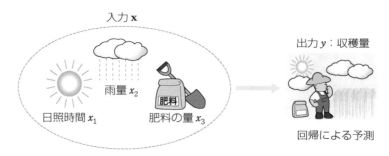

図 4.1 回帰分析による収穫量の予測のイメージ.

分析が対象とする問題の例としては，図 4.1 のように，「日照時間」x_1，「雨量」x_2 および「肥料の量」x_3 を説明変数 $\mathbf{x}_i = (x_{i1}, x_{i2}, x_{i3})$ とし，農作物の収穫量 y_i を目的変数として予測する問題などがあります。

4.1.2 線形モデル

線形回帰分析では，予測に用いる関数 $f(\mathbf{x}_i)$ を，以下のような**線形モデル** (linear model) を用いて定義します。

(線形モデル)

$$f(\mathbf{x}_i) = \mathbf{x}_i \mathbf{w} + b \tag{4.1}$$

ここで，$\mathbf{w} = (w_1, w_2, \ldots)^\top \in \mathbb{R}^{D \times 1}$ と $b \in \mathbb{R}^{1 \times 1}$ はモデルパラメータです。この線形モデルの特徴を，0.4 節と 2.3.20 節にて導入した物件価格を題材に確認しましょう。

図 4.2 のように，1 つの説明変数「居住面積 (GrLivArea)」x を用いて，「物件価格 (SalePrice)」y を予測する線形モデル $f(\mathbf{x})$ は，赤線のような直線に対応します。説明変数が 1 つなので，モデルパラメータ $\mathbf{w} \in \mathbb{R}^{1 \times 1}$ は 1 次元のスカラーとなり，直線の**傾き**に対応します。また，モデルパラメータ b は，直線と縦軸が交わる**切片**に対応します。

そして，i 番目の学習データ $(\mathbf{x}_i^{\mathrm{tr}}, y_i^{\mathrm{tr}})$ に対する予測 $f(\mathbf{x}_i^{\mathrm{tr}})$ と真値 y_i^{tr} の間の差 $\epsilon_i^{\mathrm{tr}} = y_i^{\mathrm{tr}} - f(\mathbf{x}_i^{\mathrm{tr}})$ を**残差**といいます。

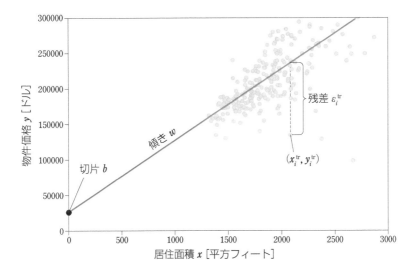

物件価格 y_i^{tr} = 居住面積 x_i^{tr} × 傾き w + 切片 b + 残差 $\varepsilon_i^{\mathrm{tr}}$

図 4.2 物件価格の線形回帰分析の例.

　このような 1 つだけの説明変数を用いた回帰分析のことを，**単回帰分析**と
いいます．一方，複数の説明変数を用いた回帰分析のことを，**重回帰分析**と
いいます．

4.1.3 線形モデルパラメータの最適化

　線形回帰分析では，学習データ $\mathcal{D}^{\mathrm{tr}}$ を用いて，**平均二乗誤差** (mean-squared
error) と呼ばれる残差 ϵ_i^{tr} の二乗平均 $\mathcal{E}(\mathbf{w}, b)$ を最小化するようにモデルパ
ラメータの $\mathbf{w}$ と b を決定します．

─ **(平均二乗誤差の最小化問題)** ─────────────

$$\min_{\mathbf{w}, b} \mathcal{E}(\mathbf{w}, b) \equiv \frac{1}{N} \sum_{i=1}^{N} \epsilon_i^{\mathrm{tr}\,2} = \frac{1}{N} \sum_{i=1}^{N} \left(y_i^{\mathrm{tr}} - f(\mathbf{x}_i^{\mathrm{tr}}) \right)^2$$

$$\approx \mathop{\mathbb{E}}_{g_{\mathbf{x}y}(\mathbf{x}, y)} [(y - f(\mathbf{x}))^2] \qquad (4.2)$$

ここで，平均二乗誤差は，理論的には残差の二乗の期待値を，学習データ $\mathcal{D}^{\mathrm{tr}}$ により近似したものに対応しています．このように，平均二乗誤差を最小化するようにモデルパラメータを決定する方法を，**最小二乗法** (least-squared method) といいます．最小二乗法では，3.2.4 節にて学んだベクトルの微分による最適化方法を用いて，最適化問題 (4.2) を解きます．

　以下，最適解 $\mathbf{w}^*$ と b^* を求めるための数学的な導出を見ていきましょう．まず，2 種類のモデルパラメータ $\mathbf{w}$ と b を 1 つにまとめて，線形モデルを以下のように簡単化します．

(変形線形モデル)

$$f(\mathbf{x}_i) = \mathbf{z}_i \mathbf{v} \tag{4.3}$$

ここで，$\mathbf{z}_i = (x_{i1}, x_{i2}, \ldots, x_{iD}, 1) \in \mathbb{R}^{1 \times (D+1)}$ は，説明変数 $\mathbf{x}_i$ に「1」の要素を追加した $D + 1$ 次元の変形入力ベクトルです．また，$\mathbf{v} = (w_1, w_2, \ldots, w_D, b)^\top \in \mathbb{R}^{(D+1) \times 1}$ は，パラメータ $\mathbf{w}$ と b を結合した $D + 1$ 次元の変形モデルパラメータのベクトルです．

　平均二乗誤差を展開すると以下のようになります．

$$
\begin{aligned}
\mathcal{E}(\mathbf{w}, b) &= \frac{1}{N} \sum_{i=1}^{N} \left(y_i^{\mathrm{tr}} - \mathbf{z}_i^{\mathrm{tr}} \mathbf{v} \right)^2 \\
&= \frac{1}{N} \sum_{i=1}^{N} \left(y_i^{\mathrm{tr}} y_i^{\mathrm{tr}} - 2 y_i^{\mathrm{tr}} \mathbf{z}_i^{\mathrm{tr}} \mathbf{v} + (\mathbf{z}_i^{\mathrm{tr}} \mathbf{v})^\top (\mathbf{z}_i^{\mathrm{tr}} \mathbf{v}) \right) \\
&= \frac{1}{N} \sum_{i=1}^{N} \left(y_i^{\mathrm{tr}} y_i^{\mathrm{tr}} - 2 y_i^{\mathrm{tr}} \mathbf{z}_i^{\mathrm{tr}} \mathbf{v} + \mathbf{v}^\top \mathbf{z}_i^{\mathrm{tr}\top} \mathbf{z}_i^{\mathrm{tr}} \mathbf{v} \right)
\end{aligned}
$$

　次に，平均二乗誤差 $\mathcal{E}(\mathbf{w}, b)$ のモデルパラメータ $\mathbf{v}$ に関する微分をとり 0 とおき，変形モデルパラメータ $\mathbf{v}$ の最適解を求めてみましょう．

　ベクトルの内積の微分（式 (3.39)）と，ベクトルの 2 次関数の微分（式 (3.42)）および $\mathbf{z}_i^{\mathrm{tr}\top} \mathbf{z}_i^{\mathrm{tr}}$ が対称行列であることを利用すると，以下のように展開できます．

$$\frac{\partial \mathcal{E}(\mathbf{w}, b)}{\partial \mathbf{v}} = \frac{1}{N} \sum_{i=1}^{N} \Big(-2 y_i^{\mathrm{tr}} \mathbf{z}_i^{\mathrm{tr}\top} + 2 \mathbf{z}_i^{\mathrm{tr}\top} \mathbf{z}_i^{\mathrm{tr}} \mathbf{v} \Big) = 0$$

$$\longrightarrow \frac{1}{N} \sum_{i=1}^{N} \mathbf{z}_i^{\mathrm{tr}\top} \mathbf{z}_i^{\mathrm{tr}} \mathbf{v} = \frac{1}{N} \sum_{i=1}^{N} y_i^{\mathrm{tr}} \mathbf{z}_i^{\mathrm{tr}\top} \tag{4.4}$$

そして，3.1.7 節と 3.2.1 節で学んだように，両辺に $\frac{1}{N} \sum_{i=1}^{N} \mathbf{z}_i^{\mathrm{tr}\top} \mathbf{z}_i^{\mathrm{tr}}$ の逆行列をかけると，最適な変形モデルパラメータ $\mathbf{v}^*$ を求めることができます．

$$\mathbf{v}^* = \Big(\frac{1}{N} \sum_{i=1}^{N} \mathbf{z}_i^{\mathrm{tr}\top} \mathbf{z}_i^{\mathrm{tr}} \Big)^{-1} \Big(\frac{1}{N} \sum_{i=1}^{N} y_i^{\mathrm{tr}} \mathbf{z}_i^{\mathrm{tr}\top} \Big) \tag{4.5}$$

変形モデルパラメータ $\mathbf{v}^*$ を以下のように分解し，本来の線形モデルのモデルパラメータ $\mathbf{w}^*$ と b^* を求めます．

$$\mathbf{w}^* = \mathbf{v}^*[:-1]$$
$$b^* = \mathbf{v}^*[-1] \tag{4.6}$$

ここで，2.3.7 節の `numpy.ndarray` のスライスと同じ参照方法を用います．$\mathbf{v}^*[:-1]$ は，ベクトル $\mathbf{v}^*$ から最後の要素を取り除いた D 次元のベクトルを意味し，$\mathbf{v}^*[-1]$ は，ベクトル $\mathbf{v}^*$ の最後の要素のスカラーを意味します．

4.1.4　最適モデルパラメータの行列表現

　式 (4.5) には和の記号 $\sum$ が 2 つあり，そのまま Python で実装するとループ処理が 2 つ必要になります．インタプリタを介して実行する Python にて，ループ処理を多用するのは実行速度の面から好ましくありません．また，プログラムコードが冗長になり，可読性の面からも好ましくありません．そこで，式 (4.5) を行列表現に変形し，高速に実行可能な numpy の行列演算関数を用いて実装します．まず，変形入力ベクトル $\mathbf{z}_i^{\mathrm{tr}}$ を行に格納する行列 Z^{tr} を以下のように定義します．

$$Z^{\mathrm{tr}} = \begin{pmatrix} \mathbf{z}_1^{\mathrm{tr}} \\ \mathbf{z}_2^{\mathrm{tr}} \\ \vdots \\ \mathbf{z}_N^{\mathrm{tr}} \end{pmatrix} = \begin{pmatrix} x_{11}^{\mathrm{tr}} & x_{12}^{\mathrm{tr}} & \dots & x_{1D}^{\mathrm{tr}} & 1 \\ x_{21}^{\mathrm{tr}} & x_{22}^{\mathrm{tr}} & \dots & x_{2D}^{\mathrm{tr}} & 1 \\ \vdots & \vdots & \vdots & \vdots & 1 \\ x_{N1}^{\mathrm{tr}} & x_{N2}^{\mathrm{tr}} & \dots & x_{ND}^{\mathrm{tr}} & 1 \end{pmatrix} \tag{4.7}$$

行列 Z^{tr} と Y^{tr}（式 (1.3)）を用いると，式 (4.5) は以下のように行列の積を用いて表現できます．

> **(線形回帰分析のモデルパラメータの行列表現)**
>
> $$\mathbf{v}^* = \left(\frac{1}{N} Z^{\mathrm{tr}\top} Z^{\mathrm{tr}}\right)^{-1} \left(\frac{1}{N} Z^{\mathrm{tr}\top} Y^{\mathrm{tr}}\right) \tag{4.8}$$

ここで，分母の行列の積 $Z^{\mathrm{tr}\top} Z^{\mathrm{tr}}$ は，式 (3.81) のように中心化された $\mathbf{z}^{\mathrm{tr}}$ の分散共分散行列（式 (3.78)）に対応しています．また，分子の行列の積 $Z^{\mathrm{tr}\top} Y^{\mathrm{tr}}$ は，中心化された $\mathbf{z}^{\mathrm{tr}}$ と y^{tr} 間の共分散に対応しています．

4.1.5　決定係数を用いた精度評価

　回帰分析にて最小化している平均二乗誤差は，目的変数の単位やバラツキの影響をを受けるため，平均二乗誤差単体では，精度の良し悪しを客観的に評価できません．例えば，図 4.2 のように，物件価格が目的変数の場合，物件価格の単位が 1 ドルのときと 1000 ドルのときでは，1 ドルの方が必然的に平均二乗誤差が小さくなり精度が良くなってしまいます．

　そこで，回帰分析の評価方法として，以下の**決定係数** R^2 が用いられます．

> **(決定係数)**
>
> $$R^2 = 1 - \frac{\sum_{i=1}^{N} \left(y_i - f(\mathbf{x}_i)\right)^2}{\sum_{i=1}^{N} \left(y_i - \bar{y}\right)^2} \tag{4.9}$$

決定係数は，平均二乗誤差と目的変数 y の分散の比をとることにより，目的変数の値の単位やバラツキの影響を抑えています．ここで，分子と分母に共通の $1/N$ はキャンセルされるため省略しています．決定係数の値は $R^2 \in [0, 1]$ であり，**表 4.1** の基準に基づき学習した線形モデルの精度を評価します．

4.1.6　Python による線形回帰分析の実装

　式 (4.8) は，3.1.6 節にて学んだ行列の積（code 3-4）と 3.1.7 節にて学ん

表 4.1 決定係数による精度評価基準

決定係数	精度
$0.8 \leq R^2$	非常に良い
$0.5 \leq R^2 < 0.8$	やや良い
$R^2 < 0.5$	悪い

だ逆行列（code 3-5）の 2 種類の演算を用いて実装できます.

線形回帰分析を実行する Python の `linearRegression` クラスを実装してみましょう. 以下の 6 つのメソッドを用意します.

1. コンストラクタ `__init__`：学習データの初期化
2. `train`：式 (4.8) と (4.6) を用いてモデルパラメータ **w** と b を最適化（code 4-1 参照）
3. `predict`：式 (4.1) を用いて，入力 **x** に対する予測 $f(\mathbf{x})$ を計算（code 4-2 参照）
4. `RMSE`：平方平均二乗誤差 (root mean squared error：RMSE) の計算（code 4-3 参照）

$$\mathrm{RMSE}(X,Y) = \sqrt{\frac{1}{N}\sum_{i=1}^{N}\Big(y_i - f(\mathbf{x}_i)\Big)^2} \tag{4.10}$$

5. `R2`：式 (4.9) を用いて決定係数の計算（code 4-3 参照）
6. `plotResult`：データと線形モデルのプロット

以下，いくつか重要なメソッドの実装方法について説明します.

▶ **code4-1　train メソッド (linearRegression.py)**

```python
# 2. 最小二乗法を用いてモデルパラメータを最適化
def train(self):
    # 行列X に「1」の要素を追加
    Z = np.concatenate([self.X,np.ones([self.dNum,1])],axis=1)

    # 分母の計算
    ZZ = 1/self.dNum * np.matmul(Z.T,Z)

    # 分子の計算
    ZY = 1/self.dNum * np.matmul(Z.T,self.Y)
```

```
11
12      # パラメータv の最適化
13      v = np.matmul(np.linalg.inv(ZZ),ZY)
14
15      # パラメータw,b の決定
16      self.w = v[:-1]
17      self.b = v[-1]
```

　まず，式 (4.7) の変形入力行列 Z^{tr} は，4 行目にて，numpy.ones 関数 (code 3-1) を用いて，すべての要素が「1」の N(self.dNum) 次元の列ベクトルを作成し，numpy.concatenate 関数（2.3.12 節）を用いて，行列 X^{tr}(self.X) に結合することにより作成します．

　次に，7 行目と 10 行目にて式 (4.8) の分母と分子を，それぞれ numpy.matmul 関数 (code 3-4) を用いて計算します．13 行目にて，numpy.linalg.inv 関数 (code 3-5) を用いて分母 ZZ の逆行列を計算し，numpy.matmul 関数を用いて分子 ZY と掛けることにより，最適なモデルパラメータ $\mathbf{v}^*$ (式 (4.8)) を求めています．

　最後に，16〜17 行目にてスライス（2.3.7 節）を用いて，$\mathbf{v}^*$ から，式 (4.6) のモデルパラメータ $\mathbf{w}^*$ と b^* を求めています．

　以下は入力に対する予測 $f(\mathbf{x})$ を計算する predict メソッドの実装です．

▶ code4-2　predict メソッド (linearRegression.py)

```
1   # 3. 予測
2   # X: 入力データ（データ数×次元数のnumpy.ndarray）
3   def predict(self,x):
4       return np.matmul(x,self.w) + self.b
```

　線形モデル（式 (4.1)）は，4 行目にて numpy.matmul 関数を用いて計算しています．

　以下は平方平均二乗誤差と決定係数を計算するメソッドの実装です．

▶ **code4-3 RMSE・R2 メソッド (linearRegression.py)**

```
1   #-------------------
2   # 4. 平方平均二乗誤差 (Root Mean Squared Error)
3   # X: 入力データ (データ数×次元数のnumpy.ndarray)
4   # Y: 出力データ (データ数×1のnumpy.ndarray)
5   def RMSE(self,X,Y):
6       return np.sqrt(np.mean(np.square(self.predict(X)-Y)))
7   #-------------------
8
9   #-------------------
10  # 5. 決定係数の計算
11  # X: 入力データ (データ数×次元数のnumpy.ndarray)
12  # Y: 出力データ (データ数×1のnumpy.ndarray)
13  def R2(self,X,Y):
14      return 1 - np.sum(np.square(self.predict(X)-Y))/np.sum(np.square(
         Y-np.mean(Y,axis=0)))
15  #-------------------
```

式 (4.10) の平方平均二乗誤差と，式 (4.9) の決定係数に含まれる予測 $f(\mathbf{x})$ と真値 y の残差の二乗は，6 行目と 14 行目にて numpy の square, sqrt, mean および sum 関数 (2.3.8 節) を用いて計算しています.

4.1.7 線形回帰分析の実行

線形回帰分析の linearRegression クラスと，データ作成用の data クラスを用いて，「物件価格 (SalePrice)」を予測する線形モデル $f(\mathbf{x})$ (式 (4.1)) を学習し評価してみましょう. まず，linearRegression と data モジュールを読み込みます.

モジュールの読み込み (linearRegressionMain.py)

```
import linearRegression as lr
import data
```

そして，以下の 5 つのステップで実行します.

1. データの作成
   データ作成用のコード data.py の regression クラスを myData としてインスタンス化し，makeData メソッドを用いてデータを作成します. 本節では，2.3.20 節にて紹介した物件価格を予測するための 2 種

類のデータを用います.

- dataType=1 説明変数が居住面積 (GrLivArea) の 1 種類のみ
- dataType=2 説明変数が居住面積 (GrLivArea), 車庫面積 (Garage Area), プール面積 (PoolArea), ベッド部屋数 (BedroomAbvGr) および全部屋数 (TotRmsAbvGrd) の 5 種類

データは, makeData 実行時の dataType 変数を 1 または 2 に設定することにより, 切り替えることができます.

データの作成 (linearRegressionMain.py)

```
# 1. データの作成
myData = data.regression()
myData.makeData(dataType=1)
```

2. データを学習と評価用に分割

スライスを用いて, データ (myData.X, myData.Y) の前半の 90% (269 個) を学習データ (Xtr, Ytr), 後半の 10% (30 個) を評価データ (Xte, Yte) に割り当てます.

データを学習と評価用に分割 (linearRegressionMain.py)

```
# 2. データを学習と評価用に分割
dtrNum = int(len(myData.X)*0.9)  # 学習データ数
# 学習データ (全体の 90%)
Xtr = myData.X[:dtrNum]
Ytr = myData.Y[:dtrNum]

# 評価データ (全体の 10%)
Xte = myData.X[dtrNum:]
Yte = myData.Y[dtrNum:]
```

3. 線形モデルの学習

学習データ Xtr と Ytr を渡して linearRegression クラスを myModel としてインスタンス化し, train メソッドを用いて学習します.

線形モデルの学習 (linearRegressionMain.py)

```
# 3. 線形モデルの学習
myModel = lr.linearRegression(Xtr,Ytr)
myModel.train()
```

4. 線形モデルの評価

評価データ Xte と Yte を渡して，RMSE と R2 メソッドを実行し評価値を取得します．また，学習したモデルパラメータ myModel.w と myModel.b を f 文字列（2.2 節）を用いて標準出力します．

線形モデルの評価 (linearRegressionMain.py)

```
# 4. 線形モデルの評価
print(f"モデルパラメータ:\nw={myModel.w}, \nb={myModel.b}")
print(f"平方平均二乗誤差={myModel.RMSE(Xte,Yte):.2f}ドル")
print(f"決定係数={myModel.R2(Xte,Yte):.2f}")
```

5. 線形モデルのプロット（コード linearRegressionMain.py 参照）

plotResult メソッドを実行し，学習データと学習した線形モデル（回帰直線）をプロットします．実行結果は，results フォルダの「linearRegression_result_train_XXX.pdf」に保存されます．「XXX」には，データの種類（dataType の値）が入ります．

4.1.8 線形回帰分析の実行結果

レポジトリ MLBook の codes ディレクトリに移動し，データの種類を「dataType=1」に設定し，コード linearRegressionMain.py を実行しましょう．実行すると，以下のように学習したモデルパラメータの値と評価データ $\mathcal{D}^{te}$ に対する平方平均二乗誤差および決定係数が表示されます．

```
# モデルパラメータ：
w=[[118.33164435]],
b=[2136.21130391]
# 平方平均二乗誤差=30813.15ドル
# 決定係数=0.64
```

この評価結果から，決定係数が 0.64 と「やや良い」（表 4.1 を参照）となっていることがわかります．また，学習した線形モデルは以下のような直線と

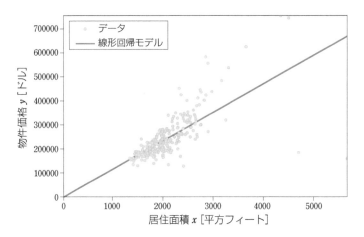

図 4.3　学習データと線形モデル（回帰直線）のプロット例.

なっていることがわかります.

$$f(\mathbf{x}_i) = 118.33 x_i + 2136.2 \tag{4.11}$$

図 4.3 は，学習データと学習した線形モデル（回帰直線）のプロットの例
（ファイル「results/linearRegression_result_train_1.pdf」）です. 図 4.3 が
示すように，学習した線形モデルは，学習データ（青点）の中心を通るよう
な直線（赤線）となっていることがわかります.

4.1.9　重回帰分析の実行

　複数の説明変数を用いる重回帰分析により，予測精度が改善するのか確
認してみましょう. コード `linearRegressionMain.py` のデータの種類を
「`dataType=2`」に設定し実行してみましょう.

```
# モデルパラメータ：
w=[[   79.51535963]
 [  114.92341299]
 [ -203.86773656]
 [-6561.47487532]
 [13836.26048557]],
b=[-72829.02604236]
```

```
# 平方平均二乗誤差=26209.94ドル
# 決定係数=0.74
```

説明変数を増やすことにより，平方平均二乗誤差は 30813.15 ドルから 26209.94 ドルに減少し，決定係数は 0.64 から 0.74 に改善していることがわかります.

4.1.10 偏回帰係数を用いた説明変数と目的変数の増減関係分析

重回帰分析により得られたモデルパラメータ $\mathbf{w}$ は**偏回帰係数**と呼ばれ，表 4.2 のような説明変数 $\mathbf{x}$ と目的変数 y との増減関係を表しています.

表 4.2　偏回帰係数を用いた説明変数と目的変数の増減関係.

説明変数	物件価格（目的変数）
居住面積が 1 平方フィート増加	79.5 ドル増加
車庫面積が 1 平方フィート増加	114.9 ドル増加
プール面積が 1 平方フィート増加	203.9 ドル減少
ベッド部屋数が 1 つ増加	6561.5 ドル減少
全部屋数が 1 つ増加	13836.3 ドル増加

4.1.11 標準化による説明変数の重要度分析

予測における各説明変数の重要度を分析してみましょう. 説明変数には，面積や部屋数など異なる大きさ（単位）や分散を持つ変数があるため，表 4.2 の偏回帰係数 $\mathbf{w}$ の大小関係だけでは説明変数の重要度を比較できません. そこで，学習データに対し**標準化**という前処理を施し，すべての説明変数と目的変数の大きさと分散を揃えます.

> ── **(標準化)** ─────────────────────────

$$\tilde{x}_j = \frac{x_j - \bar{x}_j}{\sigma_{x_j}}$$

$$\tilde{y} = \frac{y - \bar{y}}{\sigma_y} \qquad (4.12)$$

x_j, $\tilde{x}_j$, $\bar{x}_j$ および σ_{x_j} は，それぞれ j 番目の説明変数，標準化された説明変数，平均および標準偏差である．

標準化した学習データを用いた線形回帰により得られた偏回帰係数のことを **標準偏回帰係数** といいます．linearRegressionMain.py のステップ 1「データの作成」の後に標準化を施す以下のコードを追加します．

▶ **code4-4　標準化 (linearRegressionMain.py)**

```
1  # 標準化
2  myData.X = (myData.X-np.mean(myData.X,axis=0))/np.std(myData.X,axis=0)
3  myData.Y = (myData.Y-np.mean(myData.Y,axis=0))/np.std(myData.Y,axis=0)
```

ここで，2 行目にて，numpy.mean 関数 (code 3-13) を用いて，行列 X^{tr} の行方向 (axis=0) に平均値を計算し，numpy.std 関数 (code 3-14) を用いて行列 X^{tr} の行方向 (axis=0) に計算した標準偏差で割っています．

標準化の処理を追加してから，コード linearRegressionMain.py を実行してみましょう．以下のように，標準偏回帰係数 **w** は $[-1, 1]$ の値をとっていることがわかります．

```
# モデルパラメータ :
w=[[ 0.47436389]
   [ 0.2222251 ]
   [-0.1219604 ]
   [-0.04025375]
   [ 0.21387874]],
b=[0.01178913]
# 平方平均二乗誤差=0.30ドル
# 決定係数=0.74
```

標準回帰係数 **w** の値を表 4.3 に整理すると，「居住面積」が 0.47，「車庫面

積」が 0.22 および「全部屋数」が 0.21 と重要度が高く，一方，「ベッド部屋数」が −0.04 と重要度が低いことがわかります．

表 4.3 標準偏回帰係数の例.

説明変数	標準偏回帰係数
居住面積	0.47
車庫面積	0.22
プール面積	−0.12
ベッド部屋数	−0.04
全部屋数	0.21

4.1.12 外れ値と正則化

　センサノイズや人為的ミスにより，学習データには**外れ値** (outlier) が入ることがあります．外れ値とは，学習データの分布から外れたデータです．モデルパラメータを平均二乗誤差を最小化するように決定する線形回帰では，この外れ値の影響を受けいやすいことが知られています．

　線形モデルが外れ値にどれくらい影響を受けるのかを，居住面積から物件価格を予測する単回帰分析を例に見てみましょう．**図** 4.4 のように，2 種類の学習データを用意し，2 つの線形モデルを学習します．

- 青色の線形モデル：黒と青（2 つ）の学習データで学習
- 赤色の線形モデル：黒と赤（2 つ）の学習データで学習

ここで，赤色の点は，青色の点から物件価格を 700000 ドル差し引いた点です．図 4.4 が示すように，赤色の線形モデルは，2 つの赤色の点に引っ張られて，青色の線形モデルから傾き $\mathbf{w}$ と切片 b が大きく変化していることがわかります．

　このように少数のデータでも，学習データの分布（黒色の点）から大きく外れている外れ値により，残差の二乗が非常に大きくなることから，学習した線形モデルは大きく影響を受けることがわかります．

　線形回帰で外れ値への対策方法として，**L2 ノルム正則化** (L2 norm regularization) がよく用いられます [23]．平均二乗誤差の最小化問題（式 (4.2)）の目的関数に変形モデルパラメータ $\mathbf{v}$ の L2 ノルムの 2 乗を追加します．

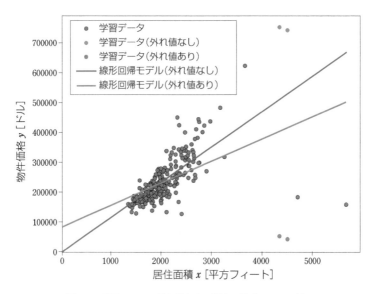

図 4.4　学習データに外れ値がある場合の線形モデルの例.

── (L2 正則平均二乗誤差の最小化問題) ──

$$\min_{\mathbf{w},b} \mathcal{E}(\mathbf{w}, b) \equiv \frac{1}{N} \sum_{i=1}^{N} \left(y_i^{\mathrm{tr}} - f(\mathbf{x}_i^{\mathrm{tr}}) \right)^2 + \lambda \|\mathbf{v}\|^2 \qquad (4.13)$$

λ は L2 ノルム正則化の重要度を決める重み係数であり，$\lambda = 0$ の場合，通常の平均二乗誤差の最小化問題 (4.2) と等価である.

詳細は省きますが，式 (4.4) と同様に，L2 正則平均二乗誤差の変形モデルパラメータ $\mathbf{v}$ に関する微分を 0 とおき展開すると，以下のように最適な変形モデルパラメータ $\mathbf{v}^*$ を求めることができます.

$$\mathbf{v}^* = \left(\frac{1}{N} \sum_{i=1}^{N} \mathbf{z}_i^{\mathrm{tr}\top} \mathbf{z}_i^{\mathrm{tr}} + \lambda I \right)^{-1} \left(\frac{1}{N} \sum_{i=1}^{N} y_i^{\mathrm{tr}} \mathbf{z}_i^{\mathrm{tr}\top} \right) \qquad (4.14)$$

ここで I は $(D+1) \times (D+1)$ の単位行列です.

　線形回帰分析の `linearRegression` クラスに，L2 ノルム正則化を用いて

モデルパラメータを最適化する `trainRegularlized` メソッドを追加してみましょう.

▶ **code4-5 trainRegularlized メソッド (linearRegression.py)**

```python
1   # L2 ノルム正則化最小二乗法を用いてモデルパラメータを最適化
2   # lamb: 正則化の重み係数（実数スカラー）
3   def trainRegularized(self,lamb=0.1):
4       # 行列X に「1」の要素を追加
5       Z = np.concatenate([self.X,np.ones([self.dNum,1])],axis=1)
6
7       # 分母の計算
8       ZZ = 1/self.dNum * np.matmul(Z.T,Z) + lamb * np.eye(self.xDim)
9
10      # 分子の計算
11      ZY = 1/self.dNum * np.matmul(Z.T,self.Y)
12
13      # パラメータv の最適化
14      v = np.matmul(np.linalg.inv(ZZ),ZY)
15
16      # パラメータw,b の決定
17      self.w = v[:-1]
18      self.b = v[-1]
```

次に，コード `linearRegressionMain.py` のステップ 3「線形モデルの学習」を以下のように変更し，外れ値付きの学習データ「`dataType=3`」を設定して，`linearRegressionMain.py` を実行してみましょう.

```python
# 3. 線形モデルの学習
myModel = lr.linearRegression(Xtr,Ytr)
myModel.trainRegularized(lamb=1)
```

図 4.5 のように，正則化項がない $(\lambda = 0)$ 場合，直線 $f(\mathbf{x})$ は図 4.4 の赤線と同様に右下の外れ値（座標 $(4500, 50000)$ 付近）の影響を受けて下がっているのに対し，正則化項がある $(\lambda = 1)$ 場合は影響を受けず，外れ値がない場合（図 4.3）とほぼ同じ結果が得られていることがわかります.

4.1.13 線形回帰分析の解釈

統計モデリング [40] では，目的変数 y_i が従う確率分布（確率密度関数ま

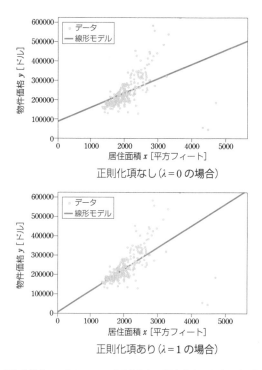

図 4.5　外れ値がある場合の，L2 ノルム正則化がない場合とある場合の線形回帰の結果の例.

たは確率質量関数）を，目的変数の種類（物件価格，訪問者数など）や分析者の経験に基づき仮定します．そして，学習データを高い確率で再現できるように確率分布のパラメータを調整します．

　ここまで，平均二乗誤差を最小化すると説明してきた線形回帰ですが，統計モデリングの観点では，目的変数が，以下のように平均 $\mu_i = f(\mathbf{x}_i)$ および固定の分散 $\sigma^2 = 1$ の正規分布（式 (3.64)）に独立同一（式 (3.67)）に従うと解釈することができます．

$$y_i \overset{\text{i.i.d}}{\sim} g_y(y) = \mathcal{N}\left(y; f(\mathbf{x}_i), 1\right) \tag{4.15}$$

　目的変数が正規分布に従うと仮定した場合，どうして平均二乗誤差を最小化する問題につながるのでしょうか．詳細に見ていきましょう．まず，各 y_i が独立同一に正規分布に従うので，N 個の学習データ Y^{tr} の同時確率密度

$g_Y(y_1^{\mathrm{tr}}, y_2^{\mathrm{tr}}, \ldots, y_N^{\mathrm{tr}})$ は，各 y_i^{tr} の確率密度関数 g_y の積の形に分解できます．

$$g_Y(y_1^{\mathrm{tr}}, y_2^{\mathrm{tr}}, \ldots, y_N^{\mathrm{tr}}) = g_y(y_1^{\mathrm{tr}})g_y(y_2^{\mathrm{tr}}) \cdots g_y(y_N^{\mathrm{tr}}) \tag{4.16}$$

そして，式 (4.15) を代入すると，同時確率は積の記号 $\prod$ を用いて以下のように表現できます．

$$
\begin{aligned}
g_Y(y_1^{\mathrm{tr}}, y_2^{\mathrm{tr}}, \cdots, y_N^{\mathrm{tr}}) &= \prod_{i=1}^{N} \mathcal{N}\left(y_i^{\mathrm{tr}}; f(\mathbf{x}_i^{\mathrm{tr}}), 1\right) \\
&= \prod_{i=1}^{N} \frac{1}{\sqrt{2\pi}} \exp\left\{-\frac{(y_i^{\mathrm{tr}} - f(\mathbf{x}_i^{\mathrm{tr}}))^2}{2}\right\}
\end{aligned}
\tag{4.17}
$$

そして，3.3.8 節にて学んだ学習データ Y^{tr} を観測したときのモデルパラメータ $\mathbf{w}$ と b の尤もらしさを表す**尤度** $g_Y(y_1^{\mathrm{tr}}, y_2^{\mathrm{tr}}, \ldots, y_N^{\mathrm{tr}}; \mathbf{w}, b)$ を導入します．以下のように，尤度に対数をとった**対数尤度**を最大化するように，モデルパラメータ $\mathbf{w}$ と b を決定します．

$$\mathbf{w}^*, b^* = \underset{\mathbf{w}, b}{\operatorname{argmax}}\ \log g_Y(y_1^{\mathrm{tr}}, y_2^{\mathrm{tr}}, \ldots, y_N^{\mathrm{tr}}; \mathbf{w}, b)$$

⇓ 式 (4.17) を利用

$$= \underset{\mathbf{w}, b}{\operatorname{argmax}} \log \prod_{i=1}^{N} \frac{1}{\sqrt{2\pi}} \exp\left\{-\frac{(y_i^{\mathrm{tr}} - f(\mathbf{x}_i^{\mathrm{tr}}))^2}{2}\right\}$$

⇓ 対数の性質：$\log(ab) = \log(a) + \log(b)$ を利用

$$= \underset{\mathbf{w}, b}{\operatorname{argmax}} \sum_{i=1}^{N} \log\left\{\frac{1}{\sqrt{2\pi}} \exp\left\{-\frac{(y_i^{\mathrm{tr}} - f(\mathbf{x}_i^{\mathrm{tr}}))^2}{2}\right\}\right\}$$

⇓ 対数の性質：$\log(\exp(a)) = a$ を利用

$$= \underset{\mathbf{w}, b}{\operatorname{argmax}} \sum_{i=1}^{N} \left\{-\log\sqrt{2\pi} - \frac{(y_i^{\mathrm{tr}} - f(\mathbf{x}_i^{\mathrm{tr}}))^2}{2}\right\}$$

⇓ 最適化対象のモデルパラメータ $\mathbf{w}$ と b を含まない項を削除

$$= \underset{\mathbf{w}, b}{\operatorname{argmin}} \sum_{i=1}^{N} \left(y_i^{\mathrm{tr}} - f(\mathbf{x}_i^{\mathrm{tr}})\right)^2 \tag{4.18}$$

以上のように，目的変数 y が，正規分布 $\mathcal{N}\left(y_i^{\mathrm{tr}}; f(\mathbf{x}_i^{\mathrm{tr}}), 1\right)$ に従うと仮定した

場合の対数尤度の最大化問題は，平均二乗誤差の最小化問題（式 (4.2)）に帰着することがわかります.

　図 4.3 では，居住面積 **x** が 1500 から 2500 平方フィートの範囲では，直線 $f(\mathbf{x})$ を中心に縦軸方向に正規分布に従っていて，確かに学習データに直線がフィットしていることがわかります.

　しかし，出力データは必ずしも正規分布に従うとは限りません. 例えば，2.3.20 節にて紹介した居住面積 (GrLivArea) と建物の等級 (MSSubClass) の「1 階建て 1945 年以前建設」および「2 階建て 1946 年以降建設」との間には，図 4.6 のような関係があります. これは明らかに，目的変数 y が直線 $f(\mathbf{x})$ を中心にした正規分布に従うと仮定するのは無理がありそうです. そもそも，階段のような形をしているため，関数 $f(\mathbf{x})$ に線形モデル（直線）を用いること自体に無理がありそうです. このような階段の形などさまざまな形で分布する学習データに線形モデル $f(\mathbf{x})$ をフィットさせるためには，どうすればよいでしょうか.

4.2　一般化線形モデル [40]

　目的変数が従う確率分布を任意に設定できるように一般化した線形モデルのことを，**一般化線形モデル** (generalized linear model：**GLM**) といいます. 本節では，一般化線形モデルで代表的なロジスティック回帰分析のアルゴリズムの数学的な導出方法と Python での実装方法を紹介します.

　一般化線形モデルでは，以下の 2 点の設計を行います.

- 確率分布の設計：目的変数 y が従う確率関数を選択する.
- リンク関数の設計：確率関数と線形モデル $f(\mathbf{x})$ の関係を表すリンク関数を定義する.

線形回帰では，以下のように設計しています.

- 確率分布の設計：正規分布を選択する.

$$y_i \overset{\text{i.i.d}}{\sim} \mathcal{N}\left(y; \mu, \sigma^2\right) \tag{4.19}$$

- リンク関数の設計：正規分布の平均 μ を線形モデル $f(\mathbf{x}_i)$ に設定する.

$$\mu = f(\mathbf{x}_i) \tag{4.20}$$

4.2.1 ロジスティックモデル

一般化線形モデルで代表的なロジスティックモデルについて説明します.

図 4.6 の縦軸の建物の等級を,簡単化のために「1 階建て 1945 年以前建設」のときに $y = 0$,「2 階建て 1946 年以降建設」のときに $y = 1$ の $\{0, 1\}$ の離散値（ラベル）をとるように設定すると,3.3.2 節にて学んだように目的変数は以下のようなベルヌーイ分布に従うと仮定できそうです.

$$y_i \overset{\text{i.i.d}}{\sim} p_y(y_i) = \mathrm{Bern}(y_i; p_i) = p_i{}^{y_i}(1 - p_i)^{1 - y_i} \tag{4.21}$$

ここで,p_i はラベル $y_i = 1$ の事象が観測される確率です.ベルヌーイ試行なので,ラベル $y_i = 0$ の事象が観測される確率は,$1 - p_i$ で表せます.そして,ベルヌーイ分布の確率 p_i と線形モデル $f(\mathbf{x}_i)$ の関係を表すリンク関数を以下のように設計します.

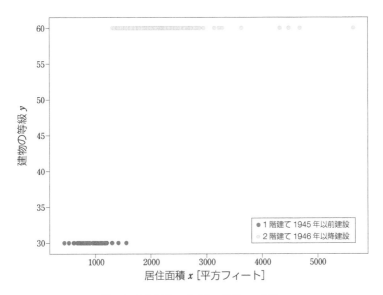

図 4.6　居住面積 $\mathbf{x}$ と建物の等級 y の関係.

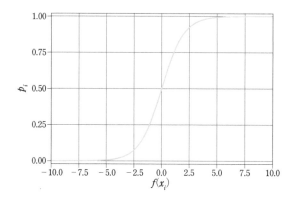

図 4.7　シグモイド関数（ロジスティック関数）の例.

$$p_i = \sigma\left(f(\mathbf{x}_i)\right) = \frac{1}{1 + \exp\left(-f(\mathbf{x}_i)\right)} \tag{4.22}$$

関数 $\sigma(\cdot)$ は，図 4.7 のように s 字（ギリシャ文字のシグマ「σ」に由来）の形をしているため**シグモイド関数**と呼ばれます．また，個体数の変化を表す数理モデルである**ロジスティック関数**に形が類似していることから，**ロジスティックモデル** (logistic model) とも呼ばれています．

　式 (4.22) を展開し両辺に対数をとると，リンク関数として $f(\mathbf{x}_i)$ は，ロジットと呼ばれる 2 つの確率の比（オッズ）に対数をとった**対数オッズ**に設定されていることがわかります．

$$\{1 + \exp\left(-f(\mathbf{x}_i)\right)\} p_i = 1$$

$$\exp\left(-f(\mathbf{x}_i)\right) = \frac{1 - p_i}{p_i}$$

⇓ 両辺に対数をとる

$$f(\mathbf{x}_i) = -\log\left(\frac{1 - p_i}{p_i}\right)$$

⇓ $\log\left(\dfrac{1}{x}\right) = -\log(x)$ を利用

$$f(\mathbf{x}_i) = \log\left(\frac{p_i}{1 - p_i}\right) \tag{4.23}$$

線形回帰（式 (4.17) と式 (4.18)）の場合と同様に，N 個の学習データ Y^{tr} が独立同一にベルヌーイ分布（式 (4.21)）に従っていると仮定し，同時確率 $p_Y(y_1^{\mathrm{tr}}, y_2^{\mathrm{tr}}, \cdots, y_N^{\mathrm{tr}})$ を，各 y_i^{tr} の確率質量関数 p_y の積に分解します．

$$p_Y(y_1^{\mathrm{tr}}, y_2^{\mathrm{tr}}, \cdots, y_N^{\mathrm{tr}}) = p_y(y_1^{\mathrm{tr}}) p_y(y_2^{\mathrm{tr}}) \cdots p_y(y_N^{\mathrm{tr}})$$

$$= \prod_{i=1}^{N} p_i^{\mathrm{tr}\, y_i^{\mathrm{tr}}} (1 - p_i^{\mathrm{tr}})^{1 - y_i^{\mathrm{tr}}} \tag{4.24}$$

そして，対数尤度を最大化するように，モデルパラメータ $\mathbf{w}$ と b を決定します．

$$\mathbf{w}^*, b^* = \underset{\mathbf{w}, b}{\mathrm{argmax}}\ \log p_Y(y_1^{\mathrm{tr}}, y_2^{\mathrm{tr}}, \ldots, y_N^{\mathrm{tr}}; \mathbf{w}, b)$$

$$= \underset{\mathbf{w}, b}{\mathrm{argmax}}\ \log \prod_{i=1}^{N} p_i^{\mathrm{tr}\, y_i^{\mathrm{tr}}} (1 - p_i^{\mathrm{tr}})^{1 - y_i^{\mathrm{tr}}}$$

$$= \underset{\mathbf{w}, b}{\mathrm{argmax}}\ \sum_{i=1}^{N} \log \left\{ p_i^{\mathrm{tr}\, y_i^{\mathrm{tr}}} (1 - p_i^{\mathrm{tr}})^{1 - y_i^{\mathrm{tr}}} \right\}$$

$$= \underset{\mathbf{w}, b}{\mathrm{argmax}}\ \sum_{i=1}^{N} \left\{ y_i^{\mathrm{tr}} \log p_i^{\mathrm{tr}} + (1 - y_i^{\mathrm{tr}}) \log(1 - p_i^{\mathrm{tr}}) \right\}$$

$$= \underset{\mathbf{w}, b}{\mathrm{argmin}}\ -\sum_{i=1}^{N} \left\{ y_i^{\mathrm{tr}} \log p_i^{\mathrm{tr}} + (1 - y_i^{\mathrm{tr}}) \log(1 - p_i^{\mathrm{tr}}) \right\} \tag{4.25}$$

式 (4.25) は，3.4.9 節にて学んだ**交差エントロピー損失**の N 個の学習データを用いた最小化問題に対応しています．この最小化問題は交差エントロピー損失の和をデータ数 N で割った以下の平均交差エントロピー損失の最小化問題と等価です．

(平均交差エントロピー損失の最小化)

$$\mathbf{w}^*, b^* = \operatorname*{argmin}_{\mathbf{w}, b} \mathcal{E}(\mathbf{w}, b)$$

$$\equiv -\frac{1}{N} \sum_{i=1}^{N} \left\{ y_i^{\mathrm{tr}} \log p_i^{\mathrm{tr}} + (1 - y_i^{\mathrm{tr}}) \log(1 - p_i^{\mathrm{tr}}) \right\} \quad (4.26)$$

平均交差エントロピー損失では，ラベル $y_i^{\mathrm{tr}} = 1$ のとき，1 項目の交差エントロピー $y_i^{\mathrm{tr}} \log p_i^{\mathrm{tr}}$（式 (3.90)）が損失として加算され，一方，$y_i^{\mathrm{tr}} = 0$ のとき，2 項目の $(1 - y_i^{\mathrm{tr}}) \log(1 - p_i^{\mathrm{tr}})$ が加算されます．

4.2.2 ロジスティック回帰分析

平均交差エントロピー損失を最小化（式 (4.26)）するモデルパラメータ $\mathbf{w}^*$ と b^* を求めます．平均交差エントロピー損失の最小化は，式 (4.23) のロジットを回帰していることに対応するので，**ロジスティック回帰分析** (logistic regression analysis) と呼ばれています．

まず，平均交差エントロピー損失を展開します．

$$\mathcal{E}(\mathbf{w}, b) = \frac{1}{N} \sum_{i=1}^{N} \left\{ -y_i^{\mathrm{tr}} \log p_i^{\mathrm{tr}} - (1 - y_i^{\mathrm{tr}}) \log(1 - p_i^{\mathrm{tr}}) \right\}$$

⇓ 式 (4.22) のリンク関数を代入

$$= \frac{1}{N} \sum_{i=1}^{N} \left\{ -y_i^{\mathrm{tr}} \log \left(\frac{1}{1 + \exp\left(-f(\mathbf{x}_i^{\mathrm{tr}})\right)} \right) - (1 - y_i^{\mathrm{tr}}) \log \left(\frac{\exp\left(-f(\mathbf{x}_i^{\mathrm{tr}})\right)}{1 + \exp\left(-f(\mathbf{x}_i^{\mathrm{tr}})\right)} \right) \right\}$$

⇓ 対数の性質：$\log \dfrac{a}{b} = \log a - \log b$ と $\log 1 = 0$ と $\log \exp(a) = a$ を利用

$$= \frac{1}{N} \sum_{i=1}^{N} \left\{ y_i^{\mathrm{tr}} \log \left(1 + \exp\left(-f(\mathbf{x}_i^{\mathrm{tr}})\right) \right) \right.$$

$$+(1 - y_i^{\mathrm{tr}}) \left\{ f(\mathbf{x}_i^{\mathrm{tr}}) + \log \left(1 + \exp \left(-f(\mathbf{x}_i^{\mathrm{tr}}) \right) \right) \right\} \right\}$$

$$= \frac{1}{N} \sum_{i=1}^{N} \left\{ (1 - y_i^{\mathrm{tr}}) f(\mathbf{x}_i^{\mathrm{tr}}) + \log \left(1 + \exp \left(-f(\mathbf{x}_i^{\mathrm{tr}}) \right) \right) \right\} \tag{4.27}$$

次に, 平均交差エントロピー損失 $\mathcal{E}(\mathbf{w}, b)$ を $f(\mathbf{x})$ に関して微分し整理します.

$$\frac{\partial \mathcal{E}(\mathbf{w}, b)}{\partial f(\mathbf{x})} = \frac{1}{N} \sum_{i=1}^{N} \frac{\partial}{\partial f(\mathbf{x})} \left\{ (1 - y_i^{\mathrm{tr}}) f(\mathbf{x}_i^{\mathrm{tr}}) + \log \left(1 + \exp \left(-f(\mathbf{x}_i^{\mathrm{tr}}) \right) \right) \right\}$$

$\Downarrow$ 対数の微分 : $\dfrac{\partial \log a}{\partial a} = \dfrac{1}{a}$ を利用

$$= \frac{1}{N} \sum_{i=1}^{N} \left\{ 1 - y_i^{\mathrm{tr}} - \frac{\exp \left(-f(\mathbf{x}_i^{\mathrm{tr}}) \right)}{1 + \exp(-f(\mathbf{x}_i^{\mathrm{tr}}))} \right\}$$

$$= \frac{1}{N} \sum_{i=1}^{N} \left\{ 1 - \frac{\exp \left(-f(\mathbf{x}_i^{\mathrm{tr}}) \right)}{1 + \exp(-f(\mathbf{x}_i^{\mathrm{tr}}))} - y_i^{\mathrm{tr}} \right\}$$

$$= \frac{1}{N} \sum_{i=1}^{N} \left\{ \frac{1}{1 + \exp(-f(\mathbf{x}_i^{\mathrm{tr}}))} - y_i^{\mathrm{tr}} \right\}$$

$\Downarrow$ 式 (4.22) を利用

$$= \frac{1}{N} \sum_{i=1}^{N} \left(p_i^{\mathrm{tr}} - y_i^{\mathrm{tr}} \right) \tag{4.28}$$

平均交差エントロピー損失 $\mathcal{E}(\mathbf{w}, b)$ の $f(\mathbf{x})$ に関する微分は, 真のラベル y_i と予測ラベル p_i^{tr} の差の平均になっていることがわかります. 式 (4.3) の線形モデル $f(\mathbf{x})$ のモデルパラメータ $\mathbf{v}$ に関する微分は $\frac{\partial f(\mathbf{x}^{\mathrm{tr}})}{\partial \mathbf{v}} = \mathbf{z}^{\mathrm{tr}\top}$ なので, 微分のチェインルールを用いると交差エントロピー $\mathcal{E}(\mathbf{w}, b)$ の変形モデルパラメータ $\mathbf{v}$ に関する微分は以下のようになります.

$$\frac{\partial \mathcal{E}(\mathbf{w}, b)}{\partial \mathbf{v}} = \frac{\partial \mathcal{E}(\mathbf{w}, b)}{\partial f(\mathbf{x}^{\mathrm{tr}})} \frac{\partial f(\mathbf{x}^{\mathrm{tr}})}{\partial \mathbf{v}} = \frac{1}{N} \sum_{i=1}^{N} \left(p_i^{\mathrm{tr}} - y_i^{\mathrm{tr}} \right) \mathbf{z}_i^{\mathrm{tr}\top} \tag{4.29}$$

式 (4.29) の微分と, 3.2.2 節にて学んだ最急降下法を用いてモデルのパラメータを以下のように更新します.

$$\mathbf{v}^{(t+1)} = \mathbf{v}^{(t)} - \alpha \frac{\partial \mathcal{E}(\mathbf{w}, b)}{\partial \mathbf{v}} \tag{4.30}$$

4.2.3　ロジスティック回帰分析の解釈

仮に学習データが1つ（つまり，$N = 1$）とすると，式 (4.30) の更新式では，予測と真のラベルの差 $p_i^{\mathrm{tr}} - y_i^{\mathrm{tr}}$ に基づき，以下のようなルールで，モデルパラメータ $\mathbf{v}$ を更新していると解釈できます.

- 予測 p_i^{tr} が真のラベル y_i^{tr} と等しいとき，更新なし.
- 予測 p_i^{tr} が真のラベル y_i^{tr} より小さいとき，$\alpha (y_i^{\mathrm{tr}} - p_i^{\mathrm{tr}}) \mathbf{z}_i^{\mathrm{tr}\top}$ 分増加.
- 予測 p_i^{tr} が真のラベル y_i^{tr} より大きいとき，$\alpha (p_i^{\mathrm{tr}} - y_i^{\mathrm{tr}}) \mathbf{z}_i^{\mathrm{tr}\top}$ 分減少.

4.2.4　最適モデルパラメータの行列表現

式 (4.29) には和の記号 $\sum$ が1つあり，そのまま Python で実装するとループ処理が1つ必要になります．インタプリタを介して実行する Python にて，ループ処理を多用するのは実行速度の面から好ましくありません．そこで，式 (4.29) を行列表現に変形し，高速に実行可能な numpy の行列演算関数を用いて実装します．まず，予測 p_i^{tr} を行に格納する列ベクトルの行列 P^{tr} を以下のように定義します.

$$P^{\mathrm{tr}} = \begin{pmatrix} p_1^{\mathrm{tr}} \\ p_2^{\mathrm{tr}} \\ \vdots \\ p_N^{\mathrm{tr}} \end{pmatrix} \tag{4.31}$$

そして，変形入力行列 Z^{tr}（式 (4.7)），Y^{tr}（式 (1.3)）および P^{tr}（式 (4.31)）を用いると，式 (4.29) は以下のように行列の積で表現できます．式 (4.32) を図示すると，図 4.8 のようになります.

（ロジスティック回帰分析の勾配の行列表現）

$$\frac{\partial \mathcal{E}(\mathbf{w}, b)}{\partial \mathbf{v}} = \frac{1}{N} Z^{\mathrm{tr}\top} \left(P^{\mathrm{tr}} - Y^{\mathrm{tr}} \right) \tag{4.32}$$

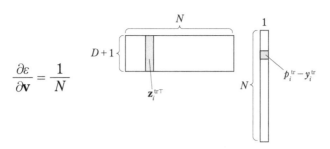

$$\frac{\partial \varepsilon}{\partial \mathbf{v}} = \frac{1}{N}$$

図 4.8　ロジスティック回帰分析の勾配の行列表現.

4.2.5　Python によるロジスティック回帰分析の実装

　式 (4.32) は，3.1.6 節にて学んだ行列の積（code 3-4）の演算を用いて実装できます．ロジスティック回帰分析を実行する `logisticRegression` クラスを実装してみましょう．以下の 8 個のメソッドを用意します．

1. コンストラクタ `__init__`：学習データの設定とモデルパラメータの初期化（code 4-6 参照）
2. `update`：最急降下法（式 (4.32) と式 (4.30)）を用いて，モデルパラメータを更新（code 4-7 参照）
3. `predict`：式 (4.1) と式 (4.22) を用いて，入力 $\mathbf{x}$ に対する線形モデルの出力 $f(\mathbf{x})$ と確率 p を計算（code 4-8 参照）
4. `CE`：平均交差エントロピー損失 $\mathcal{E}(\mathbf{w}, b)$（式 (4.26)）の計算（code 4-9 参照）
5. `accuracy`：正解率の計算

$$\text{accuracy}(X, Y) = \frac{1}{N} \sum_{i=1}^{N} I\left(y_i = f(\mathbf{x}_i)\right) \tag{4.33}$$

ここで，$I(x)$ は以下のように定義される**指示関数** (indicator function) です．

$$I(x) = \begin{cases} 1 & \text{if } x \text{ is True} \\ 0 & \text{otherwise} \end{cases}$$

6. `plotModel1D`：真値と予測値のプロット（入力ベクトルが 1 次元の場合）

7. `plotModel2D`：真値と予測値のプロット（入力ベクトルが2次元の場合）
8. `plotLoss`：学習と評価損失のプロット

以下，いくつか重要なメソッドの実装方法について説明します．

▶ **code4-6　コンストラクタ (logisticRegression.py)**

```
1   # 1. 学習データの設定とモデルパラメータの初期化
2   # X: 入力データ（データ数×次元数のnumpy.ndarray）
3   # Y: 出力データ（データ数×1のnumpy.ndarray）
4   def __init__(self,X,Y):
5       # 学習データの設定
6       self.X = X
7       self.Y = Y
8       self.dNum = X.shape[0]   # 学習データ数
9       self.xDim = X.shape[1]   # 入力の次元数
10
11      # 行列X に「1」の要素を追加
12      self.Z = np.concatenate([self.X,np.ones([self.dNum,1])],axis=1)
13
14      # モデルパラメータの初期値の設定
15      self.w = np.random.normal(size=[self.xDim,1])
16      self.b = np.random.normal(size=[1,1])
17
18      # log(0)を回避するための微小値
19      self.smallV = 10e-8
```

式 (4.7) の変形入力行列 Z^{tr} は，12 行目にて，`numpy.ones` 関数（code 3-1）と `numpy.concatenate` 関数（2.3.12 節）を用いて作成しています．モデルパラメータ **w** と b の初期値は，15〜16 行目にて，`np.random.normal` 関数（code 3-12）を用いて，正規分布に従いランダムに設定しています．

以下は，最急降下法を用いて，モデルパラメータを更新する `update` メソッドの実装です．

▶ **code4-7　update メソッド (logisticRegression.py)**

```
1   # 2. 最急降下法を用いたモデルパラメータの更新
2   # alpha: 学習率（スカラー実数）
3   def update(self,alpha=0.1):
4
5       # 予測の差の計算
```

```
 6        P,_ = self.predict(self.X)
 7        error = (P-self.Y)
 8
 9        # パラメータの更新
10        grad = 1/self.dNum * np.matmul(self.Z.T,error)
11        v = np.concatenate([[self.w,self.b],axis=0)
12        v -= alpha * grad
13
14        # パラメータw,b の決定
15        self.w = v[:-1]
16        self.b = v[[-1]]
```

式 (4.32) の勾配は，7 行目にて予測と真値の差 error を計算した後，10 行目にて numpy.matmul 関数（code 3-4）を用いて行列 Z^{tr}(self.Z) の転置と掛けることにより計算しています．そして，11 行目にて，numpy.concatenate 関数（2.3.12 節）を用いて，モデルパラメータ $\mathbf{v}$ を作成し，12 行目で，モデルパラメータ $\mathbf{v}$ を更新（式 (4.30)）しています．最後に，15～16 行目にてスライス（code 3-3）を用いて，$\mathbf{v}^*$ からモデルパラメータ $\mathbf{w}^*$ と b^* を求めています（式 (4.6)）．

　以下は，入力 $\mathbf{x}$ に対する線形モデルの出力 $f(\mathbf{x})$ と確率 p を計算する predict メソッドの実装です．

▶ **code4-8　predict メソッド (logisticRegression.py)**

```
1    # 3. 予測
2    # X: 入力データ（データ数×次元数のnumpy.ndarray）
3    def predict(self,x):
4        f_x = np.matmul(x,self.w) + self.b
5        return 1/(1+np.exp(-f_x)),f_x
```

式 (4.22) のシグモイド関数 $\sigma(f(\mathbf{x}))$ は，5 行目にて，numpy.exp 関数を用いて計算しています．

　以下は，平均交差エントロピー損失 $\mathcal{E}(\mathbf{w},b)$ を計算する CE メソッドの実装です．

> ### code4-9　CE メソッド (logisticRegression.py)

```
1    # 4. 平均交差エントロピー損失の計算
2    # X: 入力データ（データ数×次元数のnumpy.ndarray）
3    # Y: 出力データ（データ数× 1のnumpy.ndarray）
4    def CE(self,X,Y):
5        P,_ = self.predict(X)
6        return -np.mean(Y*np.log(P+self.smallV)+(1-Y)*np.log(1-P+self.
         smallV))
```

式 (4.26) の平均交差エントロピー損失は，6 行目にて，自然対数 numpy.log
と numpy.mean 関数（code 3-13）を用いて計算しています．なお，$\log(0) = \infty$
による発散を回避するために，微小値 self.smallV を予測値に足して対数
を計算しています．

4.2.6　ロジスティック回帰分析の実行

　ロジスティック回帰分析の linearRegression クラスと，データ作成用
の data クラスを用いて，説明変数の居住空間（GrLivArea）から建物の等
級（MSSubClass）のラベル「1 階建て 1945 年以前建設」（$y = 0$）または「2
階建て 1946 年以降建設」（$y = 1$）を予測するロジスティックモデルを学習
し評価してみましょう．まず，logisticRegression と data モジュールを
読み込みます．

モジュールの読み込み (logisticRegressionMain.py)

```
import logisticRegression as lr
import data
```

　以下の 6 つのステップで実行します．

1. データの作成
   データ生成用のコード data.py の classification クラスを myData
   としてインスタンス化し，makeData メソッドを用いてデータを作成し
   ます．本節では，2.3.20 節にて紹介した建物の等級（MSSubClass）を，
   「1 階建て 1945 年以前建設」（$y = 0$）または「2 階建て 1946 年以降建
   設」（$y = 1$）に分類するための 2 種類のデータを用います．

- dataType=1 説明変数が居住面積（GrLivArea）の 1 種類のみ
- dataType=2 説明変数が居住面積（GrLivArea），車庫面積（Garage Area）の 2 種類

データは，makeData 実行時の dataType 変数を 1 または 2 に設定することにより，切り替えることができます．

データの作成 (logisticRegressionMain.py)

```
# 1. データの作成
myData = data.classification(negLabel=0,posLabel=1)
myData.selectData(dataType=1)
```

2. データを学習と評価用に分割（4.1.7 節のステップ 2 参照）
3. 入力データの標準化
   学習データ X^{tr} の標準偏差および平均を用いて，学習データ X^{tr} および評価データ X^{te} を標準化します（式 (4.12)）．

入力データの標準化 (logisticRegressionMain.py)

```
# 3. 入力データの標準化
xMean = np.mean(Xtr,axis=0)
xStd = np.std(Xtr,axis=0)
Xtr = (Xtr-xMean)/xStd
Xte = (Xte-xMean)/xStd
```

4. ロジスティックモデルの学習と評価

▶ **code4-10　ロジスティックモデルの学習と評価 (logisticRegressionMain.py)**

```
1   # 4. ロジスティックモデルの学習と評価
2   myModel = lr.logisticRegression(Xtr,Ytr)
3
4   trLoss = []
5   teLoss = []
6
7   for ite in range(1001):
8       trLoss.append(myModel.CE(Xtr,Ytr))
9       teLoss.append(myModel.CE(Xte,Yte))
10
11      if ite%100==0:
```

```
12        print(f"反復:{ite}")
13        print(f"モデルパラメータ:\nw={myModel.w},\nb={myModel.b}")
14        print(f"平均交差エントロピー損失={myModel.CE(Xte,Yte):.2f}")
15        print(f"正解率={myModel.accuracy(Xte,Yte):.2f}")
16        print("----------------")
17
18    # モデルパラメータの更新
19    myModel.update(alpha=1)
```

2行目にて，学習データ Xtr と Ytr を渡して logisticRegression クラスを myModel としてインスタンス化し，19行目にて学習率 $\alpha = 1$ で update メソッドを for 文で1001回繰り返し実行し，モデルパラメータ w と b を更新します．また，11〜16行目にて，100反復に1回のタイミングで，CE メソッドと accuracy メソッドを実行し，評価データに対する平均交差エントロピー損失と正解率を標準出力します．また，4〜5行目にて初期化した trLoss と teLoss に，8〜9行目にて，各反復における学習データ X^{tr} と評価データ X^{te} に対する平均交差エントロピー損失を記録します．

5. 真値と予測値のプロット（コード logisticRegressionMain.py 参照）
   入力データの次元が1次元の場合は plotModel1D メソッド，2次元の場合は plotModel2D メソッドを用いて学習データと，ロジスティックモデルの予測値 p_i^{tr}（式 (4.22)）をプロットします．実行結果は，results フォルダの「logistic_result_train_XXX.pdf」に保存されます．「XXX」には，データの種類（dataType の値）が入ります．

6. 学習と評価損失のプロット（コード logisticRegressionMain.py 参照）
   plotLoss メソッドに，「ロジスティックモデルの学習と評価」にて記録した平均交差エントロピー損失 trLoss と teLoss を渡して，プロットします．実行結果は，results フォルダの「logistic_CE_XXX.pdf」に保存されます．「XXX」には，データの種類（dataType の値）が入ります．

4.2.7 ロジスティック回帰分析の実行結果

レポジトリ MLBook の codes ディレクトリに移動し，データの種類「dataType=1」に設定し，コード logisticRegressionMain.py を実行し

ましょう．実行すると，以下のように，100 反復ごとに学習したモデルパラメータの値と評価データ $\mathcal{D}^{\mathrm{te}}$ に対する平均交差エントロピー損失および正解率が標準出力されます．

```
# 反復：0
# モデルパラメータ：
w=[[-0.73162747]],
b=[[-0.35680605]]
# 平均交差エントロピー損失=1.00
# 正解率=0.08
-----------------
〜省略〜
-----------------
# 反復：1000
# モデルパラメータ：
w=[[8.30409147]],
b=[7.06018557]
# 平均交差エントロピー損失=0.07
# 正解率=0.97
-----------------
```

最急降下法によりモデルパラメータを更新することにより，0 反復目の正解率 8% が 1000 回目の正解率 97% に改善していることがわかります．また，モデルパラメータの値から，以下のロジスティックモデルが得られたことがわかります．

$$p_i = \frac{1}{1 + \exp\left(-f(\mathbf{x}_i)\right)} = \frac{1}{1 + \exp\left(-8.3x_i - 7.1\right)} \tag{4.34}$$

ここで，2 つのラベル $y \in \{0, 1\}$ の境界となる確率 $p_i = 0.5$ と線形モデル $f(\mathbf{x}_i) = 0$ との間には以下の関係があります．

$$p_i = 0.5 \Longleftrightarrow f(\mathbf{x}_i) = 0 \tag{4.35}$$

式 (4.34) から，$x = \frac{-7.1}{8.3} \approx -0.86$ に境界線があることがわかります．

　図 4.9 は，学習データと，ロジスティックモデルの予測値 p_i （式 (4.22)）のプロットの例（ファイル「logistic_result_train_1.pdf」）です．

　このように，ロジスティック回帰は，学習データの青点にフィットするようにロジスティックモデル（赤点）のモデルパラメータ $\mathbf{w}$ と b を調整していることがわかります．また，$x = -0.86$ 付近で予測ラベルの境界 $y = 0.5$ と交差していることがわかります．ただし，入力 $\mathbf{x}$ は標準化（実際には，

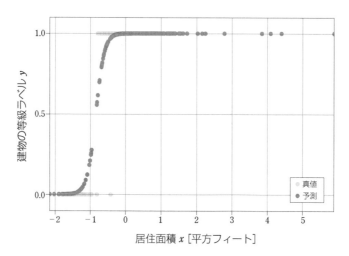

図 4.9　学習データの真値とロジスティックモデルによる予測値 p_i のプロット.

$\tilde{x} = -0.86$）しているので，以下のように標準化 (4.12) の逆を計算することにより，実際の居住面積の値に戻す必要があります.

（標準化からの復元）

$$x_j = \tilde{x}_j \sigma_{x_j} + \bar{x}_j \qquad (4.36)$$

x_j, $\tilde{x}_j$, $\bar{x}_j$ および σ_{x_j} は，それぞれ j 番目の説明変数，標準化された説明変数，平均および標準偏差である.

ここで，平均 $\bar{x} = 1809.35$ および標準偏差 $\sigma_x = 641.2$ の場合，実際の居住面積における境界は，$x = \tilde{x}\sigma_{x_j} + \bar{x}_j = -0.86 \times 641.2 + 1809.35 \approx 1257.9$[平方フィート] となります.

図 4.10 は，学習と評価データに対する平均交差エントロピー損失の学習の推移の例（ファイル「logistic_CE_train_1.pdf」）です.

各反復にてモデルパラメータを更新するたびに学習および評価データとも平均交差エントロピー損失が減少していくことがわかります.

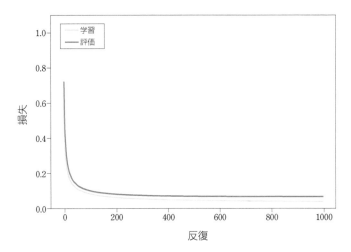

図 4.10　学習と評価データに対する平均交差エントロピー損失の推移.

4.2.8　複数の変数を用いたロジスティック回帰分析の実行

　複数の説明変数を用いるロジスティック回帰分析により，予測精度が改善するのか確認してみましょう．コード logisticRegressionMain.py のデータの種類「dataType=2」に設定し実行してみましょう．

```
# 反復： 0
# モデルパラメータ：
w=[[-0.55000374]],
b=[[-0.84533137]]
# 平均交差エントロピー損失=1.08
# 正解率=0.14
----------------
〜省略〜
----------------
# 反復： 1000
# モデルパラメータ：
w=[[ 8.45038013]
 [-0.35995777]],
b=[6.9497182]
# 平均交差エントロピー損失=0.06
# 正解率=0.97
----------------
```

正解率は 97% と説明変数が 1 つの場合と変わりませんが，平均交差エント
ロピー損失は，説明変数が 1 つの場合の 0.07 から，0.06 とわずかですが減
少し改善していることがわかります．

　また，図 4.11 は，学習データと入力の 2 次元座標の各点におけるロジス
ティックモデルの予測値 p_i（式 (4.22)）をヒートマップを用いてプロットし
た例（ファイル「results/logistic_result_train_2.pdf」）です．

　ここで，ヒートマップの赤系の色は $f(\mathbf{x})$ の「1」に近い値，青系の色は「0」
に近い値に対応しています．このように，ロジスティック回帰は，学習デー
タの×「1 階建て 1945 年以前建設」（$y = 0$）と，○「2 階建て 1946 年以降建
設」（$y = 1$）にフィットするようにロジスティックモデルのモデルパラメー
タ $\mathbf{w}$ と b を調整していることがわかります．

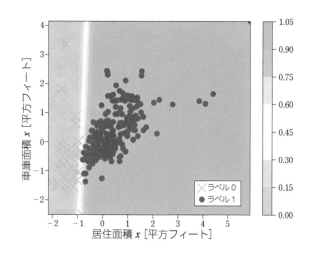

図 4.11　学習データとロジスティックモデルの予測値 p_i のプロット．

分類

ロジスティック回帰分析は，目的変数 y がベルヌーイ分布に従うと仮定した場合の回帰問題である一方，用途としては，入力 x を「0」か「1」のカテゴリに識別する教師あり学習の分類問題にも位置づけられます．分類方法には，ロジスティック回帰分析からのアプローチの他に，分類境界を直接モデル化するアプローチもあります．本章では，後者の代表的なアプローチとして，線形判別分析，サポートベクトルマシン，ナイーブベイズおよび決定木を紹介します．

5.1　回帰と分類

　回帰と分類の違いはなんでしょうか．**表 5.1** は回帰と分類の目的と応用例をまとめています．回帰では，目的変数が，物件価格や身長のように連続的な数値データであるのに対し，分類では，検出対象の物体の種類などのカテゴリを表す離散的なデータとなっていることがわかります．図 1.6 と 4.2.1 節のように，このカテゴリを表す離散値はラベルと呼ばれます．

　ロジスティック回帰分析が対象とする問題の目的変数は「0」か「1」の離散的な出力とも見ることができます．しかし，理論的には，ロジスティック回帰分析は，式 (4.22)，式 (4.23) のように，連続的な確率値 p_i またはロジットを回帰する問題として定式化されています．

表 5.1　回帰と分類の目的と応用例.

タスク	目的	応用例
回帰	入力（説明変数）と，**連続的**な出力（目的変数）の関係を学習し，未知の入力に対する出力の予測	物件価格予測，株価予測，売り上げ予測など
分類	入力（説明変数）と，カテゴリを表す**離散的**な出力（目的変数）の関係を学習し，未知の入力に対する出力の予測	物体検出，顔認識，領域分割など

5.2　線形判別分析

本節では，分類問題の代表的かつ基礎的な方法である**線形判別分析** (linear discriminant analysis：**LDA**) のアルゴリズムの数学的な導出方法と Python での実装方法を紹介します.

線形判別分析は，**図** 5.1 のように 2 つのカテゴリ「$y = -1$」と「$y = +1$」に属する学習データ X^{tr}（式 (1.1)）を分割する分類境界を，直線関数（赤線）でモデル化します.

線形判別分析では，分類境界の関数 $f(\mathbf{x})$ を以下のように定義します.

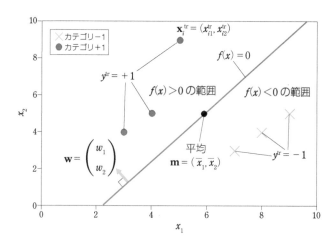

図 5.1　線形判別分析にてモデル化する分類境界 $f(\mathbf{x}) = 0$ のイメージ.

(線形判別モデル)

$$f(\mathbf{x}) = (\mathbf{x} - \mathbf{m})\mathbf{w} = 0 \qquad (5.1)$$

線形判別モデルのモデルパラメータ $\mathbf{w}$ は，線形回帰モデル（式 (4.1)）の場合と異なり，図 5.1 のように直線の正規化された法線ベクトルに対応しています．また，$\mathbf{m}$ は学習データ X^{tr} の平均ベクトルに対応しています．関数 $f(\mathbf{x})$ は，分類境界 $f(\mathbf{x}) = 0$ の法線ベクトル $\mathbf{w}$ 側にあるデータ点 $\mathbf{x}$（図 5.1 の赤丸）に対し正の値をとり，法線ベクトルの反対側のデータ点に対し負の値をとります．分類において，関数 $f(\mathbf{x})$ の出力は**分類スコア**と呼ばれて，カテゴリの選択に用いられます．

2 つのカテゴリを識別する関数 $f(\mathbf{x})$ を学習データに基づき決定するために，線形判別分析では，**図 5.2** のように，平均 $\mathbf{m}$ を通る，$f(\mathbf{x})$ の垂線（青色）を考えます．

垂線の正規直交基底ベクトルは直線 $f(\mathbf{x})$ の法線ベクトル $\mathbf{w}$ に対応しているため，学習データ点 $\mathbf{x}_i^{\mathrm{tr}}$ を，垂線に正射影した点 z_i^{tr} は，以下のように表現できます．

$$z_i^{\mathrm{tr}} = (\mathbf{x}_i^{\mathrm{tr}} - \mathbf{m})\mathbf{w} \qquad (5.2)$$

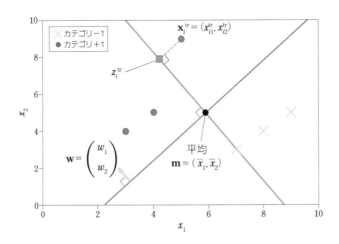

図 5.2 分類境界 $f(\mathbf{x}) = 0$ の垂線（青色）と正射影の点 z_i のイメージ.

5.2.1 カテゴリ内分散

垂線上のデータ点 z_i の各カテゴリ内でのバラツキ度合いを測るために，図 5.3 のような**カテゴリ内分散** σ_{-1}^2 と σ_{+1}^2 を導入します．

カテゴリ内分散を求めるために，カテゴリ「-1」に属している入力データを X_{-1}^{tr}，カテゴリ「$+1$」に属している入力データを X_{+1}^{tr} とし，それぞれの平均をそれぞれ $\mathbf{m}_{-1}$ と $\mathbf{m}_{+1}$ とします．ここで，カテゴリ「-1」のデータ点 $\mathbf{x} \in X_{-1}^{\mathrm{tr}}$ と平均 $\mathbf{m}_{-1}$ をそれぞれ式 (5.2) を用いて垂線に正射影し，3.4.3 節にて学んだように分散（カテゴリ内分散）を計算すると，以下のようになります．

$$\sigma_{-1}^2 = \sum_{\mathbf{x} \in X_{-1}^{\mathrm{tr}}} \Big((\mathbf{x} - \mathbf{m})\mathbf{w} - (\mathbf{m}_{-1} - \mathbf{m})\mathbf{w} \Big)^2 = \sum_{\mathbf{x} \in X_{-1}^{\mathrm{tr}}} \Big(\mathbf{x}\mathbf{w} - \mathbf{m}_{-1}\mathbf{w} \Big)^2$$

本来，分散の定義（式 (3.74)）はデータの個数で除算しますが，ここでは便宜上省略しています．

したがって，カテゴリ内分散の和 $\sigma_{-1}^2 + \sigma_{+1}^2$ は以下のように表現できます．

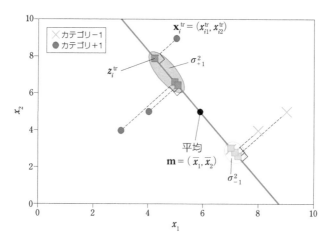

図 5.3 カテゴリ内分散 σ_{-1}^2 と σ_{+1}^2 のイメージ.

$$\sigma_{-1}^2 + \sigma_{+1}^2$$

$$= \sum_{\mathbf{x} \in X_{-1}^{\mathrm{tr}}} (\mathbf{x}\mathbf{w} - \mathbf{m}_{-1}\mathbf{w})^2 + \sum_{\mathbf{x} \in X_{+1}^{\mathrm{tr}}} (\mathbf{x}\mathbf{w} - \mathbf{m}_{+1}\mathbf{w})^2$$

$$= \sum_{\mathbf{x} \in X_{-1}^{\mathrm{tr}}} (\mathbf{x}\mathbf{w} - \mathbf{m}_{-1}\mathbf{w})^\top (\mathbf{x}\mathbf{w} - \mathbf{m}_{-1}\mathbf{w}) + \sum_{\mathbf{x} \in X_{+1}^{\mathrm{tr}}} (\mathbf{x}\mathbf{w} - \mathbf{m}_{+1}\mathbf{w})^\top (\mathbf{x}\mathbf{w} - \mathbf{m}_{+1}\mathbf{w})$$

$$= \sum_{\mathbf{x} \in X_{-1}^{\mathrm{tr}}} \mathbf{w}^\top (\mathbf{x} - \mathbf{m}_{-1})^\top (\mathbf{x} - \mathbf{m}_{-1})\mathbf{w} + \sum_{\mathbf{x} \in X_{+1}^{\mathrm{tr}}} \mathbf{w}^\top (\mathbf{x} - \mathbf{m}_{+1})^\top (\mathbf{x} - \mathbf{m}_{+1})\mathbf{w}$$

$$= \mathbf{w}^\top \left(\sum_{\mathbf{x} \in X_{-1}^{\mathrm{tr}}} (\mathbf{x} - \mathbf{m}_{-1})^\top (\mathbf{x} - \mathbf{m}_{-1}) + \sum_{\mathbf{x} \in X_{+1}^{\mathrm{tr}}} (\mathbf{x} - \mathbf{m}_{+1})^\top (\mathbf{x} - \mathbf{m}_{+1}) \right) \mathbf{w}$$

$$= \mathbf{w}^\top S_{\mathrm{intra}} \mathbf{w} \tag{5.3}$$

ここで，S_{intra} は，各カテゴリに属するデータ $\mathbf{x}$ の D 行 D 列の分散共分散行列 Σ_{-1} と Σ_{+1} の和に対応しています．3.4.4 節にて学んだように，分散共分散行列は，各行にデータ点から平均を引いた D 次元の行ベクトルを並べた行列の積により計算できます（ただし便宜上，データの個数による除算を省略）．

$$X'_{-1} = \begin{pmatrix} \mathbf{x}_1 - \mathbf{m}_{-1} \\ \mathbf{x}_2 - \mathbf{m}_{-1} \\ \vdots \end{pmatrix} \quad \mathbf{x}_1, \mathbf{x}_2, \ldots \in X_{-1}^{\mathrm{tr}}$$

$$X'_{+1} = \begin{pmatrix} \mathbf{x}_1 - \mathbf{m}_{+1} \\ \mathbf{x}_2 - \mathbf{m}_{+1} \\ \vdots \end{pmatrix} \quad \mathbf{x}_1, \mathbf{x}_2, \ldots \in X_{+1}^{\mathrm{tr}}$$

$$S_{\mathrm{intra}} = {X'_{-1}}^\top X'_{-1} + {X'_{+1}}^\top X'_{+1} \tag{5.4}$$

5.2.2 カテゴリ間分散

次に，垂線上のデータ点 z_i^{tr} がカテゴリ間でどれくらい離れているかを測るために，図 5.4 のような**カテゴリ間分散** σ_{inter} を導入します．

カテゴリ間分散 σ_{inter} は，以下のように，各カテゴリの平均 $\mathbf{m}_{-1}$ と $\mathbf{m}_{+1}$ を，式 (5.2) を用いて垂線に正射影した点の二乗差を用いて計算します．

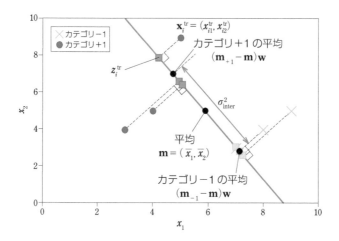

図 5.4　カテゴリ間分散 σ_{inter} のイメージ.

$$\sigma_{\text{inter}}^2 = \left((\mathbf{m}_{-1} - \mathbf{m})\mathbf{w} - (\mathbf{m}_{+1} - \mathbf{m})\mathbf{w}\right)^2 = (\mathbf{m}_{-1}\mathbf{w} - \mathbf{m}_{+1}\mathbf{w})^2$$

$$= (\mathbf{m}_{-1}\mathbf{w} - \mathbf{m}_{+1}\mathbf{w})^\top (\mathbf{m}_{-1}\mathbf{w} - \mathbf{m}_{+1}\mathbf{w})$$

$$= \mathbf{w}^\top (\mathbf{m}_{-1} - \mathbf{m}_{+1})^\top (\mathbf{m}_{-1} - \mathbf{m}_{+1})\mathbf{w} = \mathbf{w}^\top S_{\text{inter}}\mathbf{w} \qquad (5.5)$$

ここで，S_{inter} は，3.4.4 節にて学んだように，カテゴリの中心間の D 行 D 列分散共分散行列に対応しています（ただし便宜上，データの個数による除算を省略）.

5.2.3　相関比の最大化

　図 5.1 のように，分類境界 $f(\mathbf{x}) = 0$ が 2 つのカテゴリを分離できる場合，図 5.3 と図 5.4 のように，垂線上のカテゴリ内分散は小さく，カテゴリ間分散は大きくなります．一方，図 5.5 のように，分類境界 $f(\mathbf{x}) = 0$ （赤色）が 2 つのカテゴリを分離できない場合，垂線上（青色）のカテゴリ内分散は大きく，カテゴリ間分散は小さくなります．

　したがって，線形判別分析では，「カテゴリ内分散を小さく，カテゴリ間分散を大きくする」分類境界 $f(\mathbf{x}) = 0$ を獲得することを目的とします．カテゴリ間分散の和の最小化と，カテゴリ間分散の最大化を同時に行うために，

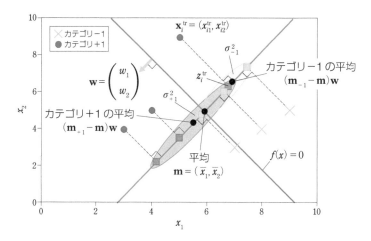

図 5.5 カテゴリ内分散が大きく，カテゴリ間分散が小さい場合の例.

以下のように定義される**相関比**の最大化問題を考えます.

(相関比の最大化)

$$\max_{\mathbf{w}} \text{ 相関比} \equiv \frac{\text{カテゴリ間分散}}{\text{カテゴリ内分散の和}} = \frac{\mathbf{w}^{\top} S_{\text{inter}} \mathbf{w}}{\mathbf{w}^{\top} S_{\text{intra}} \mathbf{w}} \quad (5.6)$$

しかし，分母のカテゴリ内分散の和を「0」に近づけることにより，相関比を無限大に大きくできてしまいます．そこで，無限大への発散を回避するために，カテゴリ内分散の和を「1」に固定し，カテゴリ間分散の最大化問題を解きます.

(制約付き相関比の最大化)

$$\max_{\mathbf{w}} \mathbf{w}^{\top} S_{\text{inter}} \mathbf{w}$$
$$\text{s.t.} \ \ \mathbf{w}^{\top} S_{\text{intra}} \mathbf{w} = 1 \quad (5.7)$$

制約がない場合の $\mathbf{w}^{\top} S_{\text{inter}} \mathbf{w}$ の最大解 $\mathbf{w}^*$ は無限大に発散するため制約式 $\mathbf{w}^* S_{\text{intra}} \mathbf{w}^* = 1$ を満たしません．したがって，3.2.6 節にて学んだラグラン

ジュ未定乗数法を用いて，制約付き最適化問題（式 (5.7)）を解きます．まず，ラグランジュ関数を作ります．

$$\mathcal{L}(\lambda, \mathbf{w}) = \mathbf{w}^\top S_{\text{inter}} \mathbf{w} - \lambda \left(\mathbf{w}^\top S_{\text{intra}} \mathbf{w} - 1 \right) \tag{5.8}$$

3.2.4 節にて学んだベクトルが 2 次形式の場合の微分を用いて，ラグランジュ関数のモデルパラメータ $\mathbf{w}$ に関する微分を求めて 0 とおきます．

$$\frac{\partial \mathcal{L}}{\partial \mathbf{w}} = \left(S_{\text{inter}} + S_{\text{inter}}^\top \right) \mathbf{w} - \lambda \left(S_{\text{intra}} + S_{\text{intra}}^\top \right) \mathbf{w} = 0$$

$$\Downarrow S_{\text{intra}} \text{ と } S_{\text{inter}} \text{ が対称行列であることを利用}$$

$$\longrightarrow 2 S_{\text{inter}} \mathbf{w} - 2 \lambda S_{\text{intra}} \mathbf{w} = 0$$

$$\longrightarrow S_{\text{intra}}^{-1} S_{\text{inter}} \mathbf{w} = \lambda \mathbf{w} \tag{5.9}$$

式 (5.9) は，ラグランジュ未定乗数 λ を固有値，モデルパラメータ $\mathbf{w}$ を固有ベクトルとする行列 $S_{\text{intra}}^{-1} S_{\text{inter}}$ の固有値問題に対応していることがわかります．

したがって，線形判別分析では，行列 $S_{\text{intra}}^{-1} S_{\text{inter}}$ の固有値問題を解き，最大の固有値（ラグランジュ未定乗数）λ^* に対応する固有ベクトル $\mathbf{w}^*$ を求めることにより，関数 $f(\mathbf{x})$ を求めます．

(相関比の最大化のラグランジュ双対問題)

$$\max_{\lambda} \ S_{\text{intra}}^{-1} S_{\text{inter}} \mathbf{w} = \lambda \mathbf{w}$$

$$\text{s.t.} \ \ \lambda \geq 0 \tag{5.10}$$

つまり，線形判別分析の手順は以下のようになります．

手順 1 各カテゴリの平均 $\mathbf{m}_{-1}$ と $\mathbf{m}_{+1}$ を求める．

手順 2 学習データ $\mathcal{D}^{\text{tr}}$ を用いて行列 S_{intra} と S_{inter} を計算する．

手順 3 行列 $S_{\text{intra}}^{-1} S_{\text{inter}}$ の固有値問題を解き，最大固有値 λ^* に対応する固有ベクトル $\mathbf{w}^*$ を求める．

手順 4 評価データ $\mathcal{D}^{\text{te}}$ に対し $f(\mathbf{x})$ の出力を計算し，式 (5.11) を用いてカテゴリの判定をする．

$$\widehat{y^{\text{te}}} = \text{sign}(f(\mathbf{x}^{\text{te}})) \qquad (5.11)$$

ここで, sign 関数は**符号関数**と呼ばれ, 以下のように定義されます.

$$\text{sign}(x) = \begin{cases} 1 & x > 0 \\ 0 & x = 0 \\ -1 & x < 0 \end{cases} \qquad (5.12)$$

5.2.4 Python による線形判別分析の実装

線形判別分析を実行する LDA クラスを実装してみましょう. 以下の5つの
メソッドを用意します.

1. コンストラクタ __init__:学習データの設定と, 全体および各カテゴリ
   の平均の計算（手順1）(code 5-1 参照)
2. train:手順 2〜3 を実行し, 関数 $f(\mathbf{x})$ のモデルパラメータを最適化
   (code 5-2 参照)
3. predict:式 (5.11) を用いて, 入力 $\mathbf{x}$ に対する出力 $\widehat{y}$ を予測（手順4）
   (code 5-3 参照)
4. accuracy:式 (4.33) を用いて正解率を計算
5. plotModel2D:真値と予測値のプロット

以下, いくつか重要なメソッドの実装方法について説明します.

▶ **code5-1　コンストラクタ (LDA.py)**

```
1   # 1. 学習データの設定と, 全体および各カテゴリの平均の計算
2   # X: 入力データ（データ数×次元数のnumpy.ndarray）
3   # Y: 出力データ（データ数× 1のnumpy.ndarray）
4   def __init__(self,X,Y):
5       # 学習データの設定
6       self.X = X
7       self.Y = Y
8       self.dNum = X.shape[0]   # 学習データ数
9       self.xDim = X.shape[1]   # 入力の次元数
10
11      # 各カテゴリに属す入力データ
12      self.Xneg = X[Y[:,0]==-1]
13      self.Xpos = X[Y[:,0]==1]
```

```
14
15      # 全体および各カテゴリに属すデータの平均
16      self.m = np.mean(self.X,axis=0,keepdims=True)
17      self.mNeg = np.mean(self.Xneg,axis=0,keepdims=True)
18      self.mPos = np.mean(self.Xpos,axis=0,keepdims=True)
```

カテゴリ「$y = -1$」と「$y = +1$」に属する学習データ X_{-1}^{tr} と X_{+1}^{tr} は，12〜13 行目にて作成しています．全体の平均 $\mathbf{m}$，カテゴリ「-1」の平均 $\mathbf{m}_{-1}$ およびカテゴリ「$+1$」の平均 $\mathbf{m}_{+1}$ は，16〜18 行目にて，`numpy.mean` 関数（code 3-13）を用いて計算しています．

　以下は，関数 $f(\mathbf{x})$ のモデルパラメータを最適化する `train` メソッドの実装です．

▶ **code5-2　train メソッド (LDA.py)**

```
1    # 2. 固有値問題によるモデルパラメータの最適化
2    def train(self):
3        # カテゴリ間分散共分散行列Sinter の計算
4        Sinter = np.matmul((self.mNeg-self.mPos).T,self.mNeg-self.mPos)
5
6        # カテゴリ内分散共分散行列和Sintra の計算
7        Xneg = self.Xneg - self.mNeg
8        Xpos = self.Xpos - self.mPos
9        Sintra = np.matmul(Xneg.T,Xneg) + np.matmul(Xpos.T,Xpos)
10
11       # 固有値問題を解き，最大固有値の固有ベクトルを獲得
12       [L,V] = np.linalg.eig(np.matmul(np.linalg.inv(Sintra),Sinter))
13       self.w = V[:,[np.argmax(L)]]
```

式 (5.5) の行列 S_{inter} と，式 (5.3) の行列 S_{intra} は，4 行目と 9 行目にて，`numpy.matmul` 関数（code 3-4）を用いて計算しています．式 (5.10) の行列 $S_{\mathrm{intra}}^{-1}S_{\mathrm{inter}}$ は，12 行目にて，`numpy.linalg.inv`（code 3-5）と `numpy.matmul` 関数を用いて計算しています．また，行列 $S_{\mathrm{intra}}^{-1}S_{\mathrm{inter}}$ の固有値問題は，`numpy.linalg.eig` 関数（code 3-7）を用いて解いています．そして，13 行目にて行列のスライス（code 3-3）を用いて，最大固有値に対応する固有ベクトルを求めています．

　以下は，入力 $\mathbf{x}$ に対する出力 $\hat{y}$ を予測する `predict` メソッドの実装です．

▶ **code5-3 predict メソッド (LDA.py)**

```
1    # 3. 予測
2    # X: 入力データ（データ数×次元数のnumpy.ndarray）
3    def predict(self,x):
4        return np.sign(np.matmul(x-self.m,self.w))
```

式 (5.11) は，4 行目にて，符号関数 numpy.sign 関数を用いて計算しています．

5.2.5 線形判別分析の実行

　線形判別分析の LDA クラスと，データ作成用の data クラスを用いて，建物の等級（MSSubClass）のカテゴリ「1 階建て 1945 年以前建設」（$y = -1$）と「2 階建て 1946 年以降建設」（$y = +1$）を分類する線形判別モデルを学習し評価してみましょう．

　まず，LDA と data モジュールを読み込みます．

モジュールの読み込み (LDA.py)

```
import LDA as lda
import data
```

以下の 6 つのステップで実行します．

1. データの作成

　　データ生成用のコード data.py の classification クラスを myData としてインスタンス化し，classification クラスの makeData メソッドを用いてデータを作成します．本節では，2.3.20 節にて紹介した建物の等級（MSSubClass）のカテゴリ，「1 階建て 1945 年以前建設」（$y = -1$）と「2 階建て 1946 年以降建設」（$y = +1$）を分類するために以下のデータを用います．

- dataType=2 説明変数が居住面積（GrLivArea），車庫面積（Garage Area）の 2 種類

　　dataType 変数を 2 に設定し makeData を実行します．

データの作成 (LDAmain.py)

```
# 1. データの作成
myData = data.classification(negLabel=-1,posLabel=1)
myData.selectData(dataType=2)
```

2. データを学習と評価用に分割（4.1.7 節のステップ 2 参照）
3. 線形判別モデルの学習
   学習データ Xtr と Ytr を渡して LDA クラスを myModel としてインスタンス化し，train メソッドを用いて学習します．

線形判別モデルの学習 (LDAmain.py)

```
# 3. 線形判別モデルの学習
myModel = lda.LDA(Xtr,Ytr)
myModel.train()
```

4. 線形判別モデルの評価
   評価データ Xte と Yte を渡して，accuracy メソッドを実行し正解率を取得しています．また，学習したモデルパラメータに関しては，インスタンス変数の w と m を参照しています．

線形判別モデルの評価 (LDAmain.py)

```
# 4. 線形判別モデルの評価
print(f"モデルパラメータ:\nw={myModel.w},\n 平均:m={myModel.m}")
print(f"正解率={myModel.accuracy(Xte,Yte):.2f}")
```

5. 真値と予測値のプロット（コード LDAmain.py 参照）
   plotModel2D メソッドを用いて学習データと，線形判別モデルの予測値 $f(\mathbf{x})$（式 (5.1)）をプロットします．実行結果は，results フォルダの「LDA_result_train_2.pdf」に保存されます．

5.2.6　線形判別分析の実行結果

　レポジトリ MLBook の codes ディレクトリに移動し，コード LDAmain.py を実行しましょう．実行すると，以下のように学習したモデルパラメータの

値，学習データの平均および評価データ $\mathcal{D}^{\mathrm{te}}$ に対する正解率が表示されます．

```
# モデルパラメータ：
w=[[0.91626548]
 [0.40057156]],
# 平均m=[[1832.86404834   534.41691843]]
# 正解率=0.68
```

居住面積（`GrLivArea`）と車庫面積（`GarageArea`）から，建物の等級（`MSSubClass`）のカテゴリを分類する線形判別分析では，分類境界が以下のような直線になっていることがわかります．

$$f(\mathbf{x}_i) = (x_{i1} - 1832.86, x_{i2} - 534.42) \begin{pmatrix} 0.9 \\ 0.4 \end{pmatrix} = 0 \tag{5.13}$$

図 5.6 は，学習データと学習した線形判別モデル $f(\mathbf{x})$ のプロットの例（ファイル「results/LDA_result_train_2.pdf」）です．

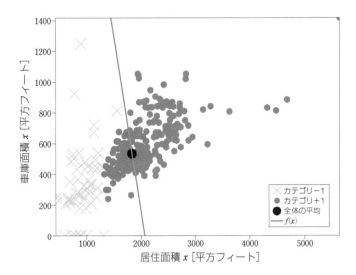

図 5.6 建物の等級（`MSSubClass`）のカテゴリ「1 階建て 1945 年以前建設」（$y = -1$）と「2 階建て 1946 年以降建設」（$y = +1$）の学習データと，学習した線形判別モデル $f(\mathbf{x}) = 0$ の例．

5.2.7　線形判別分析の課題（不均衡データ）

　線形判別分析では，「全体の平均」を通る直線を分類境界とするため，分類境界がデータ数の多いカテゴリの領域に引っ張られる傾向があります．そのため，カテゴリごとのデータ数を揃える**データバランシング** (data balancing) などの前処理が必要になります．

　今回は，簡単に実装ができる**アンダーサンプリング**を用います（**表** 5.2）．LDAmain.py のステップ 2「データを学習と評価用に分割」とステップ 3「線形判別モデルの学習」の間にアンダーサンプリングの処理を追加します（code 5-4 参照）．

表 5.2　主なデータバランシング方法の種類.

方法	概要
アンダーサンプリング	最小のカテゴリのデータ数に合わせて，各カテゴリのデータをランダムに選択する.
オーバーサンプリング	最大のカテゴリのデータ数に合わせて，各カテゴリのデータを，各カテゴリの分布を推定し人工的に生成する.

▶ **code5-4　アンダーサンプリングの前処理 (LDAmain.py)**

```
1   # アンダーサンプリング
2
3   # 最小のカテゴリのデータ数
4   minNum = np.min([np.sum(Ytr==-1),np.sum(Ytr==1)])
5
6   # 各カテゴリのデータ
7   Xneg = Xtr[Ytr[:,0]==-1]
8   Xpos = Xtr[Ytr[:,0]==1]
9
10  # 最小データ数分だけ各カテゴリから選択し結合
11  Xtr = np.concatenate([Xpos[:minNum],Xneg[:minNum]],axis=0)
12  Ytr = np.concatenate([-1*np.ones(shape=[minNum,1]),1*np.ones(shape=[
        minNum,1])])
```

　再度，LDAmain.py を実行してみましょう．

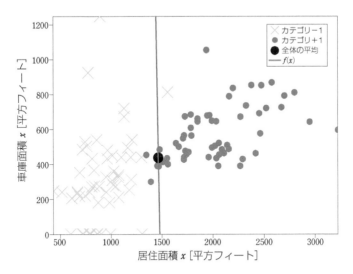

図 5.7 建物の等級（`MSSubClass`）のカテゴリ「1 階建て 1945 年以前建設」（$y = -1$）と「2 階建て 1946 年以降建設」（$y = +1$）の学習データに対し，アンダーサンプリングを適用した学習データと学習した線形判別モデル（$f(\mathbf{x}) = 0$）の例.

```
# モデルパラメータ：
w=[[0.99963533]
 [0.02700386]],
# 平均m=[[1466.5          437.77586207]]
# 正解率=0.92
```

アンダーサンプリングにより正解率が 0.68 から 0.92 に改善していることがわかります．図 5.7 は，アンダーサンプリング後の学習データと獲得した分類境界（$f(\mathbf{x}) = 0$）のプロットの例（ファイル「results/LDA_result_train_2.pdf」）です．

　アンダーサンプリングにより，線形判別分析は，学習データのカテゴリ「−1」とカテゴリ「+1」の間を通る分類境界（赤線）が獲得できていることがわかります．このように，機械学習のアルゴリズムの理論を理解することにより，適用するデータに合わせた，適切なアルゴリズムの改良やデータの前処理などが可能になります．

5.3　サポートベクトルマシン

　線形判別分析では，各カテゴリ内の分散共分散や，2つのカテゴリの平均間の分散共分散など，各カテゴリに属する学習データの分布の形状（中心と広がり度合い）に基づき，分類境界を求めています．

　これに対して，C. Cortes と V. Vapnik は，以下の **Vapnik の原理** [26] の思想に基づき，学習データの分散や平均などの分布を求める問題は分類問題を解くより難しいと考え，極少数の学習データ点だけを用いて分類境界を求める**サポートベクトルマシン** (support vector machine：**SVM**) [26] を提案しました．

> ─ **(Vapnik の原理 [26])** ─────────────────────
>
> 　ある問題を解くとき，その問題よりも難しい問題を途中の段階で解いてはならない．

　本節では，サポートベクトルマシンのアルゴリズムの数学的な導出方法とPython での実装方法を紹介します．

5.3.1　2つのカテゴリ間の中心を通る分類境界

　サポートベクトルマシンでは，**図 5.8** のように，**2つのカテゴリの学習データの間の中心を通る分類境界** $f(\mathbf{x}) = 0$（赤線）を求めます．そのために，**表5.3** のように定義される，**サポートベクトル**と**マージン**と呼ばれる概念を導入します．

　2つのカテゴリ間の中心を通る分類境界では，図 5.8 のように，2つのカテゴリのマージンが等しい状態になります．しかし，**図 5.9** のように，2つのマージンが等しくなる分類境界は他にもあります．ただし，図 5.9 の分類境

表 5.3　サポートベクトルとマージン．

概念	定義
サポートベクトル	分類境界 $f(\mathbf{x}) = 0$ と最も近い（最近傍の）各カテゴリのデータ点
マージン	サポートベクトルと分類境界 $f(\mathbf{x}) = 0$ との距離（最近傍距離）

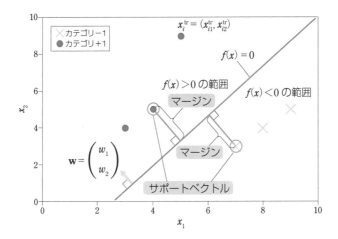

図 5.8 サポートベクトルマシンの分類境界の例（マージンが大きい場合）．

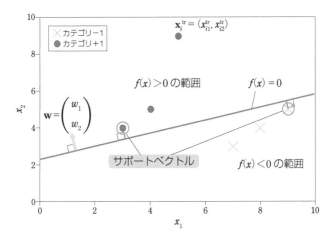

図 5.9 サポートベクトルマシンの分類境界の例（マージンが小さい場合）．

界は，図 5.8 の分類境界と比べると，マージンが小さく分類境界がそれぞれのカテゴリの学習データに近い状態になっています．この場合は，学習データから少しずれた評価データに対し，誤分類が起こりやすくなっていると容易に想像ができます．

そこで，サポートベクトルマシンでは，最大のマージンを持つ分類境界を獲得します．

5.3.2 サポートベクトルマシンの最適化問題

まず，サポートベクトルマシンでは，分類境界の関数 $f(\mathbf{x})$ を以下のように定義します．

$$f(\mathbf{x}) = \mathbf{x}\mathbf{w} + b = 0 \tag{5.14}$$

ここで，$\mathbf{w}$ は直線の法線ベクトル，b はバイアスに対応しています．次に，データ点 $\mathbf{x}_i$ と直線 $f(\mathbf{x})$ との距離 d_i を，以下のように計算します．

$$d_i \equiv \frac{|f(\mathbf{x}_i)|}{\|\mathbf{w}\|} = \frac{|\mathbf{x}_i\mathbf{w} + b|}{\|\mathbf{w}\|} \tag{5.15}$$

この距離 d_i を用いて，マージン（最近傍距離）は以下の最小化問題として定義されます．

$$\min_i d_i \ \forall_i \tag{5.16}$$

ここで，$\forall_i$ はすべてのインデックス i を意味します．

したがって，「2つのカテゴリのマージンの最大化」は，学習データ $\mathcal{D}^{\mathrm{tr}}$（式 (1.1)）を用いた以下の最大化と最小化の問題として定義されます．

（マージン最大化問題）

$$\max_{\mathbf{w},b} \min_i d_i$$
$$\text{s.t.} \ \ y_i^{\mathrm{tr}}(\mathbf{x}_i^{\mathrm{tr}}\mathbf{w} + b) \geq 0 \ \ \forall_i \in \mathcal{D}^{\mathrm{tr}} \tag{5.17}$$

ここで，制約条件は，正しくカテゴリを分類するための以下の条件に対応しています．

- カテゴリ「$y^{\mathrm{tr}} = +1$」の入力 $\mathbf{x} \in X_{+1}^{\mathrm{tr}}$ に対し，分類スコアが $f(\mathbf{x}) \geq 0$
- カテゴリ「$y^{\mathrm{tr}} = -1$」の入力 $\mathbf{x} \in X_{-1}^{\mathrm{tr}}$ に対し，分類スコアが $f(\mathbf{x}) \leq 0$

5.3.3 マージン最大化の簡単化

最適化問題 (5.17) において，最大化と最小化の問題を同時に解くのは，非常に困難です．そこで，**図 5.10** のように，サポートベクトルは「$f(\mathbf{x}) = $

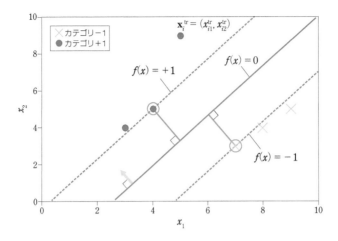

図 5.10　サポートベクトルが $|\mathbf{x}\mathbf{w} + b| = 1$ の直線上にあると仮定するイメージ.

$\mathbf{x}\mathbf{w} + b = +1$」または「$f(\mathbf{x}) = \mathbf{x}\mathbf{w} + b = -1$」の直線上にあると仮定し,
最適化問題 (5.17) を緩和します.

　まず, 式 (5.15) と式 (5.16) より, マージンは以下のように簡単化できます.

$$\min_i d_i = \min_i \frac{|\mathbf{x}_i\mathbf{w} + b|}{\|\mathbf{w}\|} = \frac{1}{\|\mathbf{w}\|} \tag{5.18}$$

さらに, L2 ノルム (式 (3.4)) $\|\mathbf{w}\| = \mathbf{w}^\top \mathbf{w}$ は 0 以上なので, マージン最大
化問題 (5.17) は以下のように変形できます.

$$\max_{\mathbf{w},b} \frac{1}{\|\mathbf{w}\|} \longrightarrow \min_{\mathbf{w},b} \|\mathbf{w}\| \longrightarrow \min_{\mathbf{w},b} \frac{1}{2}\|\mathbf{w}\|^2 \longrightarrow \min_{\mathbf{w},b} \frac{1}{2}\mathbf{w}^\top \mathbf{w} \tag{5.19}$$

したがって, 簡単化したサポートベクトルマシンのマージン最大化問題は以
下のようになります.

(簡単化したマージン最大化問題)

$$\min_{\mathbf{w},b} \frac{1}{2}\mathbf{w}^\top \mathbf{w}$$

$$\text{s.t.}\quad y_i^{\mathrm{tr}}(\mathbf{x}_i^{\mathrm{tr}}\mathbf{w} + b) \geq 1 \quad \forall_i \in \mathcal{D}^{\mathrm{tr}} \tag{5.20}$$

制約がない場合の $\frac{1}{2}\mathbf{w}^\top\mathbf{w}$ の最小解 $\mathbf{w}^* = 0$ は，制約式 $y_i^{\mathrm{tr}}(\mathbf{x}_i^{\mathrm{tr}}\mathbf{w} + b) \geq 1$ を満たしません．したがって，3.2.6 節にて学んだラグランジュ未定乗数法を用いて，制約付き最適化問題（式 (5.20)）を解きます．まず，ラグランジュ関数を作ります．

$$\mathcal{L}(\boldsymbol{\lambda}, \mathbf{w}, b) = \frac{1}{2}\mathbf{w}^\top\mathbf{w} - \sum_{i=1}^{N} \lambda_i \left\{ y_i^{\mathrm{tr}}(\mathbf{x}_i^{\mathrm{tr}}\mathbf{w} + b) - 1 \right\} \tag{5.21}$$

ここで，$\boldsymbol{\lambda} = (\lambda_1, \lambda_2, \ldots, \lambda_N)^\top$ は各データ点 $(\mathbf{x}_i^{\mathrm{tr}}, y_i^{\mathrm{tr}})$ に対応するラグランジュ未定乗数 λ_i を要素に持つ列ベクトルです．そして，ラグランジュ関数の $\mathbf{w}$ と b に関する偏微分を求めて 0 とおき，停留点を求めます．3.2.4 節にて学んだベクトルの内積の微分を用いると以下のようになります．

$$\frac{\partial\mathcal{L}}{\partial\mathbf{w}} = \mathbf{w} - \sum_{i=1}^{N} \lambda_i y_i^{\mathrm{tr}}\mathbf{x}_i^{\mathrm{tr}\top} = 0$$

$$\longrightarrow \mathbf{w}^* = \sum_{i=1}^{N} \lambda_i y_i^{\mathrm{tr}}\mathbf{x}_i^{\mathrm{tr}\top} \tag{5.22}$$

$$\frac{\partial\mathcal{L}}{\partial b} = -\sum_{i=1}^{N} \lambda_i y_i^{\mathrm{tr}} = 0 \tag{5.23}$$

式 (5.22) を，ラグランジュ関数 $\mathcal{L}(\boldsymbol{\lambda}, \mathbf{w}, b)$（式 (5.21)）に代入します．

$$\mathcal{L}(\boldsymbol{\lambda}, \mathbf{w}^*, b)$$

$$= \frac{1}{2}\left(\sum_{i=1}^{N} \lambda_i y_i^{\mathrm{tr}}\mathbf{x}_i^{\mathrm{tr}\top}\right)^\top \left(\sum_{j=1}^{N} \lambda_j y_j^{\mathrm{tr}}\mathbf{x}_j^{\mathrm{tr}\top}\right)$$

$$\quad - \sum_{i=1}^{N} \lambda_i \left\{ y_i^{\mathrm{tr}}\mathbf{x}_i^{\mathrm{tr}}\left(\sum_{j=1}^{N} \lambda_j y_j^{\mathrm{tr}}\mathbf{x}_j^{\mathrm{tr}\top}\right) + y_i^{\mathrm{tr}}b - 1 \right\}$$

$$= -\frac{1}{2}\sum_{i=1}^{N} \lambda_i y_i^{\mathrm{tr}}\mathbf{x}_i^{\mathrm{tr}} \sum_{j=1}^{N} \lambda_j y_j^{\mathrm{tr}}\mathbf{x}_j^{\mathrm{tr}\top} - b\sum_{i=1}^{N} \lambda_i y_i^{\mathrm{tr}} + \sum_{i=1}^{N} \lambda_i$$

そして，式 (5.23) を代入し整理すると，停留点 $\mathbf{w}^*$ と b^* におけるラグランジュ関数は以下のようになります．

$$\mathcal{L}(\boldsymbol{\lambda}, \mathbf{w}^*, b^*) = -\frac{1}{2} \sum_{i=1}^{N} \lambda_i y_i^{\mathrm{tr}} \mathbf{x}_i^{\mathrm{tr}} \sum_{j=1}^{N} \lambda_j y_j^{\mathrm{tr}} \mathbf{x}_j^{\mathrm{tr}\top} + \sum_{i=1}^{N} \lambda_i$$

$$= -\frac{1}{2} \sum_{i=1}^{N} \sum_{j=1}^{N} \lambda_i y_i^{\mathrm{tr}} \mathbf{x}_i^{\mathrm{tr}} \mathbf{x}_j^{\mathrm{tr}\top} y_j^{\mathrm{tr}} \lambda_j + \sum_{i=1}^{N} \lambda_i \tag{5.24}$$

これで，ラグランジュ関数 $\mathcal{L}(\boldsymbol{\lambda}, \mathbf{w}^*, b^*)$ は，ラグランジュ未定乗数 $\boldsymbol{\lambda}$ の関数となります．したがって，マージン最大化のラグランジュ双対問題は，以下のようになります．

(マージン最大化のラグランジュ双対問題)

$$\max_{\boldsymbol{\lambda}} \mathcal{L}(\boldsymbol{\lambda}, \mathbf{w}^*, b^*) = -\frac{1}{2} \sum_{i=1}^{N} \sum_{j=1}^{N} \lambda_i y_i^{\mathrm{tr}} \mathbf{x}_i^{\mathrm{tr}} \mathbf{x}_j^{\mathrm{tr}\top} y_j^{\mathrm{tr}} \lambda_j + \sum_{i=1}^{N} \lambda_i$$

$$\text{s.t.} \quad -\lambda_i \leq 0$$
$$\sum_{i=1}^{N} \lambda_i y_i^{\mathrm{tr}} = 0 \; \forall_i \tag{5.25}$$

5.3.4 モデルパラメータの決定

最適化問題 (5.25) に基づき，各モデルパラメータを以下のように決定します．

モデルパラメータ $\mathbf{w}$： ラグランジュ双対問題 (5.25) を解き最適化したラグランジュ未定乗数 λ^* を，式 (5.22) に代入し，モデルパラメータ $\mathbf{w}^*$ を求めます．

$$\mathbf{w}^* = \sum_{i=1}^{N} \lambda_i^* y_i^{\mathrm{tr}} \mathbf{x}_i^{\mathrm{tr}\top} \tag{5.26}$$

モデルパラメータ b： KKT 条件の相補性（図 3.17）を式 (5.25) に適用すると，以下の条件式が得られます．

$$\lambda_i^* \left\{ y_i^{\mathrm{tr}} \left(\mathbf{x}_i^{\mathrm{tr}} \mathbf{w}^* + b^* \right) - 1 \right\} = 0 \tag{5.27}$$

まず，データ点 $\mathbf{x}_i^{\mathrm{tr}}$ がサポートベクトルではない場合，$\mathbf{x}_i^{\mathrm{tr}} \mathbf{w}^* + b^* \neq 1$ と

カテゴリ $y_i^{\mathrm{tr}} \in \{-1,1\}$ より，$y_i^{\mathrm{tr}}\left(\mathbf{x}_i^{\mathrm{tr}}\mathbf{w}^* + b^*\right) - 1 \neq 0$ となります．したがって，式 (5.27) より，ラグランジュ未定乗数は $\lambda^* = 0$ となります．

　一方，データ点 $\mathbf{x}_i^{\mathrm{tr}}$ がサポートベクトルの場合，$\mathbf{x}_i^{\mathrm{tr}}\mathbf{w}^* + b^* = \pm 1$ とカテゴリ $y_i^{\mathrm{tr}} \in \{-1,1\}$ より，$y_i^{\mathrm{tr}}\left(\mathbf{x}_i^{\mathrm{tr}}\mathbf{w}^* + b^*\right) - 1 = 0$ となります．したがって，式 (5.27) より，ラグランジュ未定乗数は $\lambda^* > 0$ の値をとることができます．

　次に，サポートベクトル $\{(\mathbf{x},y)\} \in \mathcal{D}_{\lambda^*>0}^{\mathrm{tr}}$ について，式 (5.27) を展開します．まず，両辺を λ^* で除算し展開します．

$$y\left(\mathbf{x}\mathbf{w}^* + b^*\right) - 1 = 0 \longrightarrow b^* = \frac{1}{y} - \mathbf{x}\mathbf{w}^* \tag{5.28}$$

$y \in \{-1,1\}$ より，$\frac{1}{y} = y$ を代入します．

$$b^* = y - \mathbf{x}\mathbf{w}^* \tag{5.29}$$

そして，サポートベクトル $\lambda^* > 0$ に対し平均的に式 (5.29) を満たすように，b^* を推定します．

$$\widehat{b^*} = \frac{1}{|\mathcal{D}_{\lambda_i^*>0}^{\mathrm{tr}}|} \sum_{i \in \mathcal{D}_{\lambda_i^*>0}^{\mathrm{tr}}} \left(y_i^{\mathrm{tr}} - \mathbf{x}_i^{\mathrm{tr}}\mathbf{w}^*\right) \tag{5.30}$$

5.3.5　マージン最大化の行列表現

　マージン最大化のラグランジュ双対問題 (5.25) は，2 次形式の目的関数と 1 次形式の制約不等式と等式から構成される以下の**凸 2 次計画問題** (quadratic programming) の基本形式と類似の形式となっています．

(凸 2 次計画問題の基本形式)

$$\min_{\mathbf{x}} \frac{1}{2}\mathbf{x}^\top P\mathbf{x} + \mathbf{q}^\top \mathbf{x}$$
$$\text{s.t.} \quad G\mathbf{x} \leq \mathbf{h}$$
$$A\mathbf{x} = \mathbf{b}$$

(5.31)

- $\mathbf{x}$：最適化対象の $N \times 1$ のベクトル
- P：目的関数で用いる $N \times N$ の行列
- $\mathbf{q}$：目的関数で用いる $N \times 1$ のベクトル
- G，A：制約式で用いる行列
- $\mathbf{h}$，$\mathbf{b}$：制約式で用いるベクトル

　マージン最大化のラグランジュ双対問題 (5.25) を，行列とベクトルを用いて，凸 2 次計画問題の基本形式 (5.31) に合わせて変形しましょう．

(マージン最大化問題の行列表現)

$$\min_{\boldsymbol{\lambda}} \frac{1}{2}\boldsymbol{\lambda}^\top P\boldsymbol{\lambda} + (-\mathbf{1}^\top)\boldsymbol{\lambda}$$
$$\text{s.t.} \quad -\text{diag}(\mathbf{1})\boldsymbol{\lambda} \leq \mathbf{0}$$
$$\mathbf{y}^\top \boldsymbol{\lambda} = 0$$

(5.32)

- $\boldsymbol{\lambda}$：最適化対象の $N \times 1$ のベクトル
- $P = (\mathbf{y}\mathbf{y}^\top) \otimes (XX^\top)$：$N \times N$ の行列
- $\mathbf{1}$：すべての要素が 1 の $N \times 1$ ベクトル
- $\text{diag}(\mathbf{1})$：$N \times 1$ のベクトル $\mathbf{1}$ を対角に格納する $N \times N$ の行列
- $\mathbf{0}$：すべての要素が 0 の $N \times 1$ ベクトル

　ここで，記号 $\otimes$ は**アダマール積**と呼ばれ，2 つの行列の要素ごとの積の演算に対応しています．

5.3.6　Python によるサポートベクトルマシンの実装

　凸 2 次計画問題 (5.32) は，2.1.2 節にてインストールした凸最適化問題の

ソルバー CVXOPT を用いて実装できます．まず，CVXOPT のモジュール
を読み込みましょう．

モジュールの読み込み (SVM.py)

```
import cvxopt
```

サポートベクトルマシンを実行する SVM クラスを実装してみましょう．以
下の5つのメソッドを用意します．

1. コンストラクタ __init__：学習データの設定とモデルパラメータの初
   期化
2. train：CVXOPT を用いて凸2次計画問題（式 (5.32)）解き，関数 $f(\mathbf{x})$
   のモデルパラメータを最適化（code 5-5 参照）
3. predict：式 (5.11) を用いて，入力 $\mathbf{x}$ に対する出力 $\hat{y}$ を予測（code 5-6
   参照）
4. accuracy：式 (4.33) を用いて正解率を計算
5. plotModel2D：真値と予測値のプロット（入力ベクトルが2次元の場合）

以下，いくつか重要なメソッドの実装方法について説明します．

▶ **code5-5　train メソッド (SVM.py)**

```
1    # 2. SVM のモデルパラメータを最適化
2    def train(self):
3
4        # 行列P の作成
5        P = np.matmul(self.Y,self.Y.T) * np.matmul(self.X,self.X.T)
6        P = cvxopt.matrix(P)
7
8        # q,G,h,A,b を作成
9        q = cvxopt.matrix(-np.ones(self.dNum))
10       G = cvxopt.matrix(np.diag(-np.ones(self.dNum)))
11       h = cvxopt.matrix(np.zeros(self.dNum))
12       A = cvxopt.matrix(self.Y.astype(float).T)
13       b = cvxopt.matrix(0.0)
14
15       # 凸 2次計画法
16       sol = cvxopt.solvers.qp(P,q,G,h,A,b)
17       self.lamb = np.array(sol['x'])
```

```
18      # 'x'がlambda に対応する
19
20      # サポートベクトルのインデックス
21      self.spptInds = np.where(self.lamb>self.spptThre)[0]
22
23      # w と b の計算
24      self.w = np.matmul((self.lamb*self.Y).T,self.X).T
25      self.b = np.mean(self.Y[self.spptInds]-np.matmul(self.X[self.
        spptInds,:],self.w))
```

凸 2 次計画問題の基本形式 (5.31) の各行列とベクトルを，マージン最大化
問題 (5.32) に対応するように作成します．

$$P = (\mathbf{y}\mathbf{y}^\top) \otimes (XX^\top)$$
$$\mathbf{q} = -\mathbf{1}$$
$$G = -\mathrm{diag}(\mathbf{1})$$
$$\mathbf{h} = \mathbf{0}$$
$$A = \mathbf{y}^\top$$
$$\mathbf{b} = 0$$

5〜13 行目にて，numpy.matmul 関数 (code 3-4)，* (アダマール積)，
numpy.ones と numpy.zeros (code 3-1)，および numpy.diag 関数 (code 3-
8) を用いて，変数 P, q, G, h, A, b を作成し，cvxopt.matrix 関数を用いて，
CVXOPT ソルバー用の行列に変換しています．そして，16〜17 行目にて，
2 次計画法 cvxopt.solvers.qp 関数を用いて凸 2 次計画問題 (5.32) を解
き，ラグランジュ未定乗数の最適解 $\boldsymbol{\lambda}^*$(self.lamb) を求めています．
　そして，21 行目にて，numpy.where 関数（2.3.11 節）を用いて，サポー
トベクトルの閾値 spptThre より大きい値を持つラグランジュ未定乗数のイ
ンデックスを獲得し，24〜25 行目にて，式 (5.26) と (5.30) に基づき，モデ
ルパラメータ $\mathbf{w}^*$ と b^* を計算しています．
　以下は，入力 $\mathbf{x}$ に対する出力 $\hat{y}$ を予測する predict メソッドの実装です．

▶ **code5-6   predict メソッド (SVM.py)**

```
1   # 3. 予測
2   # X: 入力データ（データ数×次元数のnumpy.ndarray）
3   def predict(self,x):
4       y = np.matmul(x,self.w) + self.b
5       return np.sign(y),y
```

5.3.7   サポートベクトルマシンの実行

サポートベクトルマシンの SVM クラスと，データ作成用の data クラスを用いて，人工的に生成したデータ（トイデータ）のカテゴリを分類するサポートベクトルマシンの分類境界 $f(\mathbf{x}) = 0$ を学習し評価してみましょう．

まず，SVM と data モジュールを読み込みます．

モジュールの読み込み (SVM.py)

```
import SVM as svm
import data
```

以下の 6 つのステップで実行します．

1. データの作成

   データ生成用のコード data.py の classification クラスを myData としてインスタンス化し，makeData メソッドを用いて人工データを作成します．本節では，正規分布（3.3.9 節）を用いて生成した線形分離可能な人工データを用います．

   ● dataType=3 線形分離可能な人工データ：
     カテゴリ「−1」の正規分布 $\mathcal{N}_{-1}((1,2),\Sigma)$ とカテゴリ「+1」の正規分布 $\mathcal{N}_{+1}((-2,-1),\Sigma)$ に従いデータ $\mathbf{x}$ を生成します．分散共分散行列 Σ は以下のように設定しています．

$$\Sigma = \begin{pmatrix} 1.0 & -0.6 \\ -0.6 & 1.0 \end{pmatrix} \tag{5.33}$$

   dataType 変数を 3 に設定し makeData を実行します．

データの作成 (SVMmain.py)

```
# 1. データの作成
myData = data.classification(negLabel=-1,posLabel=1)
myData.makeData(dataType=3)
```

2. データを学習と評価用に分割（4.1.7 節のステップ 2 参照）
3. 入力データの標準化（4.2.6 節のステップ 3 参照）
4. SVM モデルの学習
   学習データ Xtr と Ytr を渡して SVM クラスを myModel としてインスタンス化し，train メソッドを用いて学習します．

SVM モデルの学習 (SVMmain.py)

```
# 4. SVM モデルの学習
myModel = svm.SVM(Xtr,Ytr)
myModel.train()
```

5. SVM モデルの評価
   評価データ Xte と Yte を渡して，accuracy メソッドを実行し正解率を取得しています．また，学習したモデルパラメータに関しては，インスタンス変数の w と b を参照しています．

SVM モデルの評価 (SVMmain.py)

```
# 5. SVM モデルの評価
print(f"モデルパラメータ:\nw={myModel.w}\nb={myModel.b}")
print(f"評価データの正解率={myModel.accuracy(Xte,Yte):.2f}")
```

6. 真値と予測値のプロット（入力ベクトルが 2 次元の場合）
   plotModel2D メソッドを用いて学習データと，SVM モデルの予測値 $f(\mathbf{x})$（式 (5.14)）をプロットします．実行結果は，results フォルダの「SVM_result_3.pdf」に保存されます．

5.3.8　サポートベクトルマシンの実行結果

レポジトリ MLBook の codes ディレクトリに移動し，SVMmain.py を実行しましょう．実行すると，以下のように学習したモデルパラメータの値と評価データ $\mathcal{D}^{\text{te}}$ に対する正解率が表示されます．

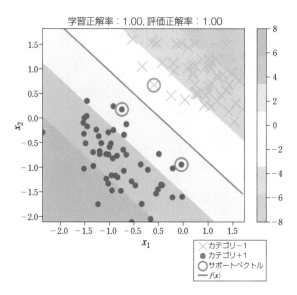

図 5.11 人工データの学習データ（dataType=3）（ただし，ステップ 3 にて標準化済み），学習した分類境界（$f(\mathbf{x}) = 0$），分類スコア（$f(\mathbf{x})$）および選択されたサポートベクトルの例.

```
# モデルパラメータ：
w=[[-1.68495789]
  [-1.82641906]]
b=0.06019019272615178
# 評価データの正解率=1.00
```

モデルパラメータの値から，学習した分類境界 $f(\mathbf{x}) = 0$ は以下のような直線になっていることがわかります.

$$f(\mathbf{x}_i) = (x_{i1}, x_{i2}) \begin{pmatrix} -1.68 \\ -1.83 \end{pmatrix} + 0.06 \tag{5.34}$$

また，図 5.11 は，学習データ，選択されたサポートベクトル，および学習した SVM の分類スコア $f(\mathbf{x})$ のヒートマップのプロットの例（ファイル「results/SVM_result_3.pdf」）です.

ここで，ヒートマップの赤系の色は $f(\mathbf{x})$ の正の値に対応し，青系の色は負の値に対応しています．また，赤丸は選ばれたサポートベクトルを表して

います．また，図の上部には，「学習正解率：1.00, 評価正解率：1.00」のように，学習データと評価データに対する正解率が記載されています．図 5.11 が示すように，サポートベクトルマシンは，学習データのカテゴリ「−1」とカテゴリ「+1」の点を分割する直線（赤色）となっていることがわかります．また，各カテゴリの分類境界 $f(\mathbf{x}) = 0$ の最近傍のデータ点（赤枠）がサポートベクトルとして選ばれていることがわかります．

5.3.9　ソフトマージンサポートベクトルマシン

これまで紹介したサポートベクトルマシンでは，2 つのカテゴリのデータが直線により分割可能な場合を想定していました．しかし，実際のデータには直線では分類できない場合があります．例えば，図 5.6 のように，居住面積と車庫面積から，建物の等級のカテゴリ「1 階建て 1945 年以前建設」$(y = -1)$ と「2 階建て 1946 年以降建設」$(y = +1)$ を分類する問題（dataType=2）に適用すると，マージン最大化の制約を満たすことができないため，図 5.12 のように最適化に失敗します．

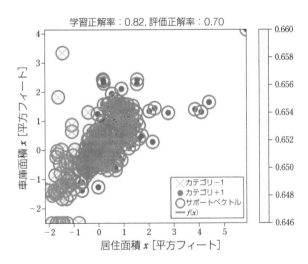

図 5.12　建物の等級（MSSubClass）のカテゴリ「1 階建て 1945 年以前建設」$(y = -1)$ と「2 階建て 1946 年以降建設」$(y = +1)$ の学習データ（dataType=2）と，学習した分類境界 $(f(\mathbf{x}) = 0)$，分類スコア $(f(\mathbf{x}))$ および選択されたサポートベクトルの例.

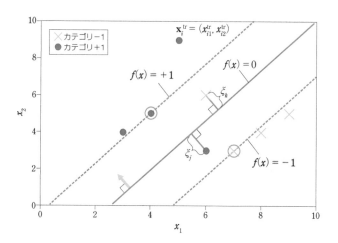

図 5.13 分類誤差を考慮したサポートベクトルマシンの分類境界の例.

このような 2 つのカテゴリのデータがオーバーラップしている問題に対処するために，分類の失敗を許容する**ソフトマージン**を導入します．まず，図 5.13 のように，データ点 $\mathbf{x}_i^{\mathrm{tr}}$ が誤分類した場合の，分類境界からデータ点 $\mathbf{x}_i^{\mathrm{tr}}$ までの距離に対応する**誤差** ξ_i を導入し，制約式を以下のように緩和します．

$$y_i^{\mathrm{tr}}(\mathbf{x}_i^{\mathrm{tr}}\mathbf{w} + b) \geq 1 \longrightarrow y_i^{\mathrm{tr}}(\mathbf{x}_i^{\mathrm{tr}}\mathbf{w} + b) + \xi_i \geq 1 \; \forall_i \tag{5.35}$$

そして，誤差 ξ_i を最小化するように，マージン最大化問題を以下のように拡張します．

（ソフトマージン最大化問題）

$$\min_{\mathbf{w},b,\boldsymbol{\xi}} \frac{1}{2}\mathbf{w}^{\top}\mathbf{w} + C\sum_{i=1}^{N}\xi_i$$

$$\text{s.t.} \quad y_i^{\mathrm{tr}}(\mathbf{x}_i^{\mathrm{tr}}\mathbf{w} + b) + \xi_i \geq 1$$
$$\xi_i \geq 0 \; \forall_i \tag{5.36}$$

ここで，$\boldsymbol{\xi} = (\xi_1, \ldots, \xi_N)^{\top}$ および C は誤差 ξ_i の重要度を調整するハイパーパラメータである．

　分類の失敗を許容しない**ハードマージン**（式 (5.25)）と同様にラグランジュ未定乗数法を用いて最適化問題を解きます．ラグランジュ関数は以下のようになります．

$$\mathcal{L}(\boldsymbol{\lambda}, \boldsymbol{\gamma}, \mathbf{w}, b, \boldsymbol{\xi}) =$$

$$\frac{1}{2}\mathbf{w}^\top\mathbf{w} + C\sum_{i=1}^{N}\xi_i - \sum_{i=1}^{N}\lambda_i\left\{y_i^{\mathrm{tr}}(\mathbf{x}_i^{\mathrm{tr}}\mathbf{w} + b) + \xi_i - 1\right\} - \sum_{i=1}^{N}\gamma_i\xi_i \quad (5.37)$$

ここでは，2 つの制約式それぞれに対応するラグランジュ未定乗数 $\boldsymbol{\lambda} = (\lambda_1, \ldots, \lambda_N)^\top$ と $\boldsymbol{\gamma} = (\gamma_1, \ldots, \gamma_N)^\top$ があります．ラグランジュ関数 $\mathcal{L}$ を，ξ_i について偏微分をとり 0 とおきます．

$$\frac{\partial\mathcal{L}}{\partial\xi_i} = C - \lambda_i - \gamma_i = 0 \quad (5.38)$$

$\gamma_i \geq 0$ より，以下の不等式が成り立ちます．

$$\lambda_i + \gamma_i = C \longrightarrow \lambda_i \leq C \quad (5.39)$$

式 (5.22) をラグランジュ関数に代入し整理すると以下のようになります．

$$\mathcal{L}(\boldsymbol{\lambda}, \boldsymbol{\gamma}, \mathbf{w}^*, b, \boldsymbol{\xi})$$

$$= -\frac{1}{2}\sum_{i=1}^{N}\sum_{j=1}^{N}\lambda_i y_i^{\mathrm{tr}}\mathbf{x}_i^{\mathrm{tr}}\mathbf{x}_j^{\mathrm{tr}\top}y_j^{\mathrm{tr}}\lambda_j + \sum_{i=1}^{N}\lambda_i - \sum_{i=1}^{N}\lambda_i y_i^{\mathrm{tr}}b + \sum_{i=1}^{N}\xi_i(C - \lambda_i - \gamma_i)$$

$$(5.40)$$

式 (5.23) および式 (5.38) を，式 (5.40) に代入して整理すると，停留点 $\mathbf{w}^*$ と b^* におけるラグランジュ関数 $\mathcal{L}(\boldsymbol{\lambda}, \boldsymbol{\gamma}^*, \mathbf{w}^*, b^*, \boldsymbol{\xi}^*)$ は式 (5.24) と同じ形になります．したがって，ソフトマージン最大化のラグランジュ双対問題は以下のようになります．

(ソフトマージン最大化のラグランジュ双対問題)

$$\max_{\boldsymbol{\lambda}} \mathcal{L}(\boldsymbol{\lambda}, \boldsymbol{\gamma}^*, \mathbf{w}^*, b^*, \boldsymbol{\xi}^*) = -\frac{1}{2}\sum_{i=1}^{N}\sum_{j=1}^{N}\lambda_i y_i^{\mathrm{tr}}\mathbf{x}_i^{\mathrm{tr}}\mathbf{x}_j^{\mathrm{tr}\top}y_j^{\mathrm{tr}}\lambda_j + \sum_{i=1}^{N}\lambda_i$$

$$\text{s.t.} \quad -\lambda_i \leq 0$$
$$\lambda_i \leq C \tag{5.41}$$
$$\textstyle\sum_{i=1}^{N}\lambda_i y_i^{\mathrm{tr}} = 0 \ \forall_i$$

ハードマージンと同様に，ソフトマージン最大化の行列表現は以下のように
なります．

(ソフトマージン最大化問題の行列表現)

$$\min_{\boldsymbol{\lambda}} \frac{1}{2}\boldsymbol{\lambda}^\top P \boldsymbol{\lambda} + (-\mathbf{1}^\top)\boldsymbol{\lambda}$$

$$\text{s.t.} \quad -\mathrm{diag}(\mathbf{1})\boldsymbol{\lambda} \leq \mathbf{0}$$
$$\mathrm{diag}(\mathbf{1})\boldsymbol{\lambda} \leq C\mathbf{1} \tag{5.42}$$
$$\mathbf{y}^\top\boldsymbol{\lambda} = \mathbf{0}$$

- $\boldsymbol{\lambda}$：最適化対象の $N \times 1$ のベクトル
- $P = (\mathbf{yy}^\top) \otimes (XX^\top)$：$N \times N$ の行列
- $\mathbf{1}$：すべての要素が 1 の $N \times 1$ ベクトル
- $\mathrm{diag}(\mathbf{1})$：$N \times 1$ のベクトル $\mathbf{1}$ を対角に格納する $N \times N$ の行列
- $\mathbf{0}$：すべての要素が 0 の $N \times 1$ ベクトル
- C：スカラー

5.3.10　Python によるソフトマージンサポートベクトルマシンの実装

SVM クラスに，ソフトマージン最大化（式 (5.42)）を 2 次計画法を用いて
解く `trainSoft` メソッドを追加します．

▶ **code5-7　ソフトマージン最大化の trainSoft メソッド (SVM.py)**

```
1    # 2.5 ソフトマージンサポートベクトルマシンのモデルパラメータを最適化
2    # C: 誤差の重要度ハイパーパラメータ（スカラー，デフォルトでは 0.1）
3    def trainSoft(self,C=0.1):
4        X = self.X
5
6        # 行列P の作成
7        P = np.matmul(self.Y,self.Y.T) * np.matmul(X,X.T)
8        P = cvxopt.matrix(P)
9
10       # q,G,h,A,b を作成
11       q = cvxopt.matrix(-np.ones(self.dNum))
12       G1 = np.diag(-np.ones(self.dNum))
13       G2 = np.diag(np.ones(self.dNum))
14       G = cvxopt.matrix(np.concatenate([G1,G2],axis=0))
15       h1 = np.zeros([self.dNum,1])
16       h2 = C * np.ones([self.dNum,1])
17       h = cvxopt.matrix(np.concatenate([h1,h2],axis=0))
18       A = cvxopt.matrix(self.Y.astype(float).T)
19       b = cvxopt.matrix(0.0)
20
21       # 凸 2次計画法
22       sol = cvxopt.solvers.qp(P,q,G,h,A,b)
23       self.lamb = np.array(sol['x'])
24       # 'x'がlambda に対応する
25
26       # サポートベクトルのインデックス
27       self.spptInds = np.where(self.lamb>self.spptThre)[0]
28
29       # w と b の計算
30       self.w = np.matmul((self.lamb*self.Y).T,X).T
31       self.b = np.mean(self.Y[self.spptInds]-np.matmul(X[self.spptInds
         ,:],self.w))
```

　凸 2 次計画問題の基本形式 (5.31) の各行列とベクトルを，ソフトマージン
最大化問題 (5.42) に対応するように作成します．

$$P = (\mathbf{yy}^\top) \otimes (XX^\top)$$

$$\mathbf{q} = -\mathbf{1}$$

$$G_1 = -\mathrm{diag}(\mathbf{1})$$

$$G_2 = \mathrm{diag}(\mathbf{1})$$

$$\mathbf{h}_1 = \mathbf{0}$$
$$\mathbf{h}_2 = C\mathbf{1}$$
$$A = \mathbf{y}^\top$$
$$\mathbf{b} = 0$$

7～19 行目にて，numpy.matmul 関数 (code 3-4)，＊（アダマール積），numpy.ones と numpy.zeros(code 3-1)，および numpy.diag 関数 (code 3-8) を用いて，変数 P, q, G, h, A, b を作成し，cvxopt.matrix 関数を用いて，CVXOPT ソルバー用の行列に変換しています．これ以降はハードマージンの train メソッド (code 5-5) と同じです．

5.3.11 ソフトマージンサポートベクトルマシンの実行

SVM クラスをインスタンス化し，人工的に生成したトイデータのカテゴリを分類する SVM モデル $f(\mathbf{x})$ を学習し評価してみましょう．

SVMmain.py の train メソッドを trainSoft メソッドに置き換えます．

▶ **code5-8   ソフトマージン最大化のサポートベクトルの実行例 (SVMmain.py)**

```
1   ～省略～
2   #-------------------
3   # 4. SVM のモデルの学習
4   myModel = svm.SVM(Xtr,Ytr)
5   myModel.trainSoft(0.5)
6   #-------------------
7   ～省略～
```

ここでは，ソフトマージンのハイパーパラメータを $C = 0.5$ に設定しています．

5.3.12 ソフトマージンサポートベクトルマシンの実行結果

データの種類を「dataType=2」に設定し，SVMmain.py を実行しましょう．実行すると，以下のように学習したモデルパラメータの値と評価データ $\mathcal{D}^{\text{te}}$ に対する正解率が表示されます．

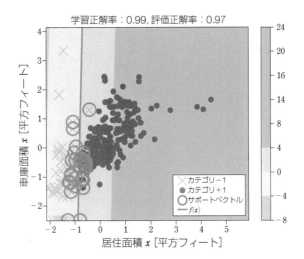

図 5.14 建物の等級 (`MSSubClass`) のカテゴリ「1 階建て 1945 年以前建設」($y = -1$) と「2 階建て 1946 年以降建設」($y = +1$) の学習データ (`dataType=2`), 学習したソフトマージンサポートベクトルマシンの分類境界 ($f(\mathbf{x}) = 0$), 分類スコア ($f(\mathbf{x})$) および選択されたサポートベクトルの例.

```
# モデルパラメータ:
w=[[ 3.0400378 ]
 [-0.08915333]]
b=2.507911662393008
# 評価データの正解率=0.97
```

評価データに対する正解率が 97% と高く, 図 5.14 のように, ハードマージンサポートベクトルマシンでは学習に失敗していた建物の等級のカテゴリ分類 (図 5.12) において, ソフトマージンサポートベクトルマシンでは, 適切にサポートベクトルが選択され分類境界が獲得できていることがわかります.

5.4 確率的分類

ここまで紹介した分類手法 (線形判別分析とサポートベクトルマシン) は, 正か負のカテゴリ (「0」か「1」や, 「−1」か「+1」など) に決定的に分類する方法です. しかし, 分類境界付近にある入力データ $\mathbf{x}$ はどちらのカテゴリ

に分類すべきなのか容易には判断がつかない場合があります．このような分類の曖昧さや難しさを表現するために，**カテゴリの事後確率** $p_{y|\mathbf{x}}(y|\mathbf{x})$ が用いられます．事後確率は，例えば，以下のようになります．

- 分類境界付近の場合：$p_{y|\mathbf{x}}(y=0|\mathbf{x}) \approx p_{y|\mathbf{x}}(y=1|\mathbf{x}) \approx 0.5$
- 明らかに正のカテゴリに属す場合：$1-p_{y|\mathbf{x}}(y=0|\mathbf{x}) \approx p_{y|\mathbf{x}}(y=1|\mathbf{x}) \approx 1$
- 明らかに負のカテゴリに属す場合：$1-p_{y|\mathbf{x}}(y=0|\mathbf{x}) \approx p_{y|\mathbf{x}}(y=1|\mathbf{x}) \approx 0$

このように，分類の予測を確率 $[0,1]$ の確率で表すことにより，機械学習の予測がどれくらい信頼できるのかを分析者は確認できます．

　カテゴリの事後確率は，カテゴリ y を「原因」，入力ベクトル $\mathbf{x}$ を「結果」とし，3.3.8 節にて学んだように，学習データ $\mathcal{D}^{\mathrm{tr}} = \{X^{\mathrm{tr}}, Y^{\mathrm{tr}}\}$ から**尤度** $p_{\mathbf{x}|y}(\mathbf{x}|y)$ を計算します．しかし，入力ベクトルが多次元 $\mathbf{x} = (x_1, x_2, \ldots, x_D)$ の場合，入力ベクトル $\mathbf{x}$ の取りうる場合の数が膨大になるため，大量の学習データが必要となり，尤度 $p_{\mathbf{x}|y}(\mathbf{x}|y)$ の推定が困難となります．入力ベクトル $\mathbf{x}$ の場合の数を抑え，尤度 $p_{\mathbf{x}|y}(\mathbf{x}|y)$ を簡略化できないでしょうか．

5.4.1 ナイーブベイズ法

　ナイーブベイズ法（naive Bayes method）の「ナイーブ」は「単純」という意味で，入力ベクトル $\mathbf{x} = (x_1, x_2, \ldots, x_D)$ は，カテゴリ y が観測されたもとでは，独立であるとする**条件付き独立性**を仮定します．そして，尤度 $p_{\mathbf{x}|y}(\mathbf{x}|y)$ の計算を以下のように分解し簡略化します．

$$p_{\mathbf{x}|y}(\mathbf{x}|y) = p_{\mathbf{x}|y}(x_1, x_2, \ldots, x_D|y)$$
$$= p_{x|y}(x_1|y)p_{x|y}(x_2|y) \cdots p_{x|y}(x_D|y) \tag{5.43}$$

さらに，ベイズの定理（式 (3.60)）の右辺の分母の計算を以下のように省略して計算します．

$$p_{y|\mathbf{x}}(y=1|\mathbf{x}) \propto p_{\mathbf{x}|y}(\mathbf{x}|y=1)p_y(y=1)$$
$$p_{y|\mathbf{x}}(y=0|\mathbf{x}) \propto p_{\mathbf{x}|y}(\mathbf{x}|y=0)p_y(y=0) \tag{5.44}$$

そして，カテゴリの事後確率の大小関係を比較し，事後確率が最大のカテゴリを選択します.

$$\widehat{y} = \begin{cases} 1 & p_{y|\mathbf{x}}(y=1|\mathbf{x}) \geq p_{y|\mathbf{x}}(y=0|\mathbf{x}) \\ 0 & \text{otherwise} \end{cases} \tag{5.45}$$

したがって，ナイーブベイズでは，関数 $f(\mathbf{x})$ は，それぞれのカテゴリ y に対する事後確率 $p_{y|\mathbf{x}}(y|\mathbf{x})$ によりモデル化されます.

5.4.2　ナイーブベイズの応用例

　ナイーブベイズは，スパムメールの検出に応用されていることで有名です.スパムメールの検出にナイーブベイズを適用する手順を説明します.

　まず学習フェーズでは，図 5.15 のように各メールの文章 $\mathbf{x}_i^{\text{tr}}$ にカテゴリを表すラベル（ハムかスパムか）y_i^{tr} を付与した学習データ $\mathcal{D}^{\text{tr}}$（式 (1.1) を参照）を用意します. ここで文章 $\mathbf{x}_i^{\text{tr}} = (x_{i1}^{\text{tr}}, x_{i2}^{\text{tr}}, \dots)$ は，各要素に単語を持つ可変長のベクトルとします. そして，カテゴリごとに各単語 x の発生回数をカウントします（手順1）. そして，発生回数に基づきカテゴリごとの各単語 x の尤度を計算します（手順2）.

　例えば，表 5.4 のような学習データが与えられた場合，各単語 x の尤度は，以下のようになります.

図 5.15　スパム検出におけるナイーブベイズの学習フェーズ.

表 5.4　スパムメールの学習データの例.

文章データ	カテゴリ
$\mathbf{x}_1^{\mathrm{tr}}=$ (はじめまして, 販売, 見積もり, よろしく)	$y_1^{\mathrm{tr}}=$ ハム
$\mathbf{x}_2^{\mathrm{tr}}=$ (いつも, 会議, 集合, よろしく)	$y_2^{\mathrm{tr}}=$ ハム
$\mathbf{x}_3^{\mathrm{tr}}=$ (いつも, 資料, アップロード, よろしく)	$y_3^{\mathrm{tr}}=$ ハム
$\mathbf{x}_4^{\mathrm{tr}}=$ (おめでとう, 当選, 金額, よろしく)	$y_4^{\mathrm{tr}}=$ スパム
$\mathbf{x}_5^{\mathrm{tr}}=$ (いつも, 講演, 依頼, よろしく)	$y_5^{\mathrm{tr}}=$ ハム
$\mathbf{x}_6^{\mathrm{tr}}=$ (おめでとう, 出会い, 連絡先, よろしく)	$y_6^{\mathrm{tr}}=$ スパム

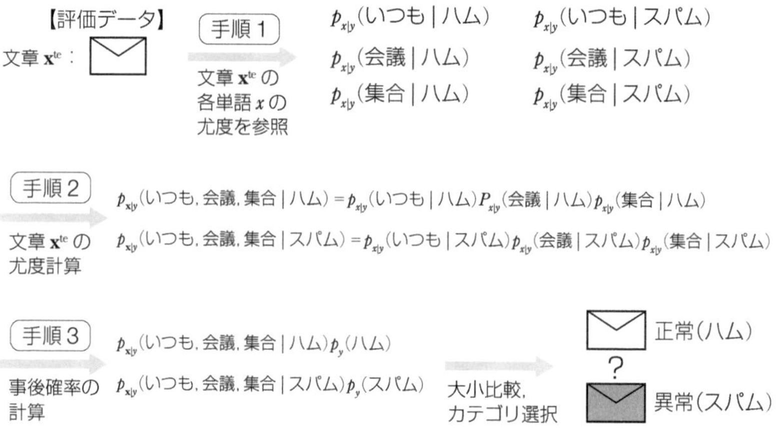

図 5.16　スパム検出におけるナイーブベイズの評価フェーズ.

$$p_{x|y}(会議 \mid ハム) = \frac{1}{16} \qquad p_{x|y}(会議 \mid スパム) = \frac{0}{8} = 0$$
$$p_{x|y}(集合 \mid ハム) = \frac{1}{16} \qquad p_{x|y}(集合 \mid スパム) = \frac{0}{8} = 0$$
$$p_{x|y}(よろしく \mid ハム) = \frac{4}{16} = \frac{1}{4} \qquad p_{x|y}(よろしく \mid スパム) = \frac{2}{8} = \frac{1}{4}$$
$$p_{x|y}(いつも \mid ハム) = \frac{3}{16} \qquad p_{x|y}(いつも \mid スパム) = \frac{0}{8} = 0$$
$$p_{x|y}(当選 \mid ハム) = \frac{0}{16} = 0 \qquad p_{x|y}(当選 \mid スパム) = \frac{1}{8}$$

$$(5.46)$$

　次に評価フェーズでは, 図 **5.16** のように, 新しく届いたメールの文章の各単語 x に対する, 学習フェーズで計算した尤度 (式 (5.46)) を参照します (手順 1). これらの単語尤度 $p_{x|y}$ の積により, 文章 $\mathbf{x}^{\mathrm{te}}$ の尤度 $p_{\mathbf{x}|y}$ を計算し (手順 2), 事前確率と掛けて事後確率を求めます (手順 3). 例えば, 事前確

率を $p_y(ハム) = p_y(スパム) = 0.5$ と設定した場合，表 5.4 の学習データから計算した単語尤度を用いると，メールの文章 $\mathbf{x}^{\text{te}} = (いつも, 会議, 集合)$ の尤度は以下のようになります.

$$p_{\mathbf{x}|y}(いつも, 会議, 集合 \mid ハム)$$
$$= p_{x|y}(いつも \mid ハム)p_{x|y}(会議 \mid ハム)p_{x|y}(集合 \mid ハム)$$
$$= \frac{3}{16} \times \frac{1}{16} \times \frac{1}{16} = \frac{3}{4096}$$
$$p_{\mathbf{x}|y}(いつも, 会議, 集合 \mid スパム)$$
$$= p_{x|y}(いつも \mid スパム)p_{x|y}(会議 \mid スパム)p_{x|y}(集合 \mid スパム)$$
$$= 0 \times 0 \times 0 = 0$$

したがって，$p_{\mathbf{x}|y}(いつも, 会議, 集合 \mid ハム) \geq p_{\mathbf{x}|y}(いつも, 会議, 集合 \mid スパム)$ により，カテゴリ「ハム」を選択します.

5.4.3 Python によるナイーブベイズの実装

ナイーブベイズを実行する naiveBayes クラスを実装してみましょう. 以下の 6 つのメソッドを用意します.

1. コンストラクタ __init__：ナイーブベイズの各種初期化 (code 5-9 参照)
2. countWords：各文章中の単語の出現回数をカウント
3. train：図 5.15 の手順 1〜2 を用いて単語の尤度を計算 (code 5-10 参照)
4. predict：図 5.16 の手順 1〜3 を用いて，文章の事後確率を計算 (code 5-11 参照)
5. accuracy：式 (4.33) を用いて正解率を計算
6. writeResult2CSV：予測結果の csv ファイルへの書き込み

以下，いくつか重要なメソッドの実装方法について説明します.

▶ **code5-9　コンストラクタ (naiveBayes.py)**

```
1    # 1. 学習データの初期化
2    # X: 各文章の単語リスト (データ数のリスト)
3    # Y: 出力データ (データ数× 1のnumpy.ndarray)
4    # priors: 事前確率 (1×カテゴリ数のnumpy.ndarray)
```

```
 5   def __init__(self,X,Y,priors):
 6
 7       # 学習データの設定
 8       self.X = X
 9       self.Y = Y
10
11       # 重複なしの単語一覧の作成
12       self.wordDict = list(np.unique(np.concatenate(self.X)))
13
14       # 各文章の単語の出現回数
15       self.wordNums = self.countWords(self.X)
16
17       # 事前確率の設定
18       self.priors = priors
```

まず，12 行目にて，numpy.unique 関数（2.3.10 節）を用いて，学習データ self.X に含まれている重複なしの単語のリスト self.wordDict を作成します．

そして，図 5.15 の手順 1 の準備段階として，15 行目にて countWords メソッドを用いて，各文章 x_i^{tr} における単語の出現回数をカウントし self.wordNums（文章数 × 単語数の numpy.ndarray）に設定しています．

以下は，単語の尤度を計算する train メソッドの実装です．

▶ **code5-10   train メソッド (naiveBayes.py)**

```
1   # 3. 単語の尤度の計算
2   def train(self):
3
4       # カテゴリごとの単語の出現回数
5       wordNumsCat = [np.sum(self.wordNums[self.Y==y],axis=0) for y in
        np.unique(self.Y)]
6       wordNumsCat = np.array(wordNumsCat)
7
8       # 単語の尤度p(x|y)（カテゴリごと単語の出現割合）の計算
9       self.wordL = wordNumsCat/np.sum(wordNumsCat,axis=1,keepdims=True)
```

図 5.15 の手順 1 の各カテゴリの単語の出現回数 wordNumsCat は，numpy.unique 関数（2.3.10 節）により獲得したカテゴリ y ごとに（5 行目にてリスト内包表記（2.5 節）を用いる），self.wordNums を列方向（文

章数方向）に足す（numpy.sum 関数を用いる）ことにより，求めています.

また，図 5.15 の手順 2 の単語の尤度 $p_{x|y}$ は，9 行目にて，各カテゴリの単語の出現回数 wordNumsCat の総和を numpy.sum 関数で求めて割ることにより計算しています.

以下は，文書の事後確率を計算する predict メソッドの実装です.

▶ **code5-11　predict メソッド (naiveBayes.py)**

```
1    # 4. 文章の事後確率の計算
2    # X: 各文章の単語リスト (データ数のリスト)
3    def predict(self,X):
4
5        # 文章を単語に分割
6        wordNums = self.countWords(X)
7
8        # 文章の尤度計算
9        sentenceL = [np.product(self.wordL[ind]**wordNums,axis=1) for ind
         in range(len(np.unique(self.Y)))]
10       sentenceL = np.array(sentenceL)
11
12       # 事後確率の計算
13       sentenceP = sentenceL.T * self.priors
14
15       # 予測
16       predict = np.argmax(sentenceP,axis=1)
17
18       return predict
```

図 5.16 の手順 2 の文章の尤度 $p_{x|y}$ は，9 行目にて，numpy.product 関数とべき乗**（2.3.8 節）およびリスト内包表記（2.5 節）を用いて，各カテゴリの単語尤度 self.wordL を単語出現数 wordNums 乗し，掛け合わせることにより計算しています.

そして，図 5.16 の手順 3 の事後確率 $p_{y|x}$ は，13 行目にて文書の尤度 sentenceL と事前確率 self.priors と掛けることにより計算し，16 行目にて最大の事後確率を持つカテゴリのインデックスを計算しています.

5.4.4　ナイーブベイズの実行

ナイーブベイズの naiveBayes クラス，データ作成用の data クラス，およ

び 0.4 節にてダウンロードした「Sentiment Labelled Sentences Data Set」
データ [10] を用いて，ナイーブベイズを実行してみましょう．**感情分類** (sen-
timent labelling) は，ツイッターや商品のレビューなどの文章を，ポジティ
ブかネガティブかに分類するタスクです．例えば，Amazon のレビューでは，
ユーザが購入した商品に対して，「コメント文章」と，「星」が投稿されてい
ます．その星の数に基づき投稿をネガティブまたはポジティブとしてカテゴ
リ分けされています．

　まず，naiveBayes と data モジュールを読み込みます．

モジュールの読み込み (naiveByaesMain.py)

```
import naiveBayes
import data
```

以下の手順で実行します．

1. データの作成
   データ生成用のコード data.py の sentimentLabelling クラスを
   myData としてインスタンス化し，sentimentLabelling クラスの
   makeData メソッドを用いてデータを作成します．「Sentiment La-
   belled Sentences」データには，以下の 3 種類のデータがあります．

   - dataType=1 Amazon のレビューデータ
   - dataType=2 Yelp のレビューデータ
   - dataType=3 IMDb のレビューデータ

   dataType 変数によりデータの種類を選択して，makeData を実行し
   ます．

   コンストラクタ (naiveBayesMain.py)

   ```
   # 1. データの選択と読み込み
   myData = data.sentimentLabelling()
   myData.makeData(dataType=1)
   ```

2. データを学習と評価用に分割（4.1.7 節のステップ 2 参照）
3. ナイーブベイズの学習

ナイーブベイズの学習 (naiveBayesMain.py)

```python
# 3. ナイーブベイズの学習

# 事前確率の設定
priors = np.array([[0.5,0.5]])

myModel = naiveBayes.naiveBayes(Xtr,Ytr,priors)
myModel.train()
```

4. ナイーブベイズの評価

ナイーブベイズの評価 (naiveBayesMain.py)

```python
# 4. ナイーブベイズの評価
print(f"学習データの正解率:
    {np.round(myModel.accuracy(Xtr,Ytr),decimals=2)}")
print(f"評価データの正解率:
    {np.round(myModel.accuracy(Xte,Yte),decimals=2)}")
```

5. 予測結果の CSV ファイルへの出力（コード naiveBayesMain.py 参照）

writeResult2CSV メソッドを用いて，真のカテゴリ y_i^{tr} と，ナイーブベイズの予測値 p_i および文章 $\mathbf{x}_i^{\mathrm{tr}}$ ををを CSV ファイルに出力します．学習データと評価データに対する実行結果は，それぞれ results フォルダの「naiveBayes_result_train_XXX.csv」と「naiveBayes_result_test_XXX.csv」に保存されます．「XXX」には，データの種類（dataType の値）が入ります．

5.4.5 ナイーブベイズの実行結果

　レポジトリ MLBook の codes ディレクトリに移動し，データの種類を Amazon のレビューデータ「dataType=1」に設定し，naiveBayesMain.py を実行しましょう．実行すると，以下のように学習データ $\mathcal{D}^{\mathrm{tr}}$ と評価データ $\mathcal{D}^{\mathrm{te}}$ に対する正解率が表示されます．

```
# 学習データの正解率: 0.99
# 評価データの正解率: 0.7
```

学習データに対しては，ほぼ100%，評価データに対しては約70%程度の正

gt	predict	sentence
0	0	Essentially you can forget Microsoft's tech support.
0	0	Stay Away From the Q!.
1	0	The eargels channel the sound directly into your ear and seem to increase the sound
0	0	I Was Hoping for More.
1	0	I connected my wife's bluetooth,(Motorola HS850) to my phone and it worked like a
1	0	They keep getting better and better (this is my third one and I've had numerous Palr
1	1	Gets the job done.
1	0	I gave it 5 stars because of the sound quality.
0	0	Buy a different phone - but not this.
0	0	I find this inexcusable and so will probably be returning this phone and perhaps chai
0	0	Don't waste your $$$ on this one.
0	0	Worst Customer Service Ever.
0	0	Not as good as I had hoped.
0	0	Poor quality.
1	0	Restored my phone to like new performance.
0	0	I have 2-3 bars on my cell phone when I am home, but you cant not hear anything.
1	1	Excellent bluetooth headset.
1	1	Nice Sound.
0	0	All it took was one drop from about 6 inches above the kitchen counter and it was cr
1	1	every thing on phone work perfectly, she like it.
0	0	This results in the phone being either stuck at max volume or mute.
0	0	Then a few days later the a puff of smoke came out of the phone while in use.

図 5.17　Amazon のレビューデータの感情分類の結果例.

解率を獲得できています.

　図 5.17 は，評価データの各文章に対する予測 (predict) と真値 (gt) を CSV ファイルに出力した例（ファイル「results/naiveBayes_result_test_1.csv」）です.

　特に短い文章にて，予測が成功していることがわかります. 一方，評価データにて予測に失敗した例を見てみると，「The eargels channel the sound directly into your ear and seem to increase the sound volume and clarity.」はネガティブにカテゴリ分けされていますが，単語レベルでは明確なネガティブな意味を持つものがないことがわかります. 単語の出現頻度に基づく尤度を用いるナイーブベイズ法では，このような正しい分類に文脈が必要な場合に，適用するのは困難です. 文章中の複数の単語の共起（文脈）を見る

ことができる最新の特徴抽出方法などが必要となります.

5.5 決定木

ここまで紹介した分類手法（線形判別分析，サポートベクトルマシンおよびナイーブベイズ）は，入力ベクトル $\mathbf{x}$ に対して計算した分類スコアや事後確率 $f(\mathbf{x})$ の値に基づき，**定量的に**カテゴリを判定します．学習データから機械学習した関数 $f(\mathbf{x})$ は，モデルパラメータ $\mathbf{w}$ や確率値などの数値を格納する行列・ベクトルと，入力ベクトル $\mathbf{x}$ に対してそれらを適用するための数式から構成されています．これらの数値と数式の塊は，機械学習の専門家にとっては意味がありますが，一般の人にとっては理解しにくい無機質なものです．

決定木分析は，一般の人にとって意味のある分類や回帰のルールを獲得することを目的とした方法です．図 5.18 は，入力ベクトル $\mathbf{x} = (x_1, x_2, x_3) =$ (天気, 気温, 風) を，「テニスをするか否か」に分類する決定木の例です．図

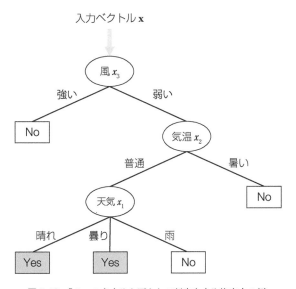

図 5.18「テニスをするか否か」の判定をする決定木の例.

のように，**決定木**（decision tree）は，**分岐ノード**（○）と**葉ノード**（□）が**枝**（エッジ）により接続されたグラフです．分岐ノードには対象とする入力ベクトルの説明変数名，各枝には分岐の条件が割り当てられています．決定木では，入力ベクトル $\mathbf{x}$ を一番上の分岐ノードに入力し，条件に従い枝を選択し，終端の葉ノードまで下りていきます．そして，葉ノードに設定された判定（この例では，「Yes」または「No」）を採用します．具体的には，「風 x_3」が「強い」場合は「No」（つまり，テニスをしない）と判定し，「弱い」場合は，子ノード「気温 x_2」に進みます．そして，「気温 x_2」が「暑い」場合は「No」と判定し，「普通」の場合は，子ノード「天気 x_1」に進みます．そして，「天気 x_1」が「晴れ」と「曇り」の場合は「Yes」（つまり，テニスをする）と判定し，一方，「雨」の場合は「No」と判定します．以上のように，決定木における関数 $f(\mathbf{x})$ は，一般の人でも理解しやすい一連の説明変数の選択と条件分岐により構成されています．

　分類に用いられる決定木のことを**分類木**といい，また，回帰に用いられる決定木のことを**回帰木**といい，学習データ $\mathcal{D}^{\mathrm{tr}} = \{X^{\mathrm{tr}}, Y^{\mathrm{tr}}\}$ を用いて学習します．代表的な決定木の方法を**表 5.5** にまとめます．

5.5.1　情報利得

　図 5.18 の決定木作成に用いた**表 5.6** の学習データ $\mathcal{D}^{\mathrm{tr}}$ を題材に，ID3 とC4.5 で用いる情報利得について解説します．

　目的変数 y に対し最大の情報量を持っている説明変数 x を選ぶために，3.4.8 節にて学んだ情報エントロピーを用います．まず，学習データ $\mathcal{D}^{\mathrm{tr}}$ 全体における目的変数 y（「Yes」または「No」）の情報エントロピー $H[p_y]$ を計算します．「Yes」は 9 回中 2 回，「No」は 9 回中 7 回発生しているので，情報エントロピー $H[p_y]$ は以下のようになります．

$$H[p_y] = - \sum_{y \in \{\mathrm{Yes, No}\}} p_y(y) \log_2 p_y(y)$$
$$= -\frac{2}{9} \log_2 \frac{2}{9} - \frac{7}{9} \log_2 \frac{7}{9} \approx 0.76 \tag{5.47}$$

ここでは，対数の底として「2」を用います．全学習データを用いると情報エントロピーは 0.76 と高い値をとり，目的変数のカテゴリの発生は不確実で

表 5.5 決定木の種類.

方法	説明変数	目的変数	概要
ID3 [35]	離散的	離散的	ID3 (Iterative Dichotomiser 3) は，1986 年に R. Quinlan によって提案されました．ID3 では，学習データ $\mathcal{D}^{\mathrm{tr}}$ に基づき，離散的な各説明変数 (x_1, $x_2, \ldots, x_D$) の，出力 y に対する重要度を**情報利得** (information gain) を用いて計算します．各分岐ノードにて，最大の情報利得を持つ説明変数を選択し，説明変数の値ごとに枝を分岐します．この 2 つの手順を繰り返し，決定木（図 5.18）を作成します．
C4.5 [36]	離散的・連続的	離散的	R. Quinlan によって ID3 を拡張した C4.5 が提案されました．C4.5 は，ID3 と同様に情報利得を用いて説明変数を選択しますが，主に以下の点が拡張されています． ● 連続値を分割し離散化することにより，連続的な説明変数に対応 ● 各説明変数の情報エントロピーにより情報利得を正規化した**利得比**を用いる．これにより，カテゴリ数の多い説明変数の重要度の増加を抑制
CART [24]	離散的・連続的	離散的・連続的	CART(classification and regression tree) は，ID3 と同時期の 1984 年に L. Breiman と J. Friedman らによって提案されました．ID3 と同様に決定木を作成しますが，情報利得の代わりに**ジニ不純度** (Gini impurity) を用います．また，説明変数と目的変数両方にて，連続値を扱うことができるように拡張されています．

表 5.6 テニスをする (Yes) か否か (No) の学習データの例.

天気 x_1	気温 x_2	風 x_3	y
晴れ	暑い	弱い	No
晴れ	暑い	強い	No
晴れ	普通	弱い	Yes
晴れ	普通	強い	No
曇り	暑い	弱い	No
曇り	普通	弱い	Yes
曇り	普通	強い	No
雨	普通	弱い	No
雨	普通	強い	No

あることがわかります.

次に, 以下のように定義される目的変数 y の**条件付き情報エントロピー**を考えます.

定義 5.1 (条件付き情報エントロピー)

説明変数 x を値 a に限定した場合の目的変数 y の条件付き情報エントロピーは以下のように定義される.

$$H[p_{y|x=a}] = -\sum_y p_{y|x}(y|x=a) \log_2 p_{y|x}(y|x=a) \qquad (5.48)$$

例えば, 説明変数「天気 x_1」の値を「晴れ」に限定した場合の学習データは, 表 5.7 のようになります. 目的変数の値は,「Yes」が 4 回中 1 回,「No」が 4 回中 3 回発生しているため, 条件付き情報エントロピー $H[p_{y|x_1=晴れ}]$ は以下のように計算できます.

$$H[p_{y|x_1=晴れ}] = -\sum_{y \in \{Yes, No\}} p_{y|x_1}(y|x_1=晴れ) \log_2 p_{y|x_1}(y|x_1=晴れ)$$

$$= -\frac{1}{4}\log_2 \frac{1}{4} - \frac{3}{4}\log_2 \frac{3}{4} \approx 0.81 \qquad (5.49)$$

説明変数「天気 x_1」の値を「晴れ」に限定しても, 情報エントロピーは 0.81 と高い値をとっていることがわかります.

表 5.7 「天気 x_1」が「晴れ」の場合の, テニスをする (Yes) か否か (No) の学習データの例.

天気 x_1	気温 x_2	風 x_3	y
晴れ	暑い	弱い	No
晴れ	暑い	強い	No
晴れ	普通	弱い	Yes
晴れ	普通	強い	No

同様に, 説明変数「天気 x_1」の値を「曇り」または「雨」に限定した場合の条件付き情報エントロピー $H[p_{y|x_1=曇り}]$ と $H[p_{y|x_1=雨}]$ は, 表 5.8 と表 5.9 より, 以下のように計算できます.

表 5.8 「天気 x_1」が「曇り」の場合の，テニスをする (Yes) か否か (No) の学習データの例.

天気 x_1	気温 x_2	風 x_3	y
曇り	暑い	弱い	No
曇り	普通	弱い	Yes
曇り	普通	強い	No

表 5.9 「天気 x_1」が「雨」の場合の，テニスをする (Yes) か否か (No) の学習データの例.

天気 x_1	気温 x_2	風 x_3	y
雨	普通	弱い	No
雨	普通	強い	No

$$H[p_{y|x_1=曇り}] = -\frac{1}{3}\log_2\frac{1}{3} - \frac{2}{3}\log_2\frac{2}{3} \approx 0.92$$

$$H[p_{y|x_1=雨}] = -\frac{2}{2}\log_2\frac{2}{2} = 0.0 \tag{5.50}$$

「天気 x_1」の値を「雨」に限定した場合，目的変数の値は，「No」が 2 回中 2 回発生しているため，情報エントロピーが 0 となり，確定的になっていることがわかります．

　しかし，「天気 x_1」の値が「晴れ」と「曇り」の場合の情報エントロピーは 0.81 と 0.92 と高いので，「天気 x_1」を限定した場合の平均情報エントロピーは高そうです．そこで，学習データ全体の情報エントロピーと，各説明変数を限定した場合の**平均情報エントロピー**の差である**情報利得** (information gain) IG(·) を用いて，説明変数の重要度を求めます．情報利得は，以下のように定義されます．

定義 5.2 (情報利得)

　説明変数 x の情報利得は以下のように定義される．

$$\mathrm{IG}(x) = H[p_y] - \sum_{x \in \{a,b,c,\dots\}} p_x(x) H[p_{y|x}] \tag{5.51}$$

　例えば，説明変数「天気 x_1」の情報利得は，式 (5.47)，式 (5.49) および式 (5.50) を用いて，以下のように計算できます．

$$\text{IG}(x_1) = H[p_y] - \sum_{x \in \{\text{晴れ, 曇り, 雨}\}} p_x(x) H[p_{y|x}]$$

$$= 0.76 - \frac{4}{9} \times 0.81 - \frac{3}{9} \times 0.92 - \frac{2}{9} \times 0.0 \approx 0.09 \qquad (5.52)$$

同様に,「気温 x_2」と「風 x_3」の情報利得は以下のように計算できます.

$$\text{IG}(x_2) = H[p_y] - \sum_{x \in \{\text{普通, 暑い}\}} p_x(x) H[p_{y|x}]$$

$$= 0.76 - \frac{3}{9} \times 0.0 - \frac{6}{9} \times 0.92 \approx 0.15$$

$$\text{IG}(x_3) = H[p_y] - \sum_{x \in \{\text{弱い, 強い}\}} p_x(x) H[p_{y|x}]$$

$$= 0.76 - \frac{5}{9} \times 0.92 - \frac{4}{9} \times 0.0 \approx 0.22 \qquad (5.53)$$

「風 x_3」の情報利得が最も大きいことがわかります.これは,「風 x_3」を選択し,値の「強い」または「弱い」に限定することにより,目的変数の情報エントロピーが減少し,「Yes」または「No」が発生の確実性が上がることを意味します.

5.5.2 ジニ不純度

CART [25] にて,説明変数の重要度として用いられるジニ不純度について解説します.**ジニ不純度** (Gini impurity) は,観測値がどれだけ混ざっているのかを表す指標で,以下のように定義されます.

> **定義 5.3 (ジニ不純度)**
>
> 目的変数 y のジニ不純度は以下のように定義される.
>
> $$\text{Gini}[p_y] = 1 - \sum_y p_y(y)^2 \qquad (5.54)$$
>
> 説明変数 x を値 a に限定した場合の目的変数 y の**条件付きジニ不純度**は以下のように定義される.
>
> $$\text{Gini}[p_{y|x=a}] = 1 - \sum_y p_{y|x}(y|x=a)^2 \qquad (5.55)$$

表 5.6 の学習データ $\mathcal{D}^{\mathrm{tr}}$ 全体における目的変数 y（「Yes」または「No」）の
ジニ不純度 $\mathrm{Gini}[p_y]$ を計算します.

$$\mathrm{Gini}[p_y] = 1 - \sum_{y \in \{\mathrm{Yes,No}\}} p_y(y)^2$$
$$= 1 - \left(\frac{2}{9}\right)^2 - \left(\frac{7}{9}\right)^2 \approx 0.35 \qquad (5.56)$$

全学習データを用いると，ジニ不純度は 0.35 と比較的高い値をとっており，
目的変数の値には「Yes」と「No」は混ざりあっていることがわかります.

次に，条件付きジニ不純度を計算します. 表 5.7 から，説明変数「天気 x_1」
の値を「晴れ」に限定した場合の条件付きジニ不純度 $\mathrm{Gini}[p_{y|x_1=\text{晴れ}}]$ は以下
のように計算できます.

$$\mathrm{Gini}[p_{y|x_1=\text{晴れ}}] = 1 - \sum_y p_{y|x_1}(y|x_1 = \text{晴れ})^2$$
$$= 1 - \left(\frac{1}{4}\right)^2 - \left(\frac{3}{4}\right)^2 \approx 0.38 \qquad (5.57)$$

情報エントロピー $H[p_{y|x_1=\text{晴れ}}]$ と同様に，説明変数「天気 x_1」の値を「晴れ」
に限定しても，ジニ不純度が比較的高い値をとっていることがわかります.

同様に，表 5.8 と表 5.9 から，説明変数「天気 x_1」の値を「曇り」または
「雨」に限定した場合の条件付きジニ不純度 $\mathrm{Gini}[p_{y|x_1=\text{曇り}}]$ と $\mathrm{Gini}[p_{y|x_1=\text{雨}}]$
は以下のように計算できます.

$$\mathrm{Gini}[p_{y|x_1=\text{曇り}}] = 1 - \left(\frac{1}{3}\right)^2 - \left(\frac{2}{3}\right)^2 \approx 0.44$$
$$\mathrm{Gini}[p_{y|x_1=\text{雨}}] = 1 - \left(\frac{2}{2}\right)^2 = 0.0 \qquad (5.58)$$

「天気 x_1」の値を「雨」に限定した場合，目的変数の値は，「No」が 2 回中 2
回発生しているため，ジニ不純度が 0 になっていることがわかります.

情報利得と同様に，学習データ全体のジニ不純度と，各説明変数を限定し
た場合の平均ジニ不純度の差である**ジニ利得 (Gini gain)** $\mathrm{GG}(\cdot)$ を用いて，
説明変数の重要度を求めます. ジニ利得は，以下のように定義されます.

> **定義 5.4 (ジニ利得)**
>
> 説明変数 x のジニ利得は以下のように定義される.
>
> $$\text{GG}(x) = \text{Gini}[p_y] - \sum_{x \in \{a,b,c,\dots\}} p_x(x)\text{Gini}[p_{y|x}] \qquad (5.59)$$

例えば,説明変数「天気 x_1」のジニ利得は,式 (5.56),式 (5.57) および式 (5.58) を用いて,以下のように計算できます.

$$
\begin{aligned}
\text{GG}(x_1) &= \text{Gini}[p_y] - \sum_{x \in \{\text{晴れ, 曇り, 雨}\}} p_x(x)\text{Gini}[p_{y|x}] \\
&= 0.35 - \frac{4}{9} \times 0.38 - \frac{3}{9} \times 0.44 - \frac{2}{9} \times 0.0 \approx 0.03
\end{aligned}
\qquad (5.60)
$$

同様に,「気温 x_2」と「風 x_3」のジニ利得は以下のように計算できます.

$$
\begin{aligned}
\text{GG}(x_2) &= \text{Gini}[p_y] - \sum_{x \in \{\text{普通, 暑い}\}} p_x(x)\text{Gini}[p_{y|x}] \\
&= 0.35 - \frac{3}{9} \times 0.0 - \frac{6}{9} \times 0.44 \approx 0.05 \\
\text{GG}(x_3) &= \text{Gini}[p_y] - \sum_{x \in \{\text{弱い, 強い}\}} p_x(x)\text{Gini}[p_{y|x}] \\
&= 0.35 - \frac{5}{9} \times 0.48 - \frac{4}{9} \times 0.0 \approx 0.08
\end{aligned}
\qquad (5.61)
$$

情報利得と同様に,「風 x_3」のジニ利得が最も大きいことがわかります.

5.5.3　ID3 [34] と CART [25] の手順

情報利得を用いる ID3 とジニ利得を用いる CART による基本的な決定木の作成手順を解説します.ID3 または CART は,各分岐ノードにて,最大の情報利得またはジニ利得を持つ説明変数を選択します.以下の手順で決定木を作成します.

手順 1　説明変数の集合 $\chi = \{x_1, x_2, \dots, x_D\}$ を設定

手順 2　情報エントロピー $H[p_y]$ またはジニ不純度 $\text{Gini}[p_y]$ が「0」であれば終了,「0」でなければ手順 3 に進む.

手順 3 式 (5.51) または式 (5.59) を用いて，情報利得 $\mathrm{IG}(x)$ $\forall x \in \chi$ またはジニ利得 $\mathrm{GG}(x)$ $\forall x \in \chi$ を計算

手順 4 最大の情報利得またはジニ利得を持つ説明変数 $x_{\max}$ を選択
情報利得の場合：

$$x_{\max} = \operatorname*{argmax}_{x \in \chi} \mathrm{IG}(x) \tag{5.62}$$

ジニ利得の場合：

$$x_{\max} = \operatorname*{argmax}_{x \in \chi} \mathrm{GG}(x) \tag{5.63}$$

手順 5 説明変数 $x_{\max}$ を分岐ノードに設定し，その値を枝に設定し分岐

手順 6 説明変数の集合 χ から説明変数 $x_{\max}$ を削除し，手順 2 に戻る．

5.5.4 Python による ID3 と CART の実装

Python を用いて，ID3 と CART を実行する decisionTree クラスを実装してみましょう．以下の 5 つのメソッドを用意します．

1. __init__：決定木の各種初期化（code 5-12 参照）
2.1. compEntropy：情報エントロピーの計算（code 5-13 参照）
2.2. compGini：ジニ不純度の計算（code 5-14 参照）
3. selectX：式 (5.62) の最大の情報利得，または式 (5.63) の最大のジニ利得を持つ説明変数を選択（code 5-15 参照）
4. delCol：説明変数の削除（code 5-16 参照）
5. train：学習データを用いて再帰的に selectX と delCol を実行し決定木を作成（code 5-17 参照）

以下，いくつか重要なメソッドの実装方法について説明します．

▶ **code5-12 コンストラクタ (decisionTree.py)**

```
1   # 1. 学習データの初期化
2   # X: 入力データ（データ数×カラム数のdataframe）
3   # Y: 出力データ（データ数× 1のnumpy.ndarray）
4   # version: 決定木のバージョン番号 (1: ID3,2: CART)
5   def __init__(self,X,Y,version=2):
6       self.X = X
```

```
7        self.Y = Y
8        self.version = version
9
10       # 情報量を計算する関数infoFunc を version に基づき設定
11       if self.version == 1: # ID3 （情報エントロピー）
12           self.infoFunc = self.compEntropy
13       elif self.version == 2: # CART （ジニ不純度）
14           self.infoFunc = self.compGini
```

11～14行目にて, version 番号に基づき, 情報量を計算する self.infoFunc メソッドを切り替えます. 具体的には, version が「1」の場合は, ID3 で用いる情報エントロピーを計算する self.compEntropy メソッドに設定し, version が「2」の場合は, CART で用いるジニ不純度を計算する self.compGini メソッドに設定しています.

以下は, 情報エントロピーを計算する compEntropy メソッドとジニ不純度を計算する compGini メソッドの実装です.

▶ **code5-13　compEntropy メソッド (decisionTree.py)**

```
1   # 2.1. 情報エントロピーの計算
2   # Y: 出力データ （データ数× 1のnumpy.ndarray)
3   def compEntropy(self,Y):
4       probs = [np.sum(Y==y)/len(Y) for y in np.unique(Y)]
5
6       return -np.sum(probs*np.log2(probs))
```

▶ **code5-14　compGini メソッド (decisionTree.py)**

```
1   # 2.2. ジニ不純度の計算
2   # Y: 出力データ （データ数× 1のnumpy.ndarray)
3   def compGini(self,Y):
4       probs = [np.sum(Y==y)/len(Y) for y in np.unique(Y)]
5
6       return 1 - np.sum(np.square(probs))
```

それぞれ 4 行目にて, 目的変数 y のカテゴリ （例えば, 「Yes」または「No」） の発生確率を計算し, 6 行目にて, 情報エントロピーまたはジニ不純度を計

算しています.

以下は, 最大の情報利得またはジニ利得を持つ説明変数を選択する selectX メソッドの実装です.

▶ **code5-15　selectX メソッド (decisionTree.py)**

```
1    # 3. 説明変数の選択
2    # X: 入力データ (データ数×説明変数の数のdataframe)
3    # Y: 出力データ (データ数× 1のnumpy.ndarray)
4    def selectX(self,X,Y):
5
6        # 出力Y の情報エントロピーまたはジニ不純度の計算
7        allInfo = self.infoFunc(Y)
8
9        # 各説明変数の平均情報エントロピーまたは平均ジニ不純度および利得の記録
10       colInfos = []
11       gains = []
12
13       # 説明変数のループ
14       for col in X.columns:
15
16           # 説明変数を限定した平均情報エントロピーまたは平均ジニ不純度の計算
17           colInfo = np.sum([np.sum(X[col]==value)/len(X)*
18               self.infoFunc(Y[X[col]==value]) for value in np.unique(X[
     col])])
19           colInfos.append(colInfo)
20
21           # 利得の計算およびgains に記録
22           gains.append(allInfo-colInfo)
23
24       # 最大利得を返す
25       return np.argmax(gains),allInfo
```

7 行目にて学習データ全体における目的変数 y の情報エントロピー (式 (5.47)) またはジニ不純度 (式 (5.56)) allInfo を計算します. そして, 17～18 行目にて, numpy.sum 関数 (2.3.8 節), numpy.unique 関数 (2.3.10 節) およびリスト内包表記 (2.5 節) を用いて, 説明変数を限定した場合の平均情報エントロピーまたは平均ジニ不純度 colInfo を計算しています. そして, 22 行目にて, 情報利得 (式 (5.51)) またはジニ利得 (式 (5.59)) を計算し, リストの append 関数 (2.3.4 節) を用いて gains に記録します. そ

して，25 行目にて，`numpy.argmax` 関数（2.3.8 節）を用いて，最大の利得を持つ説明変数のインデックスを計算しています．

以下は，説明変数を削除する `delCol` メソッドの実装です．

▶ **code5-16　delCol メソッド (decisionTree.py)**

```
1   # 4. 説明変数の削除
2   # X: 入力データ（データ数×カラム数のdataframe）
3   # Y: 出力データ（データ数× 1のnumpy.ndarray）
4   # col: 削除する説明変数の名前
5   # value: 説明変数の値
6   def delCol(self,X,Y,col,value):
7       # 説明変数col の削除
8       subX = X[X[col]==value]
9       subX = subX.drop(col,axis=1)
10
11      # 目的変数から値を削除
12      subY = Y[X[col]==value]
13
14      return subX,subY
```

8～9 行目にて，説明変数のデータ X から指定された説明変数の列を削除し，12 行目にて，目的変数のデータ Y から指定された value の行以外を削除しています．

以下は，学習データを用いて再帰的に `selectX` と `delCol` メソッドを実行し決定木を作成する `train` メソッドの実装です．

▶ **code5-17　train メソッド (decisionTree.py)**

```
1   # 5. 決定木の作成
2   # X: 入力データ（データ数×カラム数のdataframe）
3   # Y: 出力データ（データ数× 1のnumpy.ndarray）
4   # layer: 階層番号（整数スカラー，デフォルトでは 0）
5   def train(self,X=[],Y=[],layer=0):
6       if not len(X): X = self.X
7       if not len(Y): Y = self.Y
8
9       # 葉ノードの標準出力
10      if self.infoFunc(Y) == 0:
11          print(f" --> {Y[0][0]}")
12          return Y[0][0]
```

```
13        else:
14            print("\n",end="")
15
16        # 説明変数の選択
17        colInd,allInfo = self.selectX(X,Y)
18
19        # 説明変数名の取得
20        col = X.columns[colInd]
21
22        # 説明変数col の値ごとに枝を分岐
23        for value in np.unique(X[col]):
24
25            # 説明変数col の削除
26            subX,subY = self.delCol(X,Y,col,value)
27
28            #-----------
29            # 分岐ノードの標準出力
30            if self.lineFlag:
31                print(f"{self.space*(layer-1)}| ")
32            self.lineFlag = True
33
34            if layer > 0:
35                print(f"{self.space*(layer-1)}+― ",end="")
36
37            print(f"{col} ({round(allInfo,2)}) = '{value}' ({round(self.
    infoFunc(subY),2)})",end="")
38            #-----------
39
40            # 分岐先の枝で決定木を作成
41            self.train(subX,subY,layer+1)
```

10～12行目にて，目的変数 y の情報エントロピーまたはジニ不純度が「0」か否かの判定を行い，「0」の場合は，11行目にて目的変数の値を葉ノードとして出力し終了します（手順5）．一方，「0」ではない場合，17～20行目にて，self.selectX メソッドを用いて，最大の情報利得またはジニ利得を持つ説明変数 col を選択します（手順3～4）．そして，23行目にて，for 文（2.5節）を用いて，説明変数 col の値 value ごとに枝を分岐し処理を続けます．各枝ごとに，26行目にて，self.delCol メソッドを用いて説明変数 col を削除し（手順6），41行目にて再帰的に self.train メソッドを実行します．

5.5.5 決定木の実行

決定木の decisionTree クラスと，データ作成用の data クラスを用いて，
決定木を作成してみましょう．まず，decisionTree と data モジュールを
読み込みます．

モジュールの読み込み (decisionTreeMain.py)

```python
import decisionTree as dt
import data
```

以下の 2 つのステップで実行します．

1. データの作成
   データ生成用のコード data.py の decisionTree クラスを myData と
   してインスタンス化し，makeData メソッドを用いてデータを作成しま
   す．本節では，2 種類のデータを用います．

   - dataType=1 表 5.6 のデータ
   - dataType=2 動物の種類（爬虫類，哺乳類，鳥類）のデータ [15]

   データは，makeData 実行時の dataType 変数を 1 または 2 に設定
   することにより，切り替えることができます．

   データの作成 (decisionTreeMain.py)

   ```python
   # 1. データの作成
   myData = data.decisionTree()
   myData.makeData(dataType=1)
   ```

2. 決定木の作成
   学習データ Xtr と Ytr を渡して decisionTree クラスを myModel と
   してインスタンス化し，train メソッドを用いて学習します．

   決定木の作成 (decisionTreeMain.py)

   ```python
   # 2. 決定木の作成 (version=1：ID3, version=2：CART)
   myModel = dt.decisionTree(myData.Xtr,myData.Ytr,version=1)
   myModel.train()
   ```

　レポジトリ MLBook の codes ディレクトリに移動し，データの種類を表 5.6(dataType=1)，決定木の作成方法を ID3 (version=1) に設定し，コード decisionTreeMain.py を実行しましょう．実行すると，以下のように作成された決定木が標準出力されます．

```
風x3 (0.76) = '強い' (-0.0) --> No
|
風x3 (0.76) = '弱い' (0.97)
|
+― 気温x2 (0.97) = '普通' (0.92)
     |
     +― 天気x1 (0.92) = '晴れ' (-0.0) --> Yes
     |
     +― 天気x1 (0.92) = '曇り' (-0.0) --> Yes
     |
     +― 天気x1 (0.92) = '雨' (-0.0) --> No
|
+― 気温x2 (0.97) = '暑い' (-0.0) --> No
```

　作成された決定木は，図 5.18 と同様に，「風 x_3」がルートの分岐ノードとして選択され，「強い」と「弱い」に枝分かれしています．丸括弧の中の値は情報エントロピーに対応しています．例えば，「風 x3 (0.76) = '強い' (-0.0) --> No」は，「風 x_3」は情報エントロピーが 0.76 と高かったものの，値「強い」に限定すると，情報エントロピーが 0.0 に減少していることを意味しています．「風 x_3」が「弱い」場合，「気温 x2='普通'」–>「天気 x1」と選ぶことにより，情報エントロピーが減少していくことがわかります．

　次に，決定木の作成方法を CART(version=2) に設定し，コード decision TreeMain.py を実行しましょう．実行すると，以下のように作成された決定木が標準出力されます．

```
風 x3 (0.35) = '強い' (0.0) --> No
 |
風 x3 (0.35) = '弱い' (0.48)
 |
+─ 気温 x2 (0.48) = '普通' (0.44)
    |
    +─ 天気 x1 (0.44) = '晴れ' (0.0) --> Yes
    |
    +─ 天気 x1 (0.44) = '曇り' (0.0) --> Yes
    |
    +─ 天気 x1 (0.44) = '雨' (0.0) --> No
 |
+─ 気温 x2 (0.48) = '暑い' (0.0) --> No
```

CART も ID3 と同様の順番で説明変数が選ばれていることがわかります．ただし，丸括弧の中の値は，ジニ不純度に対応しています．例えば，「風 x3 (0.35) = '強い' (0.0) --> No」は，「風 x_3」はジニ不純度が 0.35 と高かったものの，値「強い」に限定すると，0.0 に減少していることを意味しています．

　最後に，データの種類を「動物の種類」(dataType=2)，決定木の作成方法を CART(version=2) に設定し，コード decisionTreeMain.py を実行しましょう．実行すると，以下のように作成された決定木が標準出力されます．

```
発生形態x2 (0.64) = '卵生' (0.44)
 |
+─ 体温x3 (0.44) = '変温' (0.0) --> 爬虫類
 |
+─ 体温x3 (0.44) = '恒温' (0.0) --> 鳥類
 |
発生形態x2 (0.64) = '胎生' (0.0) --> 哺乳類
```

この決定木より，以下のルールを作ることができそうです．

- 「発生形態 x2='胎生'」であれば，動物は「哺乳類」
- 「発生形態 x2='卵生'」かつ「体温 x3='変温'」であれば，動物は「爬虫類」
- 「発生形態 x2='卵生'」かつ「体温 x3='恒温'」であれば，動物は「鳥類」

　以上のように，決定木を用いることにより，一般の人にとっても理解しやすい分類のルールを獲得できます.

C h a p t e r **6**

カーネルモデル

これまで紹介した回帰と分類の各手法では，入力 $\mathbf{x}$ およびモデルパラメータ $\mathbf{w}$ や b それぞれに対し線形な線形モデル $f(\mathbf{x}) = \mathbf{x}\mathbf{w} + b$ を学習データに合うように最適化し，予測や分類に用いていました．しかし，これらの線形モデルで表現できる関数はあくまでも直線や平面であり，複雑に分布する実際のデータの予測や分類には適していない場合があります．

本章では，モデルパラメータ $\mathbf{w}$ および b に対する線形性を保ちながら，高い表現能力を持つカーネルモデルを紹介します．

6.1 非線形な分類境界の例

図 6.1 のように，各カテゴリのデータが複数の分布に従い多峰になっている場合，分類境界は直線では表現が不可能な複雑な形状になることがあります．図 6.1 では，5.3.9 節にて紹介したソフトマージン最大化の SVMmain.py (code 5-7，5-8) を，以下の dataType を 4 または 5 に設定して実行した結果です．

- dataType=4 分類境界が「C」の形をしている人工データ
- dataType=5 1 つのカテゴリが複数の島で構成されている人工データ

図 6.1 が示すように，複雑に分布するデータに対して，分類境界 $f(\mathbf{x})$ を線形モデルとして設計する，ロジスティック回帰分析，線形判別分析および

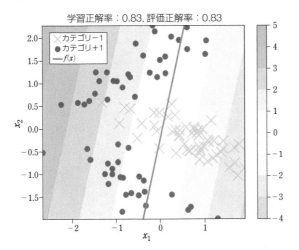

(a) 分類境界が「C」の形をしている場合 (dataType＝4)

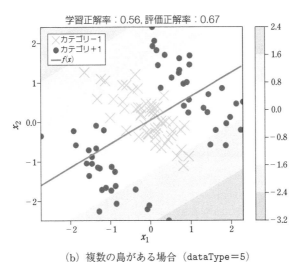

(b) 複数の島がある場合 (dataType＝5)

図 6.1 非線形な分類境界を持つ分類問題にソフトマージンサポートベクトルマシンを適用した場合の，学習した分類境界 ($f(\mathbf{x}) = 0$) と分類スコア ($f(\mathbf{x})$) の例.

サポートベクトルマシンをそのまま適用するのは困難であることがわかります.

6.2　カーネルモデル

このような複雑な分類境界や,入力から出力を予測する回帰曲線を表現するために,線形モデル(式 (4.1),式 (5.1),および式 (5.14))を,以下のようなカーネルモデル(kernel model)に拡張します.

(線形モデル)

$$f(\mathbf{x}_i) = \sum_{d=1}^{D} w_d x_{id} + b \tag{6.1}$$

- $\mathbf{x}_i = (x_{i1}, x_{i2}, \ldots, x_{iD})$:入力ベクトル
- $\mathbf{w} = (w_1, w_2, \ldots, w_D)^\top$,$b$:モデルパラメータ

(カーネルモデル)

$$f(\mathbf{x}_i) = \sum_{j=1}^{N} w_j \phi(\mathbf{x}_i)^\top \phi(\mathbf{x}_j) + b \tag{6.2}$$

- $\mathbf{x}_i = (x_{i1}, x_j, \ldots, x_{iD})$:入力ベクトル
- $\mathbf{w} = (w_1, w_2, \ldots, w_N)^\top$,$b$:モデルパラメータ
- $\phi(\mathbf{x}_j) = (\phi_1(\mathbf{x}_j), \phi_2(\mathbf{x}_j), \ldots)^\top$:写像関数

線形モデルとカーネルモデルでは,主に以下の 2 つの違いがあります.

モデルパラメータ $\mathbf{w}$ の次元数:　線形モデルのモデルパラメータ $\mathbf{w}$ の次元数は,入力ベクトル $\mathbf{x}$ の次元数 D と同じ次元数であるのに対し,カーネルモデルでは,学習データ数 N と同じ次元数となっています.したがって,カーネルモデルは,学習データ数が多いほどモデルの表現力が高くなります.

入力ベクトル $\mathbf{x}$ の変換:　線形モデルでは,入力ベクトル $\mathbf{x}_i$ がそのまま用い

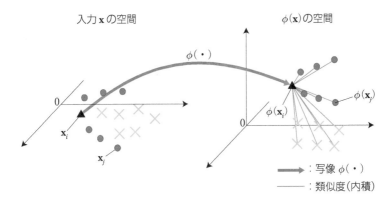

図 6.2　高次元空間への写像 $\phi(\mathbf{x})$ と類似度（内積）のイメージ.

られるのに対し，カーネルモデルでは，図 6.2 のように，入力ベクトル $\mathbf{x}_i$ を任意の関数 $\phi(\cdot)$ を用いて高次元空間に写像します．そして，他の入力ベクトル $\mathbf{x}_j$ との，高次元空間上での類似度を表す内積 $\phi(\mathbf{x}_i)^\top \phi(\mathbf{x}_j)$ を用いて，入力ベクトル $\mathbf{x}$ を非線形に変換します．

　カーネルモデルでは，図 6.3 のように，入力ベクトル $\mathbf{x}$ の空間では直線で分離できないカテゴリデータが，高次元空間 $\phi(\mathbf{x})$ 上では（超）平面を用いて分離できることを期待しています．

　しかし，カーネルモデルでは，高次元空間 $\phi(\mathbf{x})$ 上ですべての学習データ間の内積を計算するため，学習データの次元数とデータ数が大きい場合，計

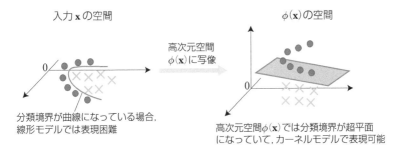

図 6.3　高次元空間にて超平面（線形モデル）の分類境界の学習のイメージ.

算が困難となります.

6.3 カーネル関数とカーネルトリック

高次元空間 $\phi(\mathbf{x})$ 上での内積の計算を緩和するために,**正定値関数**(positive definite function)[41] を導入します.

> **(正定値関数)**
>
> 関数 $k(\mathbf{x}_i, \mathbf{x}_j)$ は,次の条件を満たすとき,**正定値関数**と呼ばれる.
>
> - 対称性: $k(\mathbf{x}_i, \mathbf{x}_j) = k(\mathbf{x}_j, \mathbf{x}_i)$
> - 正定値性:データ点 $\mathbf{x}_1, \mathbf{x}_2, \ldots, \mathbf{x}_N$ に対する,以下の**グラム行列**(Gram matrix)K が半正定値である.
>
> $$K = \begin{pmatrix} k(\mathbf{x}_1, \mathbf{x}_1) & k(\mathbf{x}_1, \mathbf{x}_2) & \cdots & k(\mathbf{x}_1, \mathbf{x}_N) \\ k(\mathbf{x}_2, \mathbf{x}_1) & k(\mathbf{x}_2, \mathbf{x}_2) & \cdots & k(\mathbf{x}_2, \mathbf{x}_N) \\ \cdots & \cdots & \cdots & \cdots \\ k(\mathbf{x}_N, \mathbf{x}_1) & k(\mathbf{x}_N, \mathbf{x}_2) & \cdots & k(\mathbf{x}_N, \mathbf{x}_N) \end{pmatrix} \quad (6.3)$$
>
> すなわち,任意の N 次元のベクトル $\mathbf{z}$ に対し,$\mathbf{z}^\top K \mathbf{z} \geq 0$ が成り立つ.

正定値関数 $k(\mathbf{x}_i, \mathbf{x}_j)$ は,**再生核ヒルベルト空間**(Reproducing Kernel Hilbert Space:RKHS)$\mathcal{H}_k$ と呼ばれる特殊な空間への写像 $\phi(\mathbf{x}_i) \in \mathcal{H}_k$ と $\phi(\mathbf{x}_j) \in \mathcal{H}_k$ の内積に対応していることが知られています [41].

$$k(\mathbf{x}_i, \mathbf{x}_j) = \phi(\mathbf{x}_i)^\top \phi(\mathbf{x}_j) \quad (6.4)$$

したがって,高次元空間上における内積の計算を単純な 2 変数関数の計算に置き換えることができます.この正定値関数 $k(\cdot, \cdot)$ は**カーネル関数**(kernel function),グラム行列 K は**カーネル行列**(kernel matrix)とも呼ばれます.カーネル関数とカーネル行列を用いると,カーネルモデルは以下のように表現されます.

(カーネル行列を用いたカーネルモデル)

$$f(\mathbf{x}_i) = \sum_{j=1}^{N} w_j k(\mathbf{x}_i, \mathbf{x}_j) + b = K_{i:}\mathbf{w} + b \qquad (6.5)$$

- $\mathbf{x}_i = (x_{i1}, x_{i2}, \ldots, x_{iD})$：入力ベクトル
- $\mathbf{w} = (w_1, w_2, \ldots, w_N)^{\top}$，$b$：モデルパラメータ
- $K_{i:}$：カーネル行列の i 行目の行ベクトル（3.1.5 節）

6.4 カーネル関数の例

カーネル関数の例として，線形カーネル，ガウスカーネルおよび多項式カーネルを紹介します．

6.4.1 線形カーネル関数

線形カーネル (linear kernel) 関数は，最も単純なカーネル関数で以下のように定義されます．

$$k(\mathbf{x}_i, \mathbf{x}_j) = \mathbf{x}_i \mathbf{x}_j^{\top} \qquad (6.6)$$

カーネル関数と写像関数の関係式 (6.4) より，線形カーネル関数の写像関数 $\phi(\cdot)$ は，入力ベクトルをそのまま出力する関数に対応しています．

$$\phi(\mathbf{x}) = \mathbf{x}^{\top} \qquad (6.7)$$

6.4.2 ガウスカーネル関数

ガウスカーネル (Gaussian kernel) 関数は，以下のように定義されます．

$$k(\mathbf{x}_i, \mathbf{x}_j) = \exp\left(-\frac{\|\mathbf{x}_i - \mathbf{x}_j\|^2}{2\sigma^2}\right) \qquad (6.8)$$

ここで，σ はカーネル関数の幅（滑らかさ）を決めるハイパーパラメータです．ガウスカーネル関数に対応する写像関数は容易には導出できませんので，本書では割愛します．

6.4.3 多項式カーネル

多項式カーネル (polynomial kernel) は，以下のように定義されます．

$$k(\mathbf{x}_i, \mathbf{x}_j) = (\mathbf{x}_i \mathbf{x}_j^\top + 1)^p \tag{6.9}$$

ここで，p はカーネル関数の次数（オーダー）を決めるハイパーパラメータ
です．$p = 2$ のときの $\mathbf{x} = (x_1, x_2)$ の多項式カーネルを展開していくと，

$$
\begin{aligned}
k(\mathbf{x}_i, \mathbf{x}_j) &= (\mathbf{x}_i \mathbf{x}_j^\top + 1)^2 \\
&= x_{i1}^2 x_{j1}^2 + x_{i2}^2 x_{j2}^2 + 2x_{i1}x_{i2}x_{j1}x_{j2} + 2x_{i1}x_{j1} + 2x_{i2}x_{j2} + 1 \\
&= (x_{i1}^2, x_{i2}^2, \sqrt{2}x_{i1}x_{i2}, \sqrt{2}x_{i1}, \sqrt{2}x_{i2}, 1) \\
&\quad (x_{j1}^2, x_{j2}^2, \sqrt{2}x_{j1}x_{j2}, \sqrt{2}x_{j1}, \sqrt{2}x_{j2}, 1)^\top
\end{aligned}
\tag{6.10}
$$

となるので，写像関数 $\phi(\mathbf{x})$ は，以下のような 6 次元のベクトル空間に写像
する関数に対応しています．

$$\phi(\mathbf{x}) = (x_1^2, x_2^2, \sqrt{2}x_1x_2, \sqrt{2}x_1, \sqrt{2}x_2, 1)^\top \tag{6.11}$$

6.5 線形モデルからカーネルモデルへの拡張

線形モデルからカーネルモデルへの拡張は，以下のように入力ベクトル
$\mathbf{x}_i$，モデルパラメータ $\mathbf{w}$ および入力ベクトルの内積 $\mathbf{x}_i \mathbf{x}_j^\top$ を，それぞれ置き
換えることにより実現できます．

$$
\begin{aligned}
\mathbf{x}_i &= (x_{i1}, x_{i2}, \ldots, x_D) \longrightarrow K_{i:} \\
\mathbf{w} &= (w_1, w_2, \ldots, w_D)^\top \longrightarrow (w_1, w_2, \ldots, w_N)^\top \\
\mathbf{x}_i \mathbf{x}_j^\top &\longrightarrow \phi(\mathbf{x}_i)^\top \phi(\mathbf{x}_j) = k(\mathbf{x}_i, \mathbf{x}_j)
\end{aligned}
$$

例えば，ソフトマージンサポートベクトルマシンでは，最適化問題（式 (5.36)
と式 (5.41)）は，以下のように置き換えます．

┌─ **(カーネルモデルを用いたソフトマージン最大化問題)** ─────

$$\min_{\mathbf{w},b,\boldsymbol{\xi}} \frac{1}{2}\mathbf{w}^\top\mathbf{w} + C\sum_{i=1}^{N}\xi_i$$

$$\text{s.t.} \quad y_i^{\text{tr}}(K_{i:}\mathbf{w}+b) + \xi_i \geq 1$$

$$\xi_i \geq 0 \ \forall_i$$

(6.12)

ここで，$\boldsymbol{\xi} = (\xi_1,\ldots,\xi_N)^\top$ および C は誤差 $\boldsymbol{\xi}$ の重要度を調整する
ハイパーパラメータである．

└─────────────

┌─ **(カーネルモデルを用いたソフトマージン最大化のラグランジュ双対問題)** ─────

$$\max_{\boldsymbol{\lambda}} \mathcal{L}(\boldsymbol{\lambda},\boldsymbol{\gamma}^*,\mathbf{w}^*,b^*,\boldsymbol{\xi}^*) = -\frac{1}{2}\sum_{i=1}^{N}\sum_{j=1}^{N}\lambda_i y_i^{\text{tr}} k(\mathbf{x}_i^{\text{tr}},\mathbf{x}_j^{\text{tr}}) y_j^{\text{tr}}\lambda_j + \sum_{i=1}^{N}\lambda_i$$

$$\text{s.t.} \quad -\lambda_i \leq 0$$

$$\lambda_i \leq C$$

$$\sum_{i=1}^{N}\lambda_i y_i^{\text{tr}} = 0 \ \forall_i$$

(6.13)

└─────────────

また，モデルパラメータの決定式（式 (5.26) と式 (5.30)）は，以下のように
置き換えます．

$$\mathbf{w}^* = \sum_{i=1}^{N}\lambda_i^* y_i^{\text{tr}} K_{i:}^\top$$

(6.14)

$$\widehat{b^*} = \frac{1}{|\mathcal{D}_{\lambda^*>0}^{\text{tr}}|}\sum_{i\in\mathcal{D}_{\lambda_i^*>0}^{\text{tr}}}\left(y_i^{\text{tr}} - K_{i:}\mathbf{w}^*\right)$$

(6.15)

6.5.1 Python によるカーネル関数の実装

指定した種類のカーネル関数を計算し，カーネル行列を返す `KernelFunc`
クラスを実装してみましょう．以下の3つのメソッドを用意します．

- `linear`：線形カーネル（式 (6.6)）を計算し，カーネル行列を返す
- `gauss`：ガウスカーネル（式 (6.8)）を計算し，カーネル行列を返す

● poly：多項式カーネル（式 (6.9)）を計算し，カーネル行列を返す

▶ **code6-1　カーネル行列を作成するクラス (kernelFunc.py)**

```python
class kernelFunc():
#------------------
# kernelType: 線形カーネル (0),ガウスカーネル (1)，多項式カーネル (2)
# kernelParam: カーネルの作成に用いるパラメータ（スカラー）
def __init__(self,kernelType=0,kernelParam=1):
    self.kernelType = kernelType
    self.kernelParam = kernelParam

    # カーネル関数の設定
    kernelFuncs = [self.linear,self.gauss,self.poly]
    self.createMatrix = kernelFuncs[kernelType]
#------------------

#------------------
# 線形カーネル
def linear(self,X1,X2):
    return np.matmul(X1,X2.T)
#------------------

#------------------
# ガウスカーネル
# X1: 入力データ（データ数×次元数のnumpy.ndarray)
# X2: 入力データ（データ数×次元数のnumpy.ndarray)
def gauss(self,X1,X2):
    X1Num = len(X1)
    X2Num = len(X2)

    # X1 と X2 の全ペア間の距離の計算
    X1 = np.tile(np.expand_dims(X1.T,axis=2),[1,1,X2Num])
    X2 = np.tile(np.expand_dims(X2.T,axis=1),[1,X1Num,1])
    dist = np.sum(np.square(X1-X2),axis=0)

    # カーネル行列（X1 のデータ数× X2 のデータ数)
    K = np.exp(-dist/(2*(self.kernelParam**2)))

    return K
#------------------

#------------------
# 多項式カーネル
# X1: 入力データ（データ数×次元数のnumpy.ndarray)
```

```
42    # X2: 入力データ（データ数×次元数のnumpy.ndarray）
43    def poly(self,X1,X2):
44
45        # カーネル行列（X1 のデータ数× X2 のデータ数）
46        K = (np.matmul(X1,X2.T)+1)**self.kernelParam
47
48        return K
49    #--------------------
```

　ガウスカーネルを作成する gauss メソッドでは，全学習データペア間の距離を効率よく計算するため，numpy.tile 関数（2.3.14節）を用いています．具体的には，図 6.4 のように，29 行目にて，行列 X1 の転置「次元数 D × X1 のデータ数」の行列を，numpy.expand_dims 関数（2.3.15節）を用いて，「次元数 D × X1 のデータ数 ×1」の行列に拡張します．そして，numpy.tile 関数を用いて列方向に「X2 のデータ数分」繰り返し，「次元数 D × X1 のデータ数 × X2 のデータ数」の行列を作ります．X2 も同様に，30 行目にて，「次元数 D × X1 のデータ数 × X2 のデータ数」に変形します．そして，31 行目で差 (X1-X2) をとり，numpy.square 関数で二乗し，axis=0 の奥行き（次元数 D）の方向に和をとることにより，データ X1 と X2 の全ペア間の距離を，for 文を用いずに行列演算で高速に計算できます．34 行目にて，numpy.exp 関数を用いて，式 (6.8) の計算をしています．

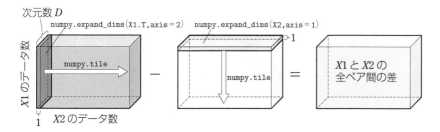

図 6.4　2 つのデータ X1 と X2 間の全ペア間の差の計算.

6.5.2　Python によるカーネル SVM の実装

サポートベクトルマシンのコード SVM.py にて，kernelFunc クラスを用いるために，以下のように，SVM クラスのコンストラクタにて，kernelFunc クラスのインスタンスを引数で渡すようにします．

▶ **code6-2　コンストラクタの拡張 (kernelSVM.py)**

```
 1   # 1. 学習データの初期化
 2   # X: 入力データ（データ数×次元数のnumpy.ndarray）
 3   # Y: 出力データ（データ数× 1のnumpy.ndarray）
 4   # kernelFunc: kernelFunc クラスのインスタンス
 5   def __init__(self,X,Y,spptThre=0.1,kernelFunc=None):
 6
 7       # カーネルの設定
 8       self.kernelFunc = kernelFunc
 9
10       # 学習データの設定
11       self.X = X
12       self.Y = Y
13       self.dNum = X.shape[0]   # 学習データ数
14       self.xDim = X.shape[1]   # 入力の次元数
15
16       # サポートベクトルの閾値設定
17       self.spptThre = 0.1
```

8 行目にて，受け取ったインスタンス kernelFunc を，インスタンス変数 self.kernelFunc に設定します．

SVM クラスの trainSoft メソッドの 4 行目（code 6-4 参照）にて，以下のように kernelFunc クラスの createMatrix メソッドを用いるように変更します．

▶ **code6-3　変更前の trainSoft メソッド (SVM.py)**

```
 1   # 2.5 ソフトマージンSVM のモデルパラメータを最適化
 2   # C: 誤差の重要度ハイパーパラメータ（スカラー，デフォルトでは 0.1）
 3   def trainSoft(self,C=0.1):
 4       X = self.X
 5
 6       # 行列P の作成
 7       P = np.matmul(self.Y,self.Y.T) * np.matmul(X,X.T)
 8       P = cvxopt.matrix(P)
```

▶ **code6-4　変更後の trainSoft メソッド (kernelSVM.py)**

```
1   # 2.5 ソフトマージンSVM のモデルパラメータを最適化
2   # C: 誤差の重要度ハイパーパラメータ（スカラー，デフォルトでは 0.1)
3   def trainSoft(self,C=0.1):
4       X = self.kernelFunc.createMatrix(self.X,self.X)
5
6       # 行列P の作成
7       P = np.matmul(self.Y,self.Y.T) * X
8       P = cvxopt.matrix(P)
```

同様に，predict メソッドの 4 行目（code 6-6 参照）にて，以下のように kernelFunc クラスの createMatrix メソッドを用いるように変更します.

▶ **code6-5　変更前の predict メソッド (SVM.py)**

```
1   # 3. 予測
2   # X: 入力データ（データ数×次元数のnumpy.ndarray）
3   def predict(self,x):
4       y = np.matmul(x,self.w) + self.b
5       return np.sign(y),y
```

▶ **code6-6　変更後の predict メソッド (kernelSVM.py)**

```
1   # 3. 予測
2   # X: 入力データ（データ数×次元数のnumpy.ndarray）
3   def predict(self,x):
4       x = self.kernelFunc.createMatrix(x,self.X)
5       y = np.matmul(x,self.w) + self.b
6       return np.sign(y),y
```

6.5.3　カーネル SVM の実行

カーネル関数の kernelFunc クラス，カーネル SVM の kernelSVM クラス，およびデータ作成用の data クラスを用いて，線形モデルでは難しかった分類問題（図 6.1）にカーネル SVM を適用してみましょう.

kernelSVM と data モジュールを読み込みます.

モジュールの読み込み (kernelSVMmain.py)

```
import kernelFunc as kf
import kernelSVM as svm
import data
```

5.3.7 節の手順に,「カーネル関数の作成」を追加した手順で実行します.

1. データの作成

   データ生成用のコード data.py の classification クラスを myData としてインスタンス化し, makeData メソッドを用いてデータを作成します. 本節では, 正規分布を用いて生成した線形分離不可能な人工データを用います.

   - dataType=4 分類境界が「C」の形をしている人工データ
   - dataType=5 1 つのカテゴリが複数の島で構成されている人工データ

   dataType 変数を 4 または 5 に設定し makeData を実行します.

   ### データの作成 (kernelSVMmain.py)

   ```
   # 1. データの作成
   myData = data.classification(negLabel=-1.0,posLabel=1.0)
   myData.makeData(dataType=5)
   ```

2. データを学習と評価に分割 (4.1.7 節のステップ 2 参照)
3. 入力データの標準化 (4.2.6 節のステップ 3 参照)
4. カーネル関数の作成

   kernelFunc クラスの kernelFunc メソッドを用いて, kernelType と kernelParam にて指定したカーネル関数を作成します.

   ### カーネル関数の作成 (kernelSVMmain.py)

   ```
   # 4. カーネル関数の作成
   myKernel = kf.kernelFunc(kernelType=1,kernelParam=1)
   ```

5. カーネル SVM の学習

   学習データ (Xtr, Ytr) およびカーネル関数 myKernel を渡して,

kernelSVM クラスを myModel としてインスタンス化し, train メソッドを用いて学習します.

カーネル SVM の学習 (kernelSVMmain.py)

```
# 5. カーネルSVM の学習
myModel = svm.SVM(Xtr,Ytr,kernelFunc=myKernel)
myModel.trainSoft(0.5)
```

6. カーネル SVM の評価（5.3.7 節のステップ 5 参照）
7. 真値と予測値のプロット（入力ベクトルが 2 次元の場合）（コード kernelSVMmain.py 参照）

plotModel2D メソッドを用いて学習データと, カーネル SVM の予測値 $f(\mathbf{x})$（式 (6.2)）をプロットします. 実行結果は, results フォルダの「kernelSVM_result_XXX.pdf」に保存されます.「XXX」には, データの種類（dataType の値）, カーネルの種類（kernelType の値）およびカーネルパラメータ（kernelParam の値）が順番にアンダーバー「_」を挟んで入ります.

6.5.4　カーネル SVM の実行結果

レポジトリ MLBook の codes ディレクトリに移動し, コード kernelSVMmain.py を実行しましょう. 図 6.5 と図 6.6 は, さまざまなハイパーパラメータ（ガウス幅 σ と多項式のオーダー p）のガウスカーネル関数と多項式カーネルを用いた場合の分類結果です.

これらの図から, ガウスカーネルおよび多項式カーネルを用いたカーネル SVM では識別境界を曲線で表現することができ, 線形モデルでは難しかった複雑な分類問題（図 6.1）を精度よく解くことができていることがわかります. ただし, 各カーネル関数のハイパーパラメータの設定により, 得られる分類境界およびその精度に大きく差が出ていることがわかります.

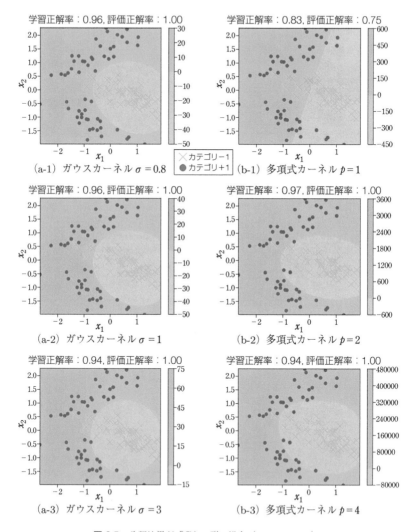

図 6.5　分類境界が「C」の形の場合（`dataType=4`）.

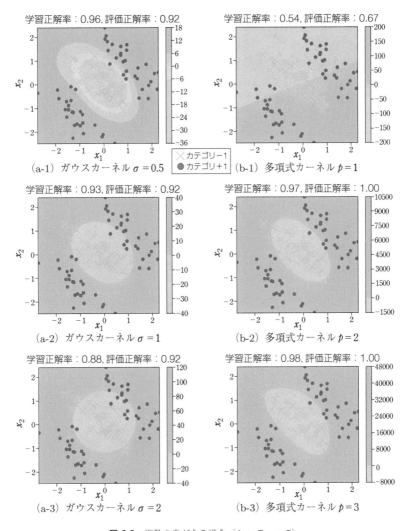

図 6.6 複数の島がある場合（dataType=5）.

6.6　交差検証法を用いたモデル選択

ハイパーパラメータを学習データから選択する方法としては，**交差検証法** (cross-validation) やベイズ最適化があります．ここでは，より基礎的な交差検証法を用いて，カーネル関数のハイパーパラメータを選択します．

交差検証法を用いるために，まず，以下の準備をします．

- ハイパーパラメータの候補：例えば，ガウスカーネルの幅の候補として，$\sigma = \sigma_1, \sigma_2, \ldots, \sigma_M$ を準備します．
- 学習データ $\mathcal{D}^{\mathrm{tr}}$ を K 個に分割：$\mathcal{D}^{\mathrm{tr}} = \{\mathcal{D}_1^{\mathrm{tr}}, \mathcal{D}_2^{\mathrm{tr}}, \ldots, \mathcal{D}_K^{\mathrm{tr}}\}$

そして，以下の手順で，**K 分割交差検証法** (K-fold cross validation) を用いて，各ハイパーパラメータ σ_m の平均性能を推定します．

手順 1　$\mathcal{D}_k^{\mathrm{tr}}$ 以外のデータから，ハイパーパラメータ σ_m を用いた場合の関数 $f_{\sigma_m}(\mathbf{x})$ を学習する．

手順 2　データ $\mathcal{D}_k^{\mathrm{tr}}$ を用いて，関数 $f_{\sigma_m}(\mathbf{x})$ の性能 $\mathcal{E}_k(\sigma_m)$ を計算する．

手順 3　手順 1 と 2 を $k = 1, 2, \ldots, K$ と繰り返し，平均性能 $\widehat{\mathcal{E}}(\sigma_m)$ を計算する．

$$\widehat{\mathcal{E}}(\sigma_m) = \frac{1}{K} \sum_{k=1}^{K} \mathcal{E}_k(\sigma_m) \tag{6.16}$$

そして，最大の平均性能を持つハイパーパラメータを選択します．

$$\widehat{\sigma^*} = \underset{\sigma \in \{\sigma_1, \sigma_2, \ldots, \sigma_M\}}{\mathrm{argmax}} \widehat{\mathcal{E}(\sigma)} \tag{6.17}$$

性能評価としては，分類の場合は，**正解率**（式 (4.33)），**AUC** (Area Under Curve) および **F1 スコア**（7.8 節）などを用いることができます．また，回帰の場合は損失の逆数などを用います．

6.6.1　Python による交差検証法の実装

コード `kernelSVM.py` に，交差検証法を用いたモデル選択を行う，以下のコードを追加します．

▶ **code6-7　モデル選択 (kernelSVMCVmain.py)**

```
1    # 3.5. モデル選択
2    〜省略〜
3
4    # ランダムにデータを並べ替える
5    randInds = np.random.permutation(len(Xtr))
6
7    # 正解率を格納する変数
8    accuracies = np.zeros([len(kernelParams),foldNum])
9
10   # ハイパーパラメータの候補のループ
11   for paramInd in range(len(kernelParams)):
12
13   # 交差検証法による正解率の推定
14   for foldInd in range(foldNum):
15
16       # 学習データ数dNumFold 分左にシフト
17       randIndsTmp = np.roll(randInds,-dNumFold*foldInd)
18
19       # 学習と評価データの分割
20       XtrTmp = Xtr[randIndsTmp[dNumFold:]]
21       YtrTmp = Ytr[randIndsTmp[dNumFold:]]
22       XteTmp = Xtr[randIndsTmp[:dNumFold]]
23       YteTmp = Ytr[randIndsTmp[:dNumFold]]
24
25       try:
26           # 手順 1) SVM モデルの学習
27           myKernel = kf.kernelFunc(kernelType=kernelType,kernelParam=
               kernelParams[paramInd])
28           myModel = svm.SVM(XtrTmp,YtrTmp,kernelFunc=myKernel)
29           myModel.trainSoft(0.5)
30       except:
31           continue
32
33       # 手順 2) 評価データに対する正解率を格納
34       accuracies[paramInd,foldInd] = myModel.accuracy(XteTmp,YteTmp)
35
36   # 手順 3) 平均正解率が最大のハイパーパラメータの選択
37   selectedParam = kernelParams[np.argmax(np.mean(accuracies,axis=1))]
38   print(f"選択したパラメータ:{selectedParam}")
```

5行目にて，`numpy.random.permutation` 関数（2.3.18節）を用いて，ランダムに学習データのインデックスを並べ替えた `randInds` を作成します．17行目にて，`numpy.roll` 関数（2.3.16節）を用いて各 fold にて，学習デー

タ数 dtrNumFold*foldInd 分 randInds のインデックスを列の左方向にずらした randIndsTmp を作成します.

　20〜23 行目にて, ずらした randIndsTmp のインデックスを用いて, 交差検証用の学習データと評価データに分割しています. 27 行目にてカーネル関数を作成し, 28〜29 行目で SVM を学習(手順 1)し, 34 行目にて, 評価データに対する正解率を計算し, accuracies に格納(手順 2)します. なお, try-except による例外処理(2.5.3 節)を用いて, ハイパーパラメータの設定により SVM の学習に失敗したときでも, ループ処理を止めないようにしています. 最後に, 37 行目にて平均正解率を最大化するハイパーパラメータを選択(手順 3)します.

6.6.2　交差検証法の実行結果

　レポジトリ MLBook の codes ディレクトリに移動し, コード kernelSVMCVmain.py を実行しましょう. kernelSVMCVmain.py では, ガウスカーネルの幅 σ の候補と多項式カーネルのオーダー p の候補を以下のように設定しています.

$$\sigma \in \{0.1, 0.25, 0.5, 0.8, 1.0, 1.2, 1.5, 1.8, 2.0, 2.5, 3.0\}$$
$$p \in \{1, 2, 3, 4, 5\}$$

実行すると, results フォルダの「kernelSVM_CV_XXX.pdf」に各候補に対して交差検証法により推定した正解率のグラフが保存されます. 「XXX」には, データの種類(dataType の値)およびカーネルの種類(kernelType の値)が順番にアンダーバー「_」を挟んで入ります. 図 6.7 は, 正解率のグラフの例です.

　図 6.7 が示すように, 交差検証法により推定した正解率に基づき, 分類境界が「C」の形の場合 (dataType=4), ガウスカーネルの幅は $\sigma = 0.8$ および多項式カーネルのオーダーは $p = 4$ を選択します. また, 複数の島の場合 (dataType=5), それぞれ $\sigma = 0.5$ および $p = 2$ を選択します. 図 6.5 と図 6.6 に示したように, これらのハイパーパラメータはテストデータにて高い性能を出していることがわかります. このように, 交差検証法により推定した評価データ(運用時)における性能に基づき, もっともらしいカーネル

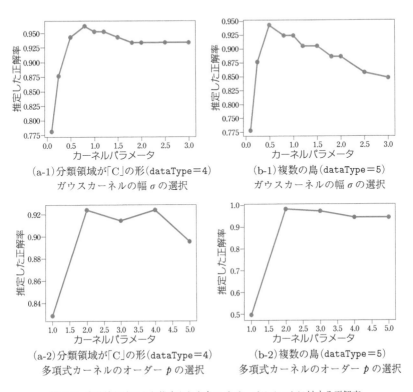

図 6.7 交差検証法により推定された各ハイパーパラメータに対する正解率.

関数のハイパーパラメータを選択できます.

ニューラルネットワーク

カーネルモデルでは，解析的にモデルパラメータの $\mathbf{w}$ と b の最適化を行うために，モデルパラメータに対し線形性を保持していました．しかし，実際の機械学習の問題では，この線形性の保持を仮定できない，より複雑な構造を持つデータがあるかもしれません．本章では，入力 $\mathbf{x}$ およびモデルパラメータに関しても非線形な表現をするニューラルネットワークを紹介します．

7.1 ニューラルネットワークとは

ニューラルネットワークは，動物の脳の神経細胞**ニューロン**における情報伝達のメカニズムを参考に作られた関数 $f(\mathbf{x})$ のモデルです．図 7.1 のように，ニューロンは**シナプス**間隙を介して他のニューロンと緩く結合しています [19]．各ニューロンは，他のニューロンから受け取った神経伝達物質の量がある一定量を超えたときに発火し，**活動電位**を起こします．そして，自身のシナプスの末端まで電流を流し，**シナプス小胞**から神経伝達物質を放出し，別のニューロンに神経伝達物質を介して情報を伝達します．

つまり，各ニューロンは，受け取る神経伝達物質の量に応じて，活動電位をオンオフすることにより，次のニューロンへの情報伝達をコントロールするスイッチの役割を果たしています．それぞれのニューロンは，情報伝達のスイッチのオンオフという単純な処理しかしませんが，膨大な数のニューロンを複雑に連結させることにより，我々人間は，日々学習し高度な認識と判

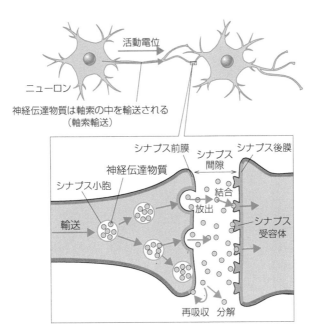

図 7.1　ニューロンによる情報伝達のイメージ.

断をすることができます. 人間や動物の優れた学習能力の一部であるニューロンのネットワークおよび発火による情報伝達のスイッチを模擬し, 関数 $f(\mathbf{x})$ のモデルとして用いられるようになったのが**ニューラルネットワーク** (neural network) です.

7.2　2層のニューラルネットワーク

ニューラルネットワークは, カーネルモデルと同様に, 関数 $f(\mathbf{x})$ を表現するためのモデルに位置づけられていて, 教師あり学習, 教師なし学習および強化学習などさまざまな機械学習に用いることができます.

ここでは, ニューラルネットワークのネットワーク構造を理解するために, 4.2.1 節にて紹介したロジスティックモデルをニューラルネットワークとして解釈してみます. 式 (4.22) のロジスティックモデルは, 図 7.2 のよ

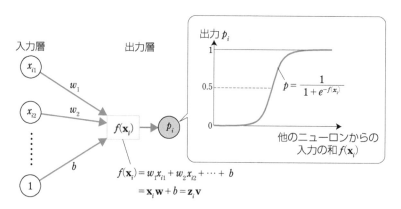

図7.2 2層のニューラルネットワークのフォーワードプロパゲーションの処理.

うに，入力層と出力層からなる2層のニューラルネットワークとして表現できます．

ニューラルネットワークは図7.2のように，○と□の2種類のノードと，ノード間をつなぐエッジから構成される有向グラフです．有向グラフとは，向きを持つエッジとノードから構成されるグラフです．ニューラルネットワークの入力 $\mathbf{x}_i$ から確率 p_i に変換する処理は以下の手順で行われます．

手順1　入力層の各ノードに，入力ベクトル $\mathbf{x}_i$ の要素 $x_{i1}, x_{i2}, \ldots, x_{iD}$ を代入する．

手順2　入力層の最後のノードに「1」を代入する．

手順3　各エッジに割り当てられた重み係数 $w_1, w_2, \ldots, w_D, b$ とエッジの始点の○ノードの値 $x_{i1}, x_{i2}, \ldots, x_{iD}, 1$ との積和を計算し，$f(\mathbf{x}_i)$ として，□ノードに代入する．

手順4　シグモイド関数を計算して求めた確率 p_i を出力層の○ノードに代入する．

このようなエッジに学習済みの $\mathbf{w}$ と b が割り当てられた状態で，入力層から出力層に向けて入力の情報を伝播し，入力を出力に変換する処理を**フォーワードプロパゲーション**と呼びます．

ロジスティック回帰と同様に，ニューラルネットワークは最急降下法を

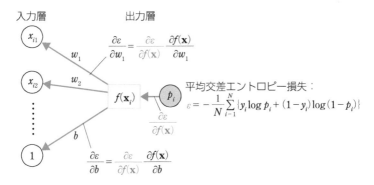

図7.3 2層のニューラルネットワークのバックプロパゲーションの処理.

用いてモデルパラメータ $\mathbf{v} = (w_1, w_2, \ldots, w_D, b)^\top$ を最適化します. この最急降下法で用いる各モデルパラメータに関する損失 $\mathcal{E}(\mathbf{w}, b)$ の勾配 $\left(\frac{\partial \mathcal{E}}{\partial w_1}, \frac{\partial \mathcal{E}}{\partial w_2}, \ldots, \frac{\partial \mathcal{E}}{\partial b}\right)^\top$ は, 図 7.3 のように, 微分のチェインルールを用いて, 上位層の勾配 $\frac{\partial \mathcal{E}}{\partial f(\mathbf{x})}$ を再利用しながら計算できます. このように, 勾配の情報を出力層から入力層に伝播し, 最急降下法を用いて, 各モデルパラメータを更新する処理を**バックプロパゲーション**と呼びます.

7.3 3層のニューラルネットワーク

2層のニューラルネットワークは, 入力ベクトル $\mathbf{x}$ およびパラメータ $\mathbf{w}$ に対して線形の表現力しか持っていません. 2層のニューラルネットワークに, スイッチ機構を持つ中間層を追加し, 非線形な表現力を持つ3層のニューラルネットワークへと拡張していきます.

7.3.1 活性化関数のモデル化

ニューロンの発火によるスイッチ機構をモデル化するために, **活性化関数**を導入します. 代表的な活性化関数として, 図 4.7 でも紹介した**シグモイド関数** $\sigma(\cdot)$ と, **ReLU** (Rectified Linear Unit) 関数があります.

シグモイド関数は, 以下のように定義されます.

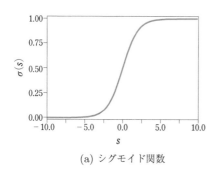 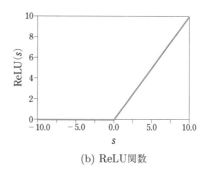

(a) シグモイド関数　　　　　　　　　(b) ReLU関数

図 7.4　活性化関数の例.

$$h_l = \sigma(s_l) = \frac{1}{1 + \exp(-s_l)} \tag{7.1}$$

ReLU 関数は，以下のように定義されます.

$$h_l = \text{ReLU}(s_l) = \begin{cases} s_l & s_l > 0 \\ 0 & s_l \le 0 \end{cases} \tag{7.2}$$

図 7.4 にシグモイド関数と ReLU 関数を図示しています．横軸は，1つ下の層のニューロンからの入力の総和 s に対応しており，総和 s が正の場合にスイッチがオンになり，負の場合にスイッチがオフになります.

7.3.2　3層ニューラルネットワークのフォワードプロパゲーション

　3層のニューラルネットワークは，図 7.5 のように入力層と出力層の間に，中間層を追加した構成になります.

　入力層 $\mathbf{x}_i$ と中間層の l 番目のノード s_l の間のエッジには，以下のモデルパラメータが割り当てられています.

$$\mathbf{v}_l^1 = (w_{1l}^1, w_{2l}^1, \dots, w_{Dl}^1, b_l^1)^\top \tag{7.3}$$

この入力層と L 個の中間層ノード間のモデルパラメータすべてを，行列で表すと次のようになります.

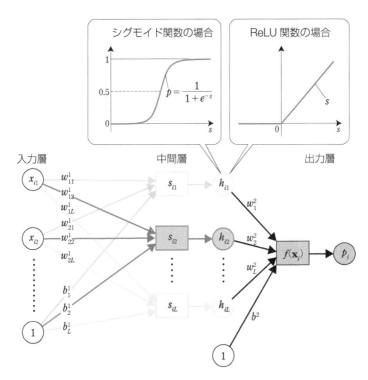

図 7.5 3 層のニューラルネットワークのフォワードプロパゲーションの処理.

$$V^1 = (\mathbf{v}_1^1, \mathbf{v}_2^1, \ldots, \mathbf{v}_L^1) = \begin{pmatrix} w_{11}^1 & w_{12}^1 & \ldots & w_{1L}^1 \\ w_{21}^1 & w_{22}^1 & \ldots & w_{2L}^1 \\ \vdots & \vdots & \vdots & \vdots \\ w_{D1}^1 & w_{D2}^1 & \ldots & w_{DL}^1 \\ b_1^1 & b_2^1 & \ldots & b_L^1 \end{pmatrix} \tag{7.4}$$

そして，入力ベクトル $\mathbf{x}_i$ に要素「1」を追加し変形した $\mathbf{z}_i$（式 (4.7)）と行列 V^1 を掛けると，各中間層のノード $s_{i1}, s_{i2}, \ldots, s_{iL}$ のそれぞれの線形和を一括で計算できます.

$$\mathbf{z}_i V^1 = (x_{i1}, x_{i2}, \ldots, x_{iD}, 1) \begin{pmatrix} w_{11}^1 & w_{12}^1 & \ldots & w_{1L}^1 \\ w_{21}^1 & w_{22}^1 & \ldots & w_{2L}^1 \\ \vdots & \vdots & \vdots & \vdots \\ w_{D1}^1 & w_{D2}^1 & \ldots & w_{DL}^1 \\ b_1^1 & b_2^1 & \ldots & b_L^1 \end{pmatrix}$$

$$= (s_{i1}, s_{i2}, \ldots, s_{iL}) \tag{7.5}$$

次に，以下の活性化関数を用いて，スイッチのオン・オフにより情報選択を行い，中間層 $\mathbf{h}_i = (h_{i1}, h_{i2}, \ldots, h_{iL})$ を求めます．

- シグモイド関数（式 (7.1)）の場合：$h_{il} = \sigma(s_{il})$
- ReLU 関数（式 (7.2)）の場合：$h_{il} = \text{ReLU}(s_{il})$

最後に，中間層 $\mathbf{h}_i$ と $\mathbf{v}^2$ の線形結合により $f(\mathbf{x}_i)$ を求めて，シグモイド関数（式 (4.22)）$\sigma(f(\mathbf{x}_i))$ を用いて確率 p_i を計算し出力します．

$$\mathbf{v}^2 = (w_1^2, w_2^2, \ldots, w_L^2, b^2)^\top \tag{7.6}$$

$$f(\mathbf{x}_i) = \mathbf{h}_i \mathbf{v}^2 \tag{7.7}$$

$$p_i = \sigma(f(\mathbf{x}_i)) \tag{7.8}$$

7.3.3　3層ニューラルネットワークのバックプロパゲーション

2層のニューラルネットワークと同様に3層のニューラルネットワークは，微分のチェインルールを用いて，上位の勾配の情報を再利用しながら各モデルパラメータの勾配を求めます（図 7.6）．

(1)　中間層と出力層の間の微分

中間層と出力層の間のモデルパラメータ $\mathbf{v}^2$ に関する平均交差エントロピー損失 $\mathcal{E}$ の微分は，ロジスティック回帰（2層のニューラルネットワーク）の勾配（式 (4.28)）と同様に，真と予測ラベルの差を用いて表されます．

$$\frac{\partial \mathcal{E}}{\partial f(\mathbf{x})} = \frac{1}{N} \sum_{i=1}^N (p_i^{\text{tr}} - y_i^{\text{tr}})$$

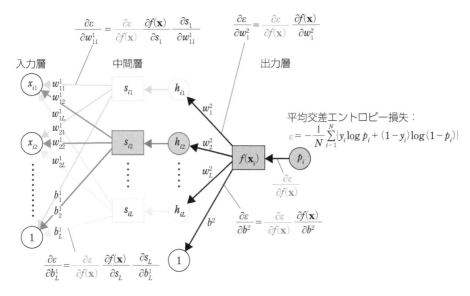

図 7.6 3層のニューラルネットワークのバックプロパゲーションの処理.

$$\frac{\partial \mathcal{E}}{\partial \mathbf{v}^2} = \frac{\partial \mathcal{E}}{\partial f(\mathbf{x})} \frac{\partial f(\mathbf{x})}{\partial \mathbf{v}^2} = \frac{1}{N} \sum_{i=1}^{N} \left(p_i^{\mathrm{tr}} - y_i^{\mathrm{tr}} \right) \mathbf{h}_i^{\mathrm{tr}} \tag{7.9}$$

式 (4.32) と同様に，式 (7.9) を行列ベクトルで表現すると，式 (7.10) のようになります.

$$\frac{\partial \mathcal{E}}{\partial \mathbf{v}^2} = \frac{1}{N} H^{\mathrm{tr}\top} \left(P^{\mathrm{tr}} - Y^{\mathrm{tr}} \right) \tag{7.10}$$

ここで，H^{tr} は $N \times (L+1)$ の行列です.

$$H^{\mathrm{tr}} = \begin{pmatrix} \mathbf{h}_1^{\mathrm{tr}} \\ \mathbf{h}_2^{\mathrm{tr}} \\ \vdots \\ \mathbf{h}_N^{\mathrm{tr}} \end{pmatrix} = \begin{pmatrix} h_{11}^{\mathrm{tr}} & h_{12}^{\mathrm{tr}} & \ldots & h_{1L}^{\mathrm{tr}} & 1 \\ h_{21}^{\mathrm{tr}} & h_{22}^{\mathrm{tr}} & \ldots & h_{2L}^{\mathrm{tr}} & 1 \\ \vdots & \vdots & \vdots & \vdots & 1 \\ h_{N1}^{\mathrm{tr}} & h_{N2}^{\mathrm{tr}} & \ldots & h_{NL}^{\mathrm{tr}} & 1 \end{pmatrix} \tag{7.11}$$

中間層と出力層の間の微分を，入力層と中間層の間の微分につなぐために，$f(\mathbf{x})$（式 (7.7)）を l 番目の中間ノード変数 h_l に関して微分します.

$$\frac{\partial f(\mathbf{x})}{\partial h_l} = \frac{\partial}{\partial h_l} \mathbf{h}\mathbf{v}^2 = w_l^2 \tag{7.12}$$

(2)　入力層と中間層の間の微分（シグモイド関数の場合）

活性化関数としてシグモイド関数（式 (7.1)）を用いた場合の h_l を s_l に関して微分します.

$$\frac{\partial h_l}{\partial s_l} = \frac{\partial}{\partial s_l} \frac{1}{1 + \exp(-s_l)}$$

$\Downarrow$ 分数の微分

$$= \frac{\exp(-s_l)}{\left(1 + \exp(-s_l)\right)^2}$$

$\Downarrow$ 部分分数分解

$$= \frac{1}{1 + \exp(-s_l)} - \frac{1}{\left(1 + \exp(-s_l)\right)^2}$$

$\Downarrow$ 式 (7.1) を利用

$$= h_l - h_l^2 = (1 - h_l)h_l \tag{7.13}$$

そして，式 (7.5) より $\frac{\partial s_l}{\partial \mathbf{v}_l^1} = \mathbf{z}^\top$ となり，式 (7.9)，式 (7.12) および式 (7.13) とチェインルールを用いると，平均交差エントロピー損失 $\mathcal{E}$ の，中間層の l 番目のノードと入力層の間のモデルパラメータベクトル $\mathbf{v}_l^1$ に関する微分は，以下のように求めることができます.

$$\frac{\partial \mathcal{E}}{\partial \mathbf{v}_l^1} = \frac{\partial \mathcal{E}}{\partial f(\mathbf{x})} \frac{\partial f(\mathbf{x})}{\partial h_l} \frac{\partial h_l}{\partial s_l} \frac{\partial s_l}{\partial \mathbf{v}_l^1}$$

$$= \frac{1}{N} \sum_{i=1}^{N} \left(p_i^{\mathrm{tr}} - y_i^{\mathrm{tr}}\right) w_l^2 (1 - h_{il}^{\mathrm{tr}}) h_{il}^{\mathrm{tr}} \mathbf{z}_i^{\mathrm{tr}\top}$$

$$= \frac{1}{N} Z^{\mathrm{tr}\top} \left\{ \left((P^{\mathrm{tr}} - Y^{\mathrm{tr}})w_l^2\right) \otimes (1 - H^{\mathrm{tr}}[:, l-1]) \otimes H^{\mathrm{tr}}[:, l-1] \right\} \tag{7.14}$$

ここで，記号 $\otimes$ はアダマール積（5.3.5 節），$H^{\mathrm{tr}}[:, l-1]$ は，3.1.5 節の `numpy.ndarray` のスライスと同じ参照方法を用いて，行列 H（式 (7.11)）の l 列目の N 次元の列ベクトルを意味します. さらに，式 (7.14) を，行列 V^1 に関する微分に拡張すると，式 (7.15) および図 **7.7** のように，$(D+1) \times L$

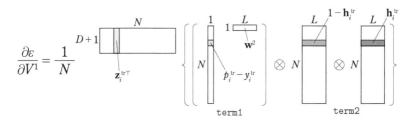

$$\frac{\partial \varepsilon}{\partial V^1} = \frac{1}{N}$$

図 7.7 平均交差エントロピー損失 $\mathcal{E}$ のベクトル V^1 に関する微分の行列表現（シグモイド関数の場合）.

の行列で表されます.

$$\frac{\partial \mathcal{E}}{\partial V^1} = \frac{1}{N} Z^{\mathrm{tr}\top} \left\{ \left((P^{\mathrm{tr}} - Y^{\mathrm{tr}}) \mathbf{w}^{2\top} \right) \right.$$
$$\left. \otimes (1 - H^{\mathrm{tr}}[:, :-1]) \otimes H^{\mathrm{tr}}[:, :-1] \right\} \tag{7.15}$$

ここで，先と同様に，スライスの参照方法を用いて $H^{\mathrm{tr}}[:, :-1]$ は，行列 H の 1 列目から L 列目までの $N \times L$ の行列を意味します.

(3) 入力層と中間層の間の微分（ReLU 関数の場合）

活性化関数として ReLU 関数（式 (7.2)）を用いた場合の h_l を s_l に関して微分します.

$$\frac{\partial h_l}{\partial s_l} = \begin{cases} 1 & s_l > 0 \\ 0 & s_l \leq 0 \end{cases} \tag{7.16}$$

そして，式 (7.5) より $\frac{\partial s_l}{\partial \mathbf{v}_l^1} = \mathbf{z}^\top$ となり，式 (7.9)，式 (7.12) および式 (7.13) と微分のチェインルールを用いると，平均交差エントロピー損失 $\mathcal{E}$ の，中間層の l 番目のノードと入力層の間のモデルパラメータベクトル $\mathbf{v}_l^1$ に関する微分は，以下のように求めることができます.

$$\frac{\partial \mathcal{E}}{\partial \mathbf{v}_l^1} = \frac{\partial \mathcal{E}}{\partial f(\mathbf{x})} \frac{\partial f(\mathbf{x})}{\partial h_l} \frac{\partial h_l}{\partial s_l} \frac{\partial s_l}{\partial \mathbf{v}_l^1}$$
$$= \frac{1}{N} \sum_{i=1}^{N} \left(p_i^{\mathrm{tr}} - y_i^{\mathrm{tr}} \right) w_l^2 M_{il} \mathbf{z}_i^{\mathrm{tr}\top}$$

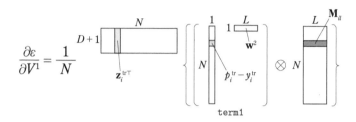

図 7.8　平均交差エントロピー損失 $\mathcal{E}$ のベクトル V^1 に関する微分の行列表現（ReLU 関数の場合）.

ここで，以下のように M は $N \times L$ の 0 か 1 の値を要素に持つ行列です．行列 M は要素ごとに，対応する勾配を隠す（値が 0 の場合）か隠さない（値が 1 の場合）かのマスク処理をしているため，行列 M をマスク行列といいます．

$$
M_{il} = \begin{cases} 1 & s_{il} > 0 \\ 0 & s_{il} \le 0 \end{cases} \tag{7.17}
$$

平均交差エントロピー損失 $\mathcal{E}$ のベクトル V^1 に関する微分に拡張すると，式 (7.18) および図 7.8 のように，$(D+1) \times L$ の行列で表されます．

$$
\frac{\partial \mathcal{E}}{\partial V^1} = \frac{1}{N} Z^{\mathrm{tr}\top} \left\{ (P^{\mathrm{tr}} - Y^{\mathrm{tr}}) \mathbf{w}^{2\top} \otimes M \right\} \tag{7.18}
$$

7.4　Python によるニューラルネットワークの実装

3 層のニューラルネットワークを実行する `neuralNetwork` クラスを実装してみましょう．以下の 9 個のメソッドを用意します．

1. コンストラクタ `__init__`：学習データの設定とモデルパラメータの初期化（code 7-1 参照）
2. `update`：バックプロパゲーション（式 (7.10)，式 (7.15) および式 (7.18)）を用いて，ニューラルネットワークのモデルパラメータを更新（code 7-2 参照）
3. `predict`：フォワードプロパゲーション（式 (7.6)，式 (7.7) および

式 (7.8)）を用いて，入力 $\mathbf{x}_i$ に対する出力 p_i を予測（code 7-3 参照）

4. `activation`：シグモイド関数（式 (7.1)）または ReLU 関数（式 (7.2)）による活性化（code 7-4 参照）
5. `accuracy`：式 (4.33) を用いて正解率を計算
6. `CE`：平均交差エントロピー損失 $\mathcal{E}(\mathbf{w}, b)$（式 (4.26)）の計算
7. `plotModel1D`：真値と予測値のプロット（入力ベクトルが 1 次元の場合）
8. `plotModel2D`：真値と予測値のプロット（入力ベクトルが 2 次元の場合）
9. `plotLoss`：学習と評価損失のプロット

以下，いくつか重要なメソッドの実装方法について説明します．

▶ **code7-1　コンストラクタ (neuralNetwork.py)**

```
1   # 1. 学習データの初期化
2   # X: 入力データ（データ数×次元数のnumpy.ndarray）
3   # Y: 出力データ（データ数×次元数のnumpy.ndarray）
4   # hDim: 中間層のノード数（整数スカラー）
5   # activeType: 活性化関数の種類（1:シグモイド関数，2:ReLU 関数）
6   def __init__(self,X,Y,hDim=10,activeType=1):
7       # 学習データの設定
8       self.xDim = X.shape[1]
9       self.yDim = Y.shape[1]
10      self.hDim = hDim
11
12      self.activeType = activeType
13
14      # パラメータの初期値の設定
15      self.w1 = np.random.normal(size=[self.xDim,self.hDim])
16      self.w2 = np.random.normal(size=[self.hDim,self.yDim])
17      self.b1 = np.random.normal(size=[1,self.hDim])
18      self.b2 = np.random.normal(size=[1,self.yDim])
19
20      # log(0)を回避するための微小値
21      self.smallV = 10e-8
```

モデルパラメータ $\mathbf{w}^1$，$\mathbf{w}^2$，b^1 および b^2 の初期値は，15〜18 行目にて，`np.random.normal` 関数（3.3.9 節および code 3-12）を用いて，正規分布に従いランダムに設定しています．

以下は，バックプロパゲーションを用いて，ニューラルネットワークのモ

デルパラメータを更新する update メソッドの実装です.

▶ code7-2　update メソッド (neuralNetwork.py)

```python
1    # 2. 最急降下法を用いてモデルパラメータの更新
2    # alpha: 学習率 (実数スカラー)
3    def update(self,X,Y,alpha=0.1):
4
5        # 行列X に「1」の要素を追加
6        dNum = len(X)
7        Z = np.append(X,np.ones([dNum,1]),axis=1)
8
9        # 予測
10       P,H,S = self.predict(X)
11
12       # 予測の差の計算
13       error = P - Y
14
15       # 各階層のパラメータの準備
16       V2 = np.concatenate([self.w2,self.b2],axis=0)
17       V1 = np.concatenate([self.w1,self.b1],axis=0)
18
19       # 入力層と中間層の間のパラメータの更新
20       if self.activeType == 1:  # シグモイド関数
21           term1 = np.matmul(error,self.w2.T)
22           term2 = term1 * (1-H) * H
23           grad1 = 1/dNum * np.matmul(Z.T,term2)
24
25       elif self.activeType == 2: # ReLU 関数
26           Ms = np.ones_like(S)
27           Ms[S<=0] = 0
28           term1 = np.matmul(error,self.w2.T)
29           grad1 = 1/dNum * np.matmul(Z.T,term1*Ms)
30
31       V1 -= alpha * grad1
32
33       # 中間層と出力層の間のパラメータの更新
34       # 行列X に「1」の要素を追加
35       H = np.append(H,np.ones([dNum,1]),axis=1)
36       grad2 = 1/dNum * np.matmul(H.T,error)
37       V2 -= alpha * grad2
38
39       # パラメータw1,b1,w2,b2 の決定
40       self.w1 = V1[:-1]
41       self.w2 = V2[:-1]
42       self.b1 = V1[[-1]]
```

```
43      self.b2 = V2[[-1]]
```

変形入力行列 Z^{tr}（式 (4.7)）は，7 行目にて，`numpy.ones` (code 3-1) と `numpy.concatenate` 関数（2.3.12 節）を用いて作成しています．

モデルパラメータ $\mathbf{v}^2$（式 (7.6)）と V^1（式 (7.4)）は，16〜17 行目にて，`numpy.concatenate` 関数を用いてモデルパラメータ $\mathbf{w}^2$ と b^2 および $\mathbf{w}^1$ と b^1 を連結することにより作成しています．

活性化関数がシグモイド関数の場合，平均交差エントロピー損失の入力層と中間層の間のモデルパラメータ V^1 に関する微分（式 (7.15)）は，20〜23 行目にて，`numpy.matmul` 関数 (code 3-4) を用いて計算しています．実装の過程で出てくる `term1` と `term2` は，図 7.7 に図示した項に対応しています．

同様に，活性化関数が ReLU 関数の場合，平均交差エントロピー損失の入力層と中間層の間のモデルパラメータ V^1 に関する微分（式 (7.18)）は，26〜29 行目にて計算しています．ここで，`term1` は，図 7.8 に図示した項に対応しています．

また，平均交差エントロピー損失の中間層と出力層の間のパラメータ $\mathbf{v}^2$ の微分（式 (7.10)）は，35〜36 行目にて，計算しています．

最後に，最急降下法を用いて，モデルパラメータ V^1 と $\mathbf{v}^2$ を 31 行目と 37 行目にて更新し，40〜43 行目にて，スライス (code 3-3) を用いて，$\mathbf{w}^2$, $\mathbf{w}^1$, b^2 および b^1 に変換しています．

以下は，フォワードプロパゲーションを用いて，入力 $\mathbf{x}_i$ に対する出力 p_i を予測する `predict` メソッドの実装です．

▶ **code7-3　predict メソッド (neuralNetwork.py)**

```
1   # 3. 予測
2   # X: 入力データ（データ数×次元数のnumpy.ndarray）
3   def predict(self,x):
4       s = np.matmul(x,self.w1) + self.b1
5       H = self.activation(s)
6       f_x = np.matmul(H,self.w2) + self.b2
7
8       return 1/(1+np.exp(-f_x)),H,s
```

式 (7.5) の入力層と中間層の間の線形和は，4 行目にて，`numpy.matmul` 関数 (code 3-4) を用いて計算しています．

シグモイド関数（式 (7.1)）または ReLU 関数（式 (7.2)）を用いた活性化は，5 行目にて `activation` メソッドを用いて実行しています．

中間層と出力層の間の線形和とシグモイド（式 (7.8)）は，6〜8 行目にて `numpy.matmul` と `numpy.exp` 関数を用いて計算をしています．

以下は，シグモイド関数または ReLU 関数を用いて活性化を行う `activation` メソッドの実装です．

▶ **code7-4　activation メソッド (neuralNetwork.py)**

```
1   # 4. 活性化関数
2   # s: 中間データ（データ数×次元数のnumpy.ndarray）
3   def activation(self,s):
4
5       if self.activeType == 1:  # シグモイド関数
6           h = 1/(1+np.exp(-s))
7
8       elif self.activeType == 2:  # ReLU 関数
9           h = s
10          h[h<=0] = 0
11
12      return h
```

活性化関数としてシグモイド関数 (activeType=1) を用いる場合，6 行目にて式 (7.1) を計算しています．一方，ReLU 関数 (activeType=2) を用いる場合，9〜10 行目にて式 (7.2) を計算しています．

7.4.1　ニューラルネットワークの実行

ニューラルネットワークの `neuralNetwork` クラスと，データ作成用の `data` クラスを用いて，2 層のニューラルネットワーク（ロジスティック回帰）では難しかった分類問題に，3 層のニューラルネットワークを適用してみましょう．

まず，`neuralNetwork` と `data` モジュールを読み込みます．

モジュールの読み込み (neuralNetworkMain.py)

```
import neuralNetworkMain as nn
import data
```

コード neuralNetwork.py は，以下の手順で実行します．

0. ハイパーパラメータの設定

ハイパーパラメータの設定 (neuralNetworkMain.py)

```
# 0. ハイパーパラメータの設定
dataType = 6        # データの種類
activeType = 2      # 活性化関数の種類
hDim = 20           # 中間層のノード数
alpha = 1           # 学習率
```

1. データの作成

データ生成用のコード data.py の classification クラスを myData としてインスタンス化し，makeData メソッドを用いてデータを作成します．本節では，正規分布を用いて生成した線形分離可能な人工データを用います．

- dataType=4 分類境界が「C」の形をしている人工データ
- dataType=5 1 つのカテゴリが複数の島で構成されている人工データ

dataType 変数を 4 または 5 に設定し makeData を実行します．

データの作成 (neuralNetworkMain.py)

```
# 1. データの作成
myData = data.classification(negLabel=0,posLabel=1)
myData.makeData(dataType=dataType)
```

2. データを学習と評価用に分割（4.1.7 節のステップ 2 参照）
3. 入力データの標準化（4.2.6 節のステップ 3 参照）
4. ニューラルネットワークの学習と評価

▶ **code7-5　ニューラルネットワークの学習と評価 (neuralNetworkMain.py)**

```
1   # 4. ニューラルネットワークの学習と評価
2   myModel = nn.neuralNetwork(Xtr,Ytr,hDim=hDim,activeType=activeType)
3
4   trLoss = []
5   teLoss = []
6   trAcc = []
7   teAcc = []
8
9   for ite in range(1001):
10      # 学習データの設定
11      Xbatch = Xtr
12      Ybatch = Ytr
13
14      # 損失と正解率の記録
15      trLoss.append(myModel.CE(Xtr,Ytr))
16      teLoss.append(myModel.CE(Xte,Yte))
17      trAcc.append(myModel.accuracy(Xtr,Ytr))
18      teAcc.append(myModel.accuracy(Xte,Yte))
19
20      # 評価の出力
21      if ite%100 == 0:
22          print(f"反復:{ite}")
23          print(f"平均交差エントロピー損失={myModel.CE(Xte,Yte):.2f}")
24          print(f"正解率={myModel.accuracy(Xte,Yte):.2f}")
25          print("----------------")
26
27      # パラメータの更新
28      myModel.update(Xbatch,Ybatch,alpha=alpha)
```

2行目にて，学習データ Xtr と Ytr を渡して neuralNetwork クラスを myModel としてインスタンス化しています．9行目以降，ループ処理を 1001 回繰り返します．各反復では以下の処理を行っています．

- 15〜16行目にて，学習データ X^{tr} と評価データ X^{te} に対する平均交差エントロピー損失を trLoss と teLoss に記録する．
- 17〜18行目にて，学習データ X^{tr} と評価データ X^{te} に対する正解率を trAcc と teAcc に記録する．
- 28行目にて，update メソッドを用いて，モデルパラメータ **w** と b を更新する．
- 21〜25行目にて，100 反復に1回のタイミングで，CE メソッドと

accuracy メソッドを実行し，評価データに対する平均交差エント
ロピー損失と正解率を標準出力する．

5. 真値と予測値のプロット（コード **neuralNetworkMain.py** 参照）
入力データの次元が 1 次元の場合は **plotModel1D** メソッド，2 次元の場
合は **plotModel2D** メソッドを用いて，学習データとニューラルネット
ワークの予測値 p_i（式 (7.8)）をプロットします．実行結果は，results フォ
ルダの「neuralNet_result_train_XXX.pdf」に保存されます．「XXX」の
部分は，データの種類 (dataType)，活性化関数の種類 (activeType)，中
間層のノード数 L および学習率 α の値が順番にアンダーバー「_」を挟
んで入ります．

6. 学習と評価損失のプロット（コード **neuralNetworkMain.py** 参照）
plotEval メソッドに，「ニューラルネットワークの学習と評価」
にて記録した平均交差エントロピー損失 **trLoss** と **teLoss**，また
は，正解率 **trAcc** と **teAcc** を渡して，プロットします．実行結果
は，results フォルダの「neuralNet_CE_XXX.pdf」または「neural-
Net_accuracy_XXX.pdf」に保存されます．「XXX」の部分は，データ
の種類 (dataType)，活性化関数の種類 (activeType)，中間層のノード
数 L および学習率 α の値が順番にアンダーバー「_」を挟んで入ります．

7.4.2 ニューラルネットワークの実行結果

レポジトリ MLBook の codes ディレクトリに移動し，コード neuralNet
workMain.py を実行しましょう．実行すると，以下のように学習したモデ
ルパラメータの値と評価データ $\mathcal{D}^{\mathrm{te}}$ に対する平均交差エントロピー損失およ
び正解率が表示されます．

```
# 反復：0
# 平均交差エントロピー損失=1.60
# 正解率=0.50
----------------
〜省略〜
----------------
# 反復：1000
# 平均交差エントロピー損失=0.01
# 正解率=1.00
```

```
----------------
```

図 7.9 は，データの種類 dataType が 4（境界線が「C」の形）または
5（複数の島）のときの，2 層 (logisticRegressionMain.py) と 3 層
のニューラルネットワーク (neuralnetworkMain.py) の結果のプロット
（ファイル「results/logistic_result_train_XXX.pdf」または「results/neural-
Net_result_train_XXX.pdf」）です．3 層のニューラルネットワークに関し
ては，活性化関数をシグモイド関数 (activeType=1) または ReLU 関数
(activeType=2) に設定し，中間層のノード数を $L = 20$ とし，結果を比
較しています．

活性化関数として，シグモイド関数または ReLU 関数を用いたニューラ
ルネットワークは，どちらも識別境界を曲線で表現でき，2 層のニューラル
ネットワーク（ロジスティック回帰）では難しい複雑な分類問題を精度よく
解くことができていることがわかります．

図 7.10 は，3 層ニューラルネットワークの学習データおよび評価データ
に対する平均交差エントロピー損失の推移（学習曲線）のプロット（ファイ
ル「results/neuralNet_CE_XXX.pdf」）です．

活性化により，中間層の値 $h \in \{0,1\}$ に抑えられるシグモイド関数
（式 (7.1)）に対し，正の値に関しては抑えのない ReLU 関数（式 (7.2)）の
ほうが勾配が大きくなる傾向があるため，学習が早く進んでいることがわか
ります．

7.5　ニューラルネットワークの課題と拡張

ニューラルネットワークには，中間層のニューロンの数 L，学習率 α およ
び学習データ数などさまざまなハイパーパラメータが存在します．これらの
ハイパーパラメータの設定はニューラルネットワークの性能を大きく左右し
ます．本節では，ハイパーパラメータによる性能劣化の課題とその課題を緩
和するための学習上の工夫をいくつか紹介します．

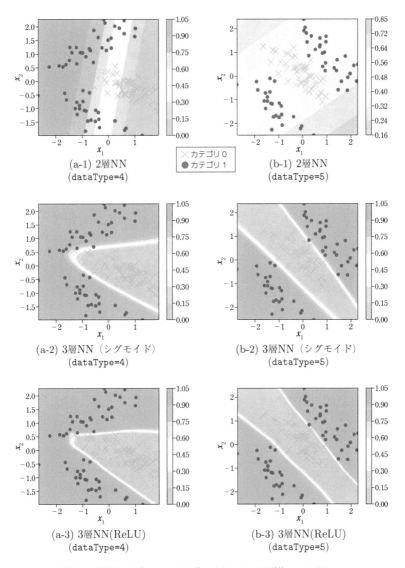

図 7.9　学習データとニューラルネットワークの予測値 p_i のグラフ.

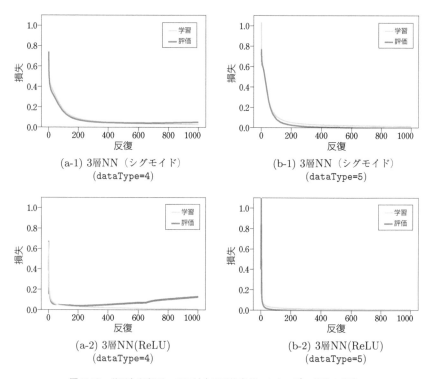

(a-1) 3層NN（シグモイド）
(dataType=4)

(b-1) 3層NN（シグモイド）
(dataType=5)

(a-2) 3層NN(ReLU)
(dataType=4)

(b-2) 3層NN(ReLU)
(dataType=5)

図 7.10　学習と評価データに対する平均交差エントロピー損失の推移.

7.5.1　過学習

　中間層のニューロン数 L を増やすにつれてモデルとしての表現力が向上します. 一方, 表現力の高さゆえに学習データに過適合し, 学習データに含まれるノイズや, 学習データと評価データの分布の差異により, 評価データでの誤差や精度が悪化する**過学習** (over-fitting) の問題が起こります.

　図 7.11 は, 分類境界が「C」の形の場合 (`dataType=4`) の学習データにノイズ（座標 $(-1, -1)$ と $(-1.5, -1.5)$ あたりに「×」）を追加したデータ (`dataType=6`) で, 活性化関数として ReLU を用いて, 中間層のノード数を $L \in \{5, 10, 50\}$ と変えて学習した場合の分類境界と学習曲線です. 中間層のノード数が $L = 5$ のときは, 表現力が低いためノイズにまったく反応していませんが, ノード数 L を増やすにつれ, 徐々にノイズに反応し, ノイズを

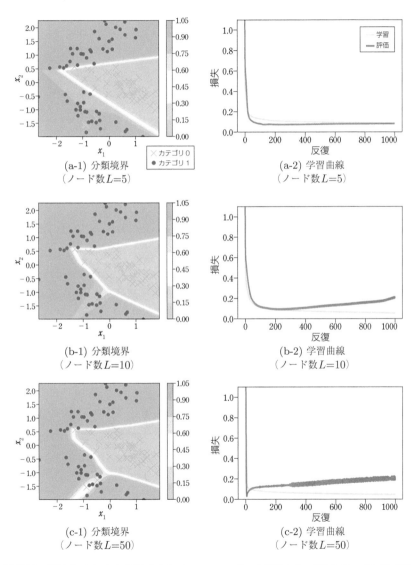

図 7.11 学習データにノイズがあるとき（dataType=6），中間層のノード数を $L \in \{5, 10, 50\}$ と変えて学習した場合の分類境界と学習曲線.

「×」の青い領域に入れようとしていることがわかります．そして，この過学習により，ノイズのない評価データに対する平均交差エントロピー損失が増大していることがわかります．

7.5.2　ドロップアウト

　このような過学習の問題を緩和するために，4.1.12 節にて学んだように，線形モデルでは最適化問題にモデルパラメータ **w** の L2 ノルムを制約として付加した **L2 ノルム正則化**がよく用いられます．しかし，3 層のニューラルネットワークなど多層化したニューラルネットワークでは，モデルパラメータが各層間に存在するため，L2 ノルム正則化の入れ方が複雑になってしまいます．

　そのため，多層のニューラルネットワークでは，L2 ノルム正則化ではなく，**ドロップアウト**（dropout）[37] が標準的に用いられます．ドロップアウトは，学習時の各反復で，3.3.2 節にて学んだベルヌーイ分布 $\mathrm{Bern}(h; \mathrm{rate})$ を用いて中間層のノード h をランダムに選択します．ここで，$\mathrm{rate} \in (0, 1]$ は，あらかじめ設定されたノードの選択確率です．選択されなかった中間層のノードは，図 7.12 の h_{i2} のように，一時的にネットワークから切断された状態となり，フォワードプロパゲーションでは用いられません．また，バッ

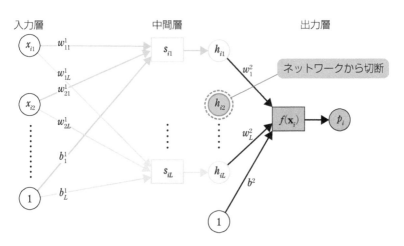

図 7.12　ドロップアウトのイメージ．

クプロパゲーションでは，切断されたノードに連結されているエッジのパラメータの更新を行いません．

このように，フォワードおよびバックプロパゲーションにて用いる中間層のノード数をランダムかつ一時的に減らすことにより，ドロップアウトでは，モデルの表現力を落とした状態で学習を行い，過学習を回避します．

7.5.3　Python によるドロップアウトの実装

ドロップアウトを neuralNetwork クラスに実装してみましょう．以下のドロップアウト用の update および predict メソッドをクラスに追加します．

● predictDropout :

▶ **code7-6　predictDropout メソッド (neuralNetwork.py)**

```
1   # 3.1. 予測
2   # X: 入力データ（データ数×次元数のnumpy.ndarray）
3   # rate: ノードの選択確率（実数スカラー）
4   def predictDropout(self,x,rate):
5       # ドロップアウト用のマスクの作成
6       M = np.random.binomial(1,rate,size=[len(x),self.hDim])
7
8       s = np.matmul(x,self.w1) + self.b1
9       H = self.activation(s) * M
10      f_x = np.matmul(H,self.w2) + self.b2
11
12      return 1/(1+np.exp(-f_x)),H,s,M
```

6 行目にて，選択確率 rate のベルヌーイ分布 numpy.random.binomial 関数（3.3.2 節）を用いて，ノードを選択します．具体的には，選択したノードを「1」，選択しないノードを「0」とするマスク行列 M を作成し，9 行目にて中間層ノード H に掛けています．

● updateDropout :

▶ **code7-7　updateDropout メソッド (neuralNetwork.py)**

```
1    # 2.1 最急降下法を用いてモデルパラメータの更新
2    # alpha: 学習率（実数スカラー）
3    # rate: ノードの選択確率（実数スカラー）
4    def updateDropout(self,X,Y,alpha=0.1,rate=1.0):
5
6        # 行列X に「1」の要素を追加
7        dNum = len(X)
8        Z = np.append(X,np.ones([dNum,1]),axis=1)
9
10       # 予測
11       P,H,S,Md = self.predictDropout(X,rate=rate)
12
13       # 予測の差の計算
14       error = P - Y
15
16       # 各階層のパラメータの準備
17       V2 = np.concatenate([self.w2,self.b2],axis=0)
18       V1 = np.concatenate([self.w1,self.b1],axis=0)
19
20       # 入力層と中間層の間のパラメータの更新
21       if self.activeType == 1:  # シグモイド関数
22           term1 = np.matmul(error,self.w2.T)
23           term2 = term1 * (1-H) * H
24           grad1 = 1/dNum * np.matmul(Z.T,term2)
25
26       elif self.activeType == 2: # ReLU 関数
27           # マスクの作成
28           Ms = np.ones_like(S)
29           Ms[S<=0] = 0
30
31           term1 = np.matmul(error,self.w2.T) * Md
32           grad1 = 1/dNum * np.matmul(Z.T,term1*Ms)
33
34       V1 -= alpha * grad1
35
36       # 中間層と出力層の間のパラメータの更新
37       # 行列X に「1」の要素を追加
38       H = np.append(H,np.ones([dNum,1]),axis=1)
39       grad2 = 1/dNum * np.matmul(H.T,error)
40       V2 -= alpha * grad2
```

11 行目の predictDropout メソッドからの返り値のマスク適用済みの H とマスク Md を，23 行目と 31 行目にて，入力層と中間層間のモデルパラ

メータの勾配に適用します．また，39行目にて，中間層と出力層の間のモデルパラメータの勾配にも適用しています．これにより，選択されたノードの勾配はそのままで，選択されなかったノードの勾配は「0」に設定されます．

ドロップアウトを実行をするために，コード neuralNetworkMain.py のモデルパラメータの更新部分を以下のように変更します．

変更前 (neuralNetworkMain.py)

```
# パラメータの更新
myModel.update(Xbatch,Ybatch,alpha=alpha)
```

変更後 (neuralNetworkMain.py)

```
# パラメータの更新
myModel.updateDropout(Xbatch,Ybatch,alpha=alpha,rate=rate)
```

図 7.13 は，図 7.11 と同様の設定で，ノードの選択確率 rate=0.5 のドロップアウトを用いて学習した分類境界および学習曲線のプロットです．学習データのノイズへの過学習が緩和されていることがわかります．

7.5.4　大量のパラメータと学習データ

多層のニューラルネットワークはパラメータ数が膨大になります．各層のニューロンが全結合している**全結合ニューラルネットワーク** (fully-connected neural network) のパラメータ数は，以下のようになります．

(3層の全結合ニューラルネットワークのパラメータ数)

$$\text{パラメータ数} = (D+1) \times L + (L+1) \times O \tag{7.19}$$

D は入力ベクトルの次元数，L は中間層のノード数，O は出力の次元数である．

後述する MNIST の手描き文字画像分類では，入力次元数が $D = 784$，出力の次元数が $O = 10$ なので，例えば中間層が $L = 100$ だとすると，3層でも

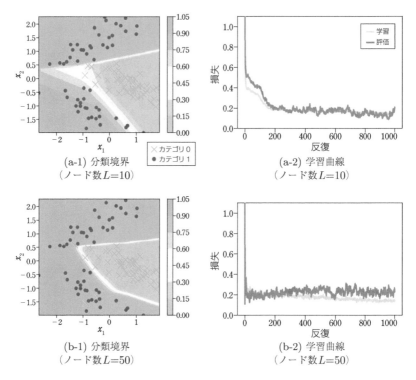

図 7.13　学習データにノイズがあるとき（`dataType=6`），ドロップアウトを用いて，中間層のノード数を $L \in \{10, 50\}$ と変えて学習した場合の分類境界と学習曲線．

パラメータ数は 79510 個にもなることがわかります．

　さて，このような大量のパラメータを学習するためには，大量の学習データが必要になります．しかし，バックプロパゲーションのように反復的にパラメータを更新する方法では，学習データが大きい場合に，各反復にて勾配の計算に時間がかかる問題があります．

7.5.5 ミニバッチ

　大量の学習データを用いて効率よくニューラルネットワークを学習するために，学習データを**ミニバッチ**（minibatch）と呼ばれる所定の大きさ B のグループに分割する**ミニバッチ学習**がよく用いられます．以下はミニバッチ

学習の手順です.

手順1 学習データ $\mathcal{D}^{\mathrm{tr}} = \{X^{\mathrm{tr}}, Y^{\mathrm{tr}}\}$ のインデックスのベクトル $\mathbf{i} = (0, 1, 2, \ldots, N-1)$ をランダムにシャッフルした $\mathbf{i}'$ を作成し, バッチインデックス b を 0 に初期化 $(b = 0)$ する.

手順2 バッチインデックスが全データ数以上 $(b + B \geq N)$ の場合, 手順1 に戻る.

手順3 各反復にて, $\{X^{\mathrm{tr}}[\mathbf{i}'[b:b+B]], Y^{\mathrm{tr}}[\mathbf{i}'[b:b+B]]\}$ を学習データに設定する.

手順4 バッチインデックスを更新 $b \leftarrow b + B$

ミニバッチ学習では, 学習データが一巡するたびに, ランダムに学習データのインデックス $\mathbf{i}$ をシャッフルしていることがわかります. このデータが一巡するまでの反復回数のことを**エポック**といい, 学習の回数を表す単位として, 反復の回数とともに, エポックの回数がよく用いられます.

7.5.6 Python によるミニバッチの実装

`neuralNetworkMain.py` のモデルパラメータの更新部分を以下のように変更し, ミニバッチを実装してみましょう.

変更前 (neuralNetworkMain.py)

```
for ite in range(1001):
    # 学習データの設定
    Xbatch = Xtr
    Ybatch = Ytr
```

▶ **code7-8 変更後 (neuralNetworkMainFull.py)**

```
1  # バッチのインデックス
2  batchInd = 0
3
4  for ite in range(1001):
5      # インデックスのシャッフルと初期化
6      if (ite==0) or (batchInd+batchSize>=dtrNum):
7          randInd = np.random.permutation(dtrNum)
8          batchInd = 0
```

```
 9
10        # ミニバッチの作成
11        Xbatch = Xtr[randInd[batchInd:batchInd+batchSize]]
12        Ybatch = Ytr[randInd[batchInd:batchInd+batchSize]]
13        batchInd += batchSize
```

7〜8 行目にて，`numpy.random.permutation`（2.3.18 節）を用いて，学習データのインデックス i をランダムにシャッフルした i'(`randInd`) を作成し，バッチインデックス b (`batchInd`) を「0」に初期化（手順 1 と手順 2）しています．

11〜12 行目にて，スライス (code 3-3) を用いて，`randInd` の b (`batchInd`) から $b + B$ (`batchInd+batchSize`) までの範囲のインデックスの学習データ（`Xtr` と `Ytr`）を参照し，ミニバッチ（`Xbatch` と `Ybatch`）を作成しています（手順 3）.

13 行目にて，バッチインデックス `batchInd` を更新しています（手順 4）.

7.5.7　学習率の設定

バックプロパゲーションによる学習の速度は，学習率 α の設定に左右されます．しかし，適切な学習率は学習過程で動的に変化していくと考えられています．例えば，最小化したい目的関数 $\mathcal{E}(w)$ が図 3.13 のような 3 次関数の形をしていた場合，関数 $\mathcal{E}(w)$ の接線に対応する勾配はモデルパラメータ $w < -0.25$ または $w > 0.25$ の範囲では大きいものの，$-0.25 \leq w \leq 0.25$ では非常に小さい（0 に近い）値をとることがわかります．このような場合に，式 (7.20) のように固定の学習率 α を用いた勾配法によりモデルパラメータ w を更新するとどうなるでしょうか．

$$w^{(t+1)} = w^{(t)} - \alpha\frac{\partial\mathcal{E}(w^{(t)})}{\partial w} \tag{7.20}$$

例えば，$\alpha = 1.0$ などを用いてモデルパラメータ w を更新すると，$-0.25 \leq w \leq 0.25$ の範囲にて，学習が非常に遅くなってしまいます．一方，$-0.25 \leq w \leq 0.25$ の範囲に合わせて，学習率を大きく $\alpha = 1000$ などのように設定すると $w < -0.25$ または $w > 0.25$ の範囲にて更新幅が大きくなりすぎて，学習が不安定になる可能性があります．

7.5.8　Adam

　学習率を動的に設定するための代表的な方法に **Adam** [27] があります. Adam では, 過去の勾配の系列 $\ldots \frac{\partial \mathcal{E}(w^{(t-2)})}{\partial w}, \frac{\partial \mathcal{E}(w^{(t-1)})}{\partial w}, \frac{\partial \mathcal{E}(w^{(t)})}{\partial w}$ の平均 $\widehat{m^{(t)}}$ と分散 $\widehat{V^{(t)}}$ を用いて, 以下のようにモデルパラメータ w を更新します.

$$w^{(t+1)} = w^{(t)} - \frac{\alpha}{\sqrt{\widehat{V^{(t)}}}} \widehat{m^{(t)}} \tag{7.21}$$

ここで, 学習率は元々の学習率 α を分散で割った形 $\frac{\alpha}{\sqrt{\widehat{V^{(t)}}}}$ になっていることがわかります.

　これにより, 図 3.13 のような目的関数 $\mathcal{E}(w)$ の範囲 $-0.25 \le w \le 0.25$ では, 勾配が 0 に近い値を取り続けるため, 勾配の二乗和に対応する分散 $\widehat{V^{(t)}}$ がより小さい値をとるため, 学習率 $\frac{\alpha}{V^{(t)}}$ が非常に大きな値をとり, 停滞しそうな学習を加速させることができます.

　一方, $w < -0.25$ または $w > 0.25$ の範囲では, 勾配が大きく変化するため, 学習率 $\frac{\alpha}{V^{(t)}}$ は小さい値をとり, 飛ばしすぎな学習にブレーキをかけることができます.

　Adam では, 各反復にて勾配の平均 $m^{(t)}$ および分散 $V^{(t)}$ を以下のように逐次的に推定します [27].

$$m^{(t)} = \beta m^{(t-1)} + (1-\beta)\frac{\partial \mathcal{E}(w^{(t)})}{\partial w}$$

$$V^{(t)} = \beta V^{(t-1)} + (1-\beta)\left(\frac{\partial \mathcal{E}(w^{(t)})}{\partial w}\right)^2$$

$$\widehat{m^{(t)}} = \frac{m^{(t)}}{1-\beta}$$

$$\widehat{V^{(t)}} = \frac{V^{(t)}}{1-\beta} \tag{7.22}$$

ここで, β は過去と現在の勾配のバランスをとるための重み係数です. また, $m^{(0)}$ と $V^{(0)}$ の初期値は 0 に設定されます.

7.5.9　Python による Adam の実装

`neuralNetwork` クラスにて, Adam を実行するための拡張を行いましょ

う．まず，コンストラクタにて，それぞれの階層の勾配の平均と分散の初期化を行います．

▶ **code7-9　コンストラクタの拡張 (neuralNetwork.py)**

```
1   # 1. 学習データの初期化
2   # X: 入力データ（データ数×次元数のnumpy.ndarray）
3   # Y: 出力データ（データ数×次元数のnumpy.ndarray）
4   # hDim: 中間層のノード数（整数スカラー）
5   # activeType: 活性化関数の種類（1:シグモイド関数，2:ReLU 関数）
6   def __init__(self,X,Y,hDim=10,activeType=1):
7
8      〜 省略 〜
9
10     # Adam のパラメータ初期化
11     # 入力と中間層の間
12     self.grad1m = np.zeros([self.xDim+1,self.hDim])
13     self.grad1V = np.zeros([self.xDim+1,self.hDim])
14
15     # 中間と出力層の間
16     self.grad2m = np.zeros([self.hDim+1,self.yDim])
17     self.grad2V = np.zeros([self.hDim+1,self.yDim])
```

12〜13 行目および 16〜17 行目にて，`numpy.zeros` 関数 (code 3-1) を用いて，各層の Adam のパラメータ $m_1^{(0)}$ と $m_2^{(0)}$（`self.grad1m`, `self.grad2m`）および $V_1^{(0)}$ と $V_2^{(0)}$（`self.grad1V`, `self.grad2V`）を初期化しています．

Adam 用の `update` メソッドである `updateAdam` メソッドは以下のようになります．

▶ **code7-10　updateAdam メソッド (neuralNetwork.py)**

```
1   # 2.2. 最急降下法を用いてモデルパラメータの更新
2   # alpha: 学習率（スカラー）
3   # rate: ドロップアウトの割合（実数スカラー）
4   # beta: Adam の重み係数（実数スカラー）
5   def updateAdam(self,X,Y,alpha=0.1,rate=1.0,beta=0.5):
6
7      〜省略〜
8
9      #--------------------
10     # Adam によるパラメータの更新
```

```
11      self.grad1m = beta * self.grad1m + (1-beta) * grad1
12      self.grad1V = beta * self.grad1V + (1-beta) * grad1**2
13      mhat = self.grad1m/(1-beta)
14      Vhat = self.grad1V/(1-beta)
15
16      V1 -= alpha * mhat/(np.sqrt(Vhat)+self.smallV)
17      #-------------------
18
19      # 中間層と出力層の間のパラメータの更新
20      # 行列X に「1」の要素を追加
21      H = np.append(H,np.ones([dNum,1]),axis=1)
22      grad2 = 1/dNum * np.matmul(H.T,error)
23
24      #-------------------
25      # Adam によるパラメータの更新
26      self.grad2m = beta * self.grad2m + (1-beta) * grad2
27      self.grad2V = beta * self.grad2V + (1-beta) * grad2**2
28      mhat = self.grad2m/(1-beta)
29      Vhat = self.grad2V/(1-beta)
30
31      V2 -= alpha * mhat/(np.sqrt(Vhat)+self.smallV)
32      #-------------------
33
34      〜省略〜
```

11〜14 行目および 26〜29 行目にて,式 (7.22) の $m^{(t)}$ と $V^{(t)}$ の更新,および平均 $\widehat{m^{(t)}}$ と分散 $\widehat{V^{(t)}}$ の推定を行っています.そして,16 行目と 31 行目にて,式 (7.21) を用いて,各層のモデルパラメータ V^1 と $\mathbf{v}^2$ の更新を行っています.

7.6 多クラス分類への応用

これまで紹介したニューラルネットワークの出力は 1 次元で,カテゴリ+1 に属する確率 p_i に対応していました.しかし,手描き文字の画像分類,物体検出などの実際の問題は,複数のカテゴリの分類が必要とされます.そこで,本節では,ニューラルネットワークを**多クラス分類**に拡張します.

7.6.1 中間層と出力層の間のパラメータ

ニューラルネットワークの 1 次元の出力 $f(\mathbf{x})$ を，図 7.14 のように，多次元に拡張するために，中間層と出力層の間のパラメータ $\mathbf{v}^2$ を以下のように行列に拡張します.

$$
V^2 = (\mathbf{v}_1^2, \mathbf{v}_2^2, \ldots, \mathbf{v}_O^2) = \begin{pmatrix} w_{11}^2 & w_{12}^2 & \ldots & w_{1O}^2 \\ w_{21}^2 & w_{22}^2 & \ldots & w_{2O}^2 \\ \vdots & \vdots & \vdots & \vdots \\ w_{L1}^2 & w_{L2}^2 & \ldots & w_{LO}^2 \\ b_1^2 & b_2^2 & \ldots & b_O^2 \end{pmatrix} \tag{7.23}
$$

ここで，O は出力の次元数（カテゴリ数）に対応しています.

そして，中間層のベクトル $\mathbf{h}_l$ と行列 V^2 を掛けると，各出力 $f_1(\mathbf{x}), f_2(\mathbf{x}), \ldots, f_O(\mathbf{x})$ の線形和を一括で計算できます.

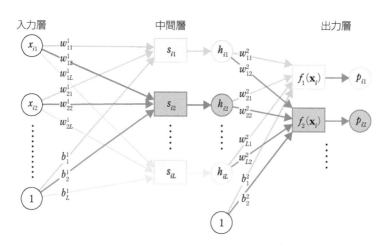

図 7.14 多クラス分類用のニューラルネットワーク.

$$
\mathbf{h}_i V^2 = (h_{i1}, h_{i2}, \ldots, h_{iL}, 1)
\begin{pmatrix}
w_{11}^2 & w_{12}^2 & \cdots & w_{1O}^2 \\
w_{21}^2 & w_{22}^2 & \cdots & w_{2O}^2 \\
\vdots & \vdots & \vdots & \vdots \\
w_{L1}^2 & w_{L2}^2 & \cdots & w_{LO}^2 \\
b_1^2 & b_2^2 & \cdots & b_L^2
\end{pmatrix}
$$

$$
= (f_1(\mathbf{x}_i), f_2(\mathbf{x}_i), \ldots, f_O(\mathbf{x}_i))
$$

7.6.2 ソフトマックス関数による確率値への変換

複数の出力値 $(f_1(\mathbf{x}_i), f_2(\mathbf{x}_i), \ldots, f_O(\mathbf{x}_i))$ を確率値 $(p_{i1}, p_{i2}, \ldots, p_{io})$ に変換するために，**ソフトマックス関数**（softmax function）を用います．

（ソフトマックス関数）

$$
p_{io} = \frac{\exp(f_o(\mathbf{x}_i))}{\sum_{o'=1}^{O} \exp(f_{o'}(\mathbf{x}_i))} \tag{7.24}
$$

ソフトマックス関数により，出力値 $f_1(\mathbf{x}), f_2(\mathbf{x}), \ldots, f_O(\mathbf{x})$ の指数の総和と，それぞれの指数の比をとり，確率に変換できます．

7.6.3 多クラス分類用の平均交差エントロピー損失

平均交差エントロピー損失（式 (4.26)）を多クラスに拡張します．

（多クラス分類用の平均交差エントロピー損失の最小化）

$$
\min_{V^1, V^2} \ \mathcal{E}(V^1, V^2) \equiv -\frac{1}{N} \sum_{i=1}^{N} \sum_{o=1}^{O} t_{io}^{\mathrm{tr}} \log p_{io}^{\mathrm{tr}} \tag{7.25}
$$

ここで，$\mathbf{t}_i = (t_{i1}, t_{i2}, \ldots, t_{iO})$ は，入力ベクトル $\mathbf{x}_i$ が属しているカテゴリが「1」で，それ以外は「0」の値をとる，**one-hot 表現**と呼ばれるラベルの教師データです．例えば，全体のカテゴリ数 $O = 5$ で，入力ベクトル $\mathbf{x}_i$ がカテゴリ 2 に属している場合の one-hot 表現の教師データは以下のようになります．

$$
\mathbf{t}_i = (0, 1, 0, 0, 0) \tag{7.26}
$$

式 (7.24) を，多クラス分類用の平均交差エントロピー損失（式 (7.25)）に代入すると，以下のようになります．

$$
\mathcal{E} = -\frac{1}{N} \sum_{i=1}^{N} \sum_{o=1}^{O} t_{io}^{\mathrm{tr}} \left\{ f_o(\mathbf{x}_i^{\mathrm{tr}}) - \log \sum_{o'=1}^{O} \exp\left(f_{o'}(\mathbf{x}_i^{\mathrm{tr}})\right) \right\}
$$

$$
= -\frac{1}{N} \sum_{i=1}^{N} \left\{ \sum_{o=1}^{O} t_{io}^{\mathrm{tr}} f_o(\mathbf{x}_i^{\mathrm{tr}}) - \sum_{o=1}^{O} t_{io}^{\mathrm{tr}} \log \sum_{o'=1}^{O} \exp\left(f_{o'}(\mathbf{x}_i^{\mathrm{tr}})\right) \right\}
$$

$$
\Downarrow \sum_{o=1}^{O} t_{io}^{\mathrm{tr}} = 1 \ \text{より}
$$

$$
= -\frac{1}{N} \sum_{i=1}^{N} \left\{ \sum_{o=1}^{O} t_{io}^{\mathrm{tr}} f_o(\mathbf{x}_i^{\mathrm{tr}}) - \log \sum_{o'=1}^{O} \exp\left(f_{o'}(\mathbf{x}_i^{\mathrm{tr}})\right) \right\} \tag{7.27}
$$

7.6.4　多クラス分類用の平均交差エントロピー損失の勾配

1 次元出力の場合と同様に，微分のチェインルールを用いて，上層の勾配情報を再利用しながら各モデルパラメータの勾配を求めます（図 **7.15**）．

多クラス分類用の平均交差エントロピー損失 $\mathcal{E}$（式 (7.27)）を，出力 $f_o(\mathbf{x})$ に関して微分します．

$$
\frac{\partial \mathcal{E}}{\partial f_o(\mathbf{x}^{\mathrm{tr}})} = -\frac{1}{N} \sum_{i=1}^{N} \left\{ t_{io}^{\mathrm{tr}} - \frac{\exp\left(f_o(\mathbf{x}_i^{\mathrm{tr}})\right)}{\sum_{o'=1}^{O} \exp\left(f_{o'}(\mathbf{x}_i^{\mathrm{tr}})\right)} \right\}
$$

$$
\Downarrow \text{式 (7.24) より}
$$

$$
= \frac{1}{N} \sum_{i=1}^{N} \left(p_{io}^{\mathrm{tr}} - t_{io}^{\mathrm{tr}} \right) \tag{7.28}
$$

1 次元出力の場合と同様に，勾配が真のラベル t_{io}^{tr} と予測 p_{io}^{tr} の差に対応していることがわかります．微分のチェインルールを用いて，中間層と出力層の間のモデルパラメータ $\mathbf{v}_o^2$ に関する微分は以下のようになります．

$$
\frac{\partial \mathcal{E}}{\partial \mathbf{v}_o^2} = \frac{\partial \mathcal{E}}{\partial f_o(\mathbf{x})} \frac{\partial f_o(\mathbf{x})}{\partial \mathbf{v}_o^2} = \frac{1}{N} \sum_{i=1}^{N} \left(p_{io}^{\mathrm{tr}} - t_{io}^{\mathrm{tr}} \right) \mathbf{h}_i^{\mathrm{tr}} \tag{7.29}
$$

したがって，多クラス分類用の平均交差エントロピー損失の中間層と出力層間のモデルパラメータ V^2 に関する微分は，以下のように $(L+1) \times O$ の

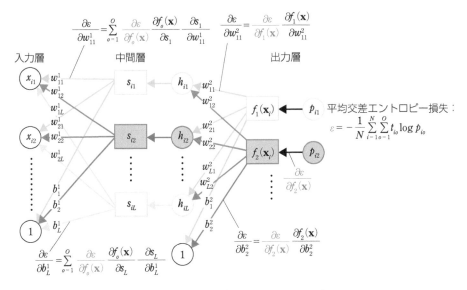

図 7.15 多クラス分類用の 3 層ニューラルネットワークのバックプロパゲーション.

行列で表現されます.

$$\frac{\partial \mathcal{E}}{\partial V^2} = \frac{1}{N} H^{\text{tr}\top}(P^{\text{tr}} - T^{\text{tr}}) \tag{7.30}$$

ここで，T^{tr} および P^{tr} はともに以下のような $N \times O$ の行列で，式 (7.30) を図示すると，**図 7.16** のようになります.

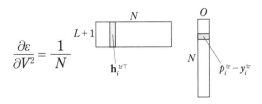

図 7.16 多クラス分類用の平均交差エントロピー損失 $\mathcal{E}$ のベクトル V^2 に関する微分の行列表現.

$$P^{\mathrm{tr}} = \begin{pmatrix} p_{11}^{\mathrm{tr}} & p_{12}^{\mathrm{tr}} & \cdots & p_{1O}^{\mathrm{tr}} \\ p_{21}^{\mathrm{tr}} & p_{22}^{\mathrm{tr}} & \cdots & p_{2O}^{\mathrm{tr}} \\ \vdots & \vdots & \vdots & \vdots \\ p_{N1}^{\mathrm{tr}} & p_{N2}^{\mathrm{tr}} & \cdots & p_{NO}^{\mathrm{tr}} \end{pmatrix}$$

$$T^{\mathrm{tr}} = \begin{pmatrix} t_{11}^{\mathrm{tr}} & t_{12}^{\mathrm{tr}} & \cdots & t_{1O}^{\mathrm{tr}} \\ t_{21}^{\mathrm{tr}} & t_{22}^{\mathrm{tr}} & \cdots & t_{2O}^{\mathrm{tr}} \\ \vdots & \vdots & \vdots & \vdots \\ t_{N1}^{\mathrm{tr}} & t_{N2}^{\mathrm{tr}} & \cdots & t_{NO}^{\mathrm{tr}} \end{pmatrix} \tag{7.31}$$

多クラス分類用の平均交差エントロピー損失の中間層と出力層間のモデルパラメータ V^2 に関する微分（式 (7.30)）では，1 次元出力の場合の微分（式 (7.10)）のラベルを格納する教師データ Y^{tr} が one-hot 表現ベクトルを格納する行列 T^{tr} に変更されただけであることがわかります．

　したがって，図 7.15 のように微分のチェインルールを用いて，入力層と中間層の間のモデルパラメータ V^1 に関する多クラス分類用の平均交差エントロピー損失 $\mathcal{E}$ の微分を求めると，以下のように 1 次元出力の場合と同様の形になります．

(1)　入力層と中間層の間の微分（シグモイド関数の場合）
式 (7.15) の Y^{tr} を T^{tr} に置き換えた形になります．

$$\frac{\partial \mathcal{E}}{\partial V^1} = \frac{1}{N} Z^{\mathrm{tr}\top} \big\{ \big((P^{\mathrm{tr}} - T^{\mathrm{tr}})\mathbf{w}^{2\top}\big)$$
$$\otimes (1 - H^{\mathrm{tr}}[:, :-1]) \otimes H^{\mathrm{tr}}[:, :-1] \big\} \tag{7.32}$$

(2)　入力層と中間層の間の微分（ReLU 関数の場合）
同様に，式 (7.18) の Y^{tr} を T^{tr} に置き換えた形になります．

$$\frac{\partial \mathcal{E}}{\partial V^1} = \frac{1}{N} Z^{\mathrm{tr}\top} \big\{ (P^{\mathrm{tr}} - T^{\mathrm{tr}})\mathbf{w}^{2\top} M \big\} \tag{7.33}$$

7.6.5　Python による多クラス分類用のニューラルネットワークの実装
　ニューラルネットワークの `neuralNetwork` クラスを多クラス分類に対応させましょう．式 (7.30)，式 (7.32) および式 (7.33) にて確認したように，

多クラス出力時の勾配は，1 次元出力時の勾配のうちラベルを格納する教師データ Y^{tr} を，one-hot 表現ベクトルを格納する行列 T^{tr} に置き換えるだけで対応できます．

したがって，neuralNetwork クラスのすでに実装したコンストラクタ，update, updateAdam, updateDropout, predictDropout および predict メソッドは特に変更する必要はありません．

平均交差エントロピー損失を計算する CE および正解率を計算する accuracy メソッドを，以下のように多クラスに対応できるように変更します．

▶ **code7-11　CE メソッド (neuralNetwork.py)**

```
 1   # 5. 平均交差エントロピー損失
 2   # X: 入力データ（次元数×データ数のnumpy.ndarray）
 3   # Y: 出力データ（データ数×次元数のnumpy.ndarray）
 4   def CE(self,X,Y):
 5       P,_,_ = self.predict(X)
 6
 7       if self.yDim == 1:
 8           loss = -np.mean(Y*np.log(P+self.smallV)+(1-Y)*np.log(1-P+self
     .smallV))
 9       else:
10           loss = -np.mean(Y*np.log(P+self.smallV))
11
12       return loss
```

式 (7.25) の多クラス分類用の平均交差エントロピー損失は，10 行目にて，numpy.mean (code 3-13) と numpy.log 関数を用いて計算します．

▶ **code7-12　accuracy メソッド (neuralNetwork.py)**

```
 1   # 6. 正解率の計算
 2   # X: 入力データ（データ数×次元数のnumpy.ndarray）
 3   # Y: 出力データ（データ数×次元数のnumpy.ndarray）
 4   # thre: 閾値（スカラー）
 5   def accuracy(self,X,Y,thre=0.5):
 6       P,_,_ = self.predict(X)
 7
 8       # 予測値P をラベルに変換
 9       if self.yDim == 1:
```

```
10          P[P>thre] = 1
11          P[P<=thre] = 0
12      else:
13          P = np.argmax(P,axis=1)
14          Y = np.argmax(Y,axis=1)
15
16      # 正解率
17      accuracy = np.mean(Y==P)
18      return accuracy
```

13～14 行目にて，`numpy.argmax` 関数（2.3.8 節）を用いて，最大の事後確率を持つカテゴリのインデックスを求めています．

7.7   手描き文字の画像分類

　多クラス分類用の 3 層のニューラルネットワークを手描き文字の画像分類に応用してみましょう．0.4 節にて導入した手描き文字画像のデータMNIST [12] を用います．この分類問題は，以下のような 28×28 ピクセルの手描き文字の画像を，0 から 9 までの 10 種類のカテゴリに分類することです（図 7.17）．

　今回は，画像の解像度が 28×28 と小さいため，特徴抽出は行わずそのまま $28 \times 28 = 784$ 次元のベクトルを，入力ベクトル $\mathbf{x}$ として扱うことにしましょう．

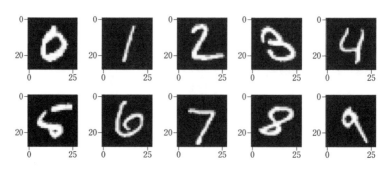

図 7.17   MNIST の手描き文字の例．

7.7.1 MNIST データの準備

0.4 節にてダウンロードした MNIST のデータがどのようになっているのかを実際に見てみましょう.「MLBook/data/MNIST」に移動し,以下の MNIST1.py を実行し,ダウンロードした学習用と評価用のデータを読み込んでみましょう.

▶ **code7-13　MNIST データの読み込み (MNIST1.py)**

```
 1   ～省略～
 2
 3   #--------------------
 4   # 学習用
 5   # 入力画像
 6   fp = gzip.open('train-images-idx3-ubyte.gz','rb')
 7   data = np.frombuffer(fp.read(),np.uint8,offset=16)
 8   Xtr = np.reshape(data,[-1,28*28])/255
 9
10   # ラベル
11   fp = gzip.open('train-labels-idx1-ubyte.gz','rb')
12   Ytr = np.frombuffer(fp.read(),np.uint8,offset=8)
13   #--------------------
14
15   #--------------------
16   # 評価用
17   # 入力画像
18   fp = gzip.open('t10k-images-idx3-ubyte.gz','rb')
19   data = np.frombuffer(fp.read(),np.uint8,offset=16)
20   Xte = np.reshape(data,[-1,28*28])/255
21
22   # ラベル
23   fp = gzip.open('t10k-labels-idx1-ubyte.gz','rb')
24   Yte = np.frombuffer(fp.read(),np.uint8,offset=8)
25   #--------------------
26
27   ～省略～
```

8 行目と 20 行目にて,numpy.reshape 関数(2.3.13 節)を用いて,読み込んだ画像を 784 次元のベクトルに変換しています.

MNIST1.py を実行してみましょう.以下のように,Ytr および Yte には,それぞれ 0〜9 の手描き数字のラベルが 60000 個,10000 個格納されていることがわかります.

```
Xtr shape=(60000, 784)
Ytr shape=(60000,)
Xte=(10000, 784)
Yte shape=(10000,)
Ytr=[5 0 4 ... 5 6 8]
```

　次に，ラベル Ytr と Yte を one-hot 表現の行列 Ttr と Tte に変換します．変換方法はさまざまありますが，ここでは，単位行列を作成する numpy.eye 関数（2.3.19 節）を用います．

one-hot 表現への変換 (MNIST2.py)

```
# one-hot 表現
Ytr = np.eye(10)[Ytr]
Yte = np.eye(10)[Yte]

print(f"Ytr shape={Ytr.shape}")
print(f"Yte shape={Yte.shape}")
print(f"Ytr=\n{Ytr[:3]}")
```

　では，MNIST2.py を実行してみましょう．以下のように，Ytr および Yte は，それぞれ，60000×10，10000×10 の行列に変換され，ラベルに対応する次元のみが「1」で，それ以外が「0」に設定された one-hot 表現になっていることがわかります．

```
Ytr shape=(60000,10)
Yte shape=(10000,10)
Ytr=
[[0. 0. 0. 0. 0. 1. 0. 0. 0. 0.]
 [1. 0. 0. 0. 0. 0. 0. 0. 0. 0.]
 [0. 0. 0. 0. 1. 0. 0. 0. 0. 0.]]
```

7.7.2　多クラス分類用のニューラルネットワークの実行

　ここまで紹介したミニバッチ（7.5.5 節），ドロップアウト（7.5.2 節）および Adam（7.5.8 節）などを切り替えて実行できるように実装した neuralNetworkMainFull.py を用います．

　neuralNetworkMainFull.py は，以下の手順で実行します．

0. ハイパーパラメータの設定

ハイパーパラメータの設定 (neuralNetworkMainFull.py)

```
# 0. ハイパーパラメータの設定
dataType = 7       # データの種類
updateType = 1     # 更新方法の種類
activeType = 1     # 活性化関数の種類
batchSize = 500    # バッチサイズ
hDim = 10          # 中間層のノード数
alpha = 1          # 学習率
rate = 0.5         # ノードの選択確率（ドロップアウト）
beta = 0.5         # Adam の重み係数
```

1. データの作成

MNIST データの読み込み (MNIST1.py) と one-hot 表現の教師データ
作成 (MNIST2.py) の一連の処理は，データ生成用のコード data.py の
classification クラスの makeData メソッド (dataType=7) を用い
て行います．

データの作成 (neuralNetworkMainFull.py)

```
# 1. データの作成
myData = data.classification()
myData.makeData(dataType=dataType)
```

2. データを学習と評価用に分割

データが MNIST の場合 (dataType=7) は，すでに学習と評価データ
に分割されているので，以下のようにデータの種類に合わせて設定し
ます．

データを学習と評価用に分割 (neuralNetworkMainFull.py)

```
# 2. データを学習と評価用に分割
if dataType == 7: # MNIST の場合
    Xtr = myData.Xtr
    Ytr = myData.Ttr
    Xte = myData.Xte
    Yte = myData.Tte
    dtrNum = len(Xtr)
```

```
else:
    dtrNum = int(len(myData.X)*0.9)  # 学習データ数
    # 学習データ（全体の 90%）
    Xtr = myData.X[:dtrNum]
    Ytr = myData.Y[:dtrNum]

    # 評価データ（全体の 10%）
    Xte = myData.X[dtrNum:]
    Yte = myData.Y[dtrNum:]
```

3. 入力データの標準化（4.2.6 節のステップ 3 参照）
4. ニューラルネットワークの学習と評価

    updateType の値に応じて，パラメータの更新方法を以下のように切り替えます．

    - updateType=1 通常の最急降下法の update メソッド (code 7-2) を実行
    - updateType=2 ドロップアウト付きの最急降下法の updateDropout メソッド (code 7-7) を実行
    - updateType=3 ドロップアウトと Adam 付き最急降下法の updateAdam メソッド (code 7-10) を実行

    ニューラルネットワークの学習と評価 (neuralNetworkMainFull.py)

```
～省略～

# パラメータの更新
if updateType == 1:
    myModel.update(Xbatch,Ybatch,alpha=alpha)
elif updateType == 2:
    myModel.updateDropout(Xbatch,Ybatch,alpha=alpha,rate=rate)
elif updateType == 3:
    myModel.updateAdam(Xbatch,Ybatch,alpha=alpha,beta=beta,rate
    =rate)
```

5. 学習と評価損失のプロット（コード neuralNetworkMainFull.py 参照）

    実行結果は，results フォルダの「neuralNetFull_CE_XXX.pdf」また

は「neuralNetFull_accuracy_XXX.pdf」に保存されます.「XXX」の部分は,データの種類 (dataType),活性化関数の種類 (activeType),更新方法の種類 (updateType),中間層のノード数 L,学習率 α,ドロップアウトのノード選択確率 rate,Adam の重み係数 β およびバッチサイズ B の値が順番にアンダーバー「_」を挟んで入ります.

6. MNIST の分類結果の画像表示 (コード `neuralNetworkMainFull.py` 参照)

実行結果は,results フォルダの「neuralNetFull_success_XXX.pdf」または「neuralNetFull_failed_XXX.pdf」に保存されます.「XXX」の部分は,データの種類 (dataType),活性化関数の種類 (activeType),更新方法の種類 (updateType),中間層のノード数 L,学習率 α,ドロップアウトのノード選択確率 rate,Adam の重み係数 β およびバッチサイズ B の値が順番にアンダーバー「_」を挟んで入ります.

7.7.3 多クラス分類用のニューラルネットワークの実行結果

レポジトリ MLBook の codes ディレクトリに移動し,`neuralNetworkMainFull.py` を実行してみましょう.以下の 4 つの設定で,ニューラルネットワークを学習し評価してみましょう.

(a) 最急降下法 (`updateType=1`),学習率 $\alpha = 0.5$
(b) 最急降下法 (`updateType=1`),学習率 $\alpha = 1.0$
(c) 最急降下法 (`updateType=1`),学習率 $\alpha = 5.0$
(d) Adam (`updateType=3`),学習率 $\alpha = 0.1$,Adam の重み係数 $\beta = 0.5$

ここで,活性化関数はシグモイド関数 (`activeType=1`),中間層のノード数 L(hDim) を 100,およびバッチサイズ B(batchSize) を 500 に固定します.

図 **7.18** は,それぞれの設定における平均交差エントロピー損失と正解率の推移のグラフ (ファイル「results/neuralNetFull_accuracy_XXX.pdf」および「results/neuralNetFull_CE_XXX.pdf」) です.最急降下法 (a)〜(c) では,学習率 α の値を大きくするにつれて,学習が早くなっていくことがわかります.特に,学習率を大きな値 $\alpha = 5.0$ に設定した (c) では,100 反復目で評価データに対する正解率が 80% を超えるほどの早さで学習が進み,その後じわじわと約 94% あたりまで学習が進んでいきます.一方,Adam(d)

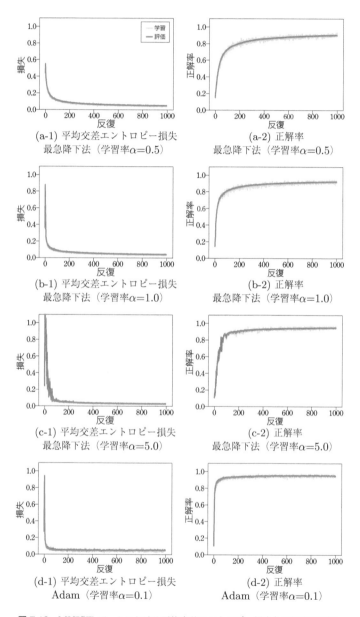

図 7.18 MNIST データにおける平均交差エントロピー損失と正解率の推移.

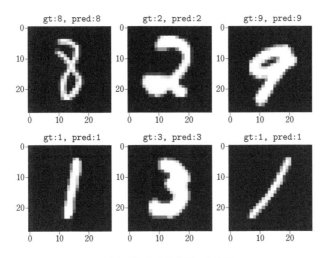

(a) 手描き文字分類の成功例

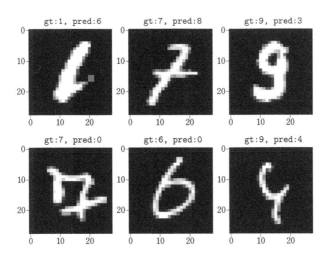

(b) 手描き文字分類の失敗例

図 7.19　3 層のニューラルネットワーク（Adam，中間層のノード数 $L = 100$，ミニバッチの大きさ $B = 500$）．

では，100 反復目までに，一気に正解率が 94% あたりに達し，収束している
ことがわかります．このように，Adam では動的に学習率を調整することに
より効率よく，かつ安定的に学習を進めることができます．

　図 **7.19** は，Adam (d) で学習したニューラルネットワークによる，
MNIST の評価データにおける分類に成功した例と失敗した例（ファイル
「results/neuralNetFull_success_XXX.pdf」および「results/neuralNetFull_
failed_XXX.pdf」）です．各画像の上に記載されている「gt:X, pred:Y」は，
X が真のラベル，Y が予測のラベルに対応しています．失敗例の中には，明
らかに人間でも正しく分類することが難しいものがあるかと思います．

7.8　多クラス分類の評価方法

　分類の評価指標としては，**正解率** (accuracy) のほかに，**適合率** (precision)，
再現率 (recall)，**F1 スコア**（precision と recall の調和平均），および**混同行
列** (confusion matrix) などが用いられます．

7.8.1　適合率と再現率と F1 スコア

　図 7.20 のように，適合率，再現率および F1 スコアは以下のように定義さ
れます．

- **適合率** (precision)：関数 $f(\mathbf{x})$ が予測したカテゴリ（青色）のうち，正
  しく予測できたカテゴリ（青色と赤色の積）の割合を表します．
- **再現率** (recall)：真のカテゴリ（赤色）のうち，関数 $f(\mathbf{x})$ が正しく予測
  できたカテゴリ（青色と赤色の積）の割合を表します．
- **F1 スコア**：適合率と再現率の調和平均で，適合率と再現率がどれくらい
  バランスよく高い値をとっているかを表します．

`neuralNetwork` クラスに，適合率，再現率および F1 スコアを計算する
`eval` メソッドを追加してみましょう．

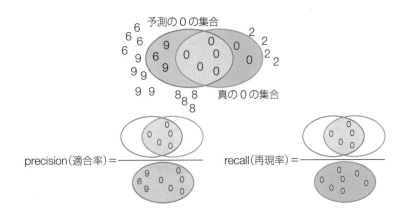

$$F1 スコア = \frac{2 \times precision \times recall}{precision + recall}$$

図 7.20 適合率と再現率と F1 スコアの例.

▶ code7-14 eval メソッド (neuralNetwork.py)

```
1   # 6.1 適合率, 再現率, F1 スコアの計算
2   # X: 入力データ (データ数×次元数のnumpy.ndarray)
3   # Y: 出力データ (データ数×次元数のnumpy.ndarray)
4   # thre: 閾値 (スカラー)
5   def eval(self,X,Y,thre=0.5):
6       P,_,_ = self.predict(X)
7
8       # 予測値P をラベルに変換
9       if self.yDim == 1:
10          P[P>thre] = 1
11          P[P<=thre] = 0
12      else:
13          P = np.argmax(P,axis=1)
14          Y = np.argmax(Y,axis=1)
15
16      # 適合率
17      precision = np.array([np.sum(Y[P==c]==c)/np.sum(P==c) for c in np
        .unique(Y)])
18
19      # 再現率
20      recall = np.array([np.sum(P[Y==c]==c)/np.sum(Y==c) for c in np.
        unique(Y)])
21
```

```
22     # F1 スコア
23     f1 = (2*precision*recall)/(precision+recall)
24
25     return precision,recall,f1
```

neuralNetworkMainFull.py に,以下のコードを追加し,eval メソッドを用いて適合率,再現率,F1 スコアの計算し,標準出力しましょう.

適合率,再現率,F1 スコアの計算 (neuralNetworkMainFull.py)

```
# 8. 適合率,再現率,F1 スコアの計算
precision, recall, f1 = myModel.eval(Xte,Yte)
print(f"適合率\t:{np.round(precision,2)}")
print(f"再現率\t:{np.round(recall,2)}")
print(f"F1\t:{np.round(f1,2)}")
```

Adam (d) で学習した場合の評価データに対する各カテゴリの適合率,再現率および F1 スコアは以下のようになります.

```
# 適合率  :[0.96 0.98 0.94 0.93 0.95 0.93 0.95 0.95 0.92 0.96]
# 再現率  :[0.98 0.98 0.93 0.94 0.95 0.93 0.97 0.95 0.93 0.91]
# F1      :[0.97 0.98 0.93 0.93 0.95 0.93 0.96 0.95 0.93 0.93]
```

各カテゴリの精度を比較できます.各指標の値は,左からカテゴリ「0」,「1」,...,「9」に対応しています.例えば,カテゴリ「9」の再現率が「0.91」,カテゴリ「8」の適合率が「0.92」と,他のカテゴリと比べるとやや低いことがわかります.

7.8.2　混同行列

混同行列 (confusion matrix) は,図 7.21 のように,各カテゴリを正しく予測できた数,どのカテゴリにどれくらい間違ったかを表します.
neuralNetwork クラスに,混同行列を計算する confusionMatrix メソッドを追加してみましょう.

図 7.21 混同行列の例.

▶ **code7-15 confusionMatrix(neuralNetwork.py)**

```python
 1  # 6.2. 混同行列の計算
 2  # X: 入力データ（データ数×次元数のnumpy.ndarray）
 3  # Y: 出力データ（データ数×次元数のnumpy.ndarray）
 4  # thre: 閾値（スカラー）
 5  def confusionMatrix(self,X,Y,thre=0.5):
 6      P,_,_ = self.predict(X)
 7
 8      # 予測値P をラベルに変換
 9      if self.yDim == 1:
10          P[P>thre] = 1
11          P[P<=thre] = 0
12      else:
13          P = np.argmax(P,axis=1)
14          Y = np.argmax(Y,axis=1)
15
16      # 混同行列
17      cm = np.array([[np.sum(P[Y==c]==p) for p in np.unique(Y)] for c
     in np.unique(Y)])
18
19      return cm
```

neuralNetworkMainFull.pyに，以下のコードを追加し，confusionMatrix
メソッドを用いて混同行列を計算し，表示しましょう．

混同行列 (neuralNetworkMainFull.py)

```
# 9. 混同行列
cm = myModel.confusionMatrix(Xte,Yte)
print(f"混同行列:\n{cm}")
```

　Adam (d) で学習した場合の評価データに対する混同行列は以下のように
なります.

```
# 混同行列:
[[ 959    0    3    1    0    2    6    3    6    0]
 [   0 1114    6    2    0    1    3    1    8    0]
 [   6    3  959   10    5    4    7   10   26    2]
 [   3    0   16  945    1   17    0   11   13    4]
 [   1    0    3    1  933    1   11    4    7   21]
 [   7    3    0   25    2  832   10    5    6    2]
 [   9    3    3    0    5    9  928    0    1    0]
 [   2    5   22    4    3    2    0  979    1   10]
 [  11    3    9   10    6   15    8    6  904    2]
 [   5    4    1   17   28   13    2   15    8  916]]
```

　対角成分の値が大きいので多くのクラスを正しく予測できていることがわか
る一方, それぞれのクラスがどのクラスに間違いやすいのかもわかります.
例えば, 「2」は「8」に, 「4」は「9」に, 「5」は「3」に, 「7」は「2」に, 「9」
は「3」と「4」によく間違えていることがわかります.

　さきほど, クラス「9」の再現率が0.91と低かった原因は, 混同行列から,
クラス「9」をクラス「4, 5, 6, 8」に誤分類している場合が多いことが理
由だとわかります. また, クラス「8」の適合率が0.92とやや低かった原因
は, クラス「2, 3」を, クラス「8」に誤分類している場合が多いことが原因
だとわかります.

　このように, 適合率, 再現率, F1スコアおよび混同行列を組み合わせて,
定量的に分類の性能を分析できます.

強化学習

教師あり学習にて多様な入力データに対し高い精度を実現するためには、大量の教師データが必要になります。例えば、MNISTの手描き文字の画像分類では、教師データを60000枚も用いていますが、これだけの大量の教師データを自前で用意するのは大変です。

本章では、教師データを用いない強化学習を紹介します。強化学習は、人間や動物の試行錯誤学習と報酬学習を参考に設計された機械学習の1つで、ロボット制御や、囲碁や将棋などのゲーム戦略獲得などに応用されています。本章では、強化学習の基礎と、実用的な方法であるQ学習法を紹介し、Pythonを用いて実装を行います。そして、OpenAI Gymを用いた制御のシミュレーションにて、実際に強化学習を動かしてみます。

8.1 教師あり学習と強化学習

これまで学んできた教師あり学習ですが、以下のような実用上の問題点があります。

- 高い精度を実現するために必要な大量の教師データを収集することが困難

  教師あり学習では、一般的には、モデルパラメータ数の数倍の教師データが必要になります。しかし、学習データを準備するのは人間なので、

膨大な時間およびコストがかかります.

● 教師データの正確性

ロボット制御の場合,人間の骨格とロボットの構造が異なるため,ロボットにとって正確な制御信号を教師データとして用意することが困難な場合があります.

● 人間の知識の限界

人間が必ずしも最良な教師とは限りません.例えば,囲碁の戦略学習の場合,人間が最適な戦略を知っているとは限りません.

したがって,教師あり学習では,限られた学習データから,よくて人間の模倣をすることしかできず,必ずしも最適な関数 $f(\mathbf{x})$ を学習しているとは限らないのです.

このような教師あり学習の問題を緩和することが期待されているのが**強化学習**(reinforcement learning)です.強化学習は,図 1.8 のように,ロボットやゲームプレイヤーなどの**エージェント**(agent)の状態 $\mathbf{x}$ を観測し,行動 y に変換する関数 $f(\mathbf{x})$ を,報酬 $r = R(\mathbf{x}, y, \mathbf{x}')$ の和を最大化するように学習します.この状態から行動を決定する関数を**方策関数**(policy function)といいます.

強化学習は,動物の行動学習で用いられている**試行錯誤学習**と**報酬学習**を参考に設計されています [42].

8.2　動物の行動学習

心理学の行動主義者は,学習を「行動や反応の変化として表れ,外部から観察できる現象」として定義しています.そして,実験を通して,動物の学習方法を確認しました [39].

8.2.1　試行錯誤学習 [39]

E. Thorndike は,図 **8.1** の迷路のような箱の中に猫を入れると,猫は試行錯誤的にさまざまな行動をとり,偶然にでも外に出ることができると,やがてその同じ行動を頻繁にとるようになることを実験的に確認しました.

動物の試行錯誤学習を機械学習に取り入れるために,強化学習では,方策

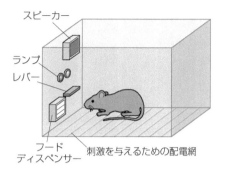

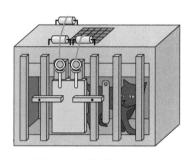

図 8.1 猫の問題箱の実験 [39]　　　　**図 8.2** スキナーの箱実験 [39]

関数 $f(\mathbf{x})$ を，3.3.5 節や 3.3.9 節にて学んだ条件付き確率分布関数 $\pi(y|\mathbf{x})$ に拡張し，確率分布関数 $\pi(y|\mathbf{x})$ に独立同一（式 (3.67)）に従い行動を選択するようにします．

$$y_l^{(t)} = f(\mathbf{x}_l^{(t)}) \longrightarrow y_l^{(t)} \overset{\text{i.i.d}}{\sim} \pi(y|\mathbf{x}_l^{(t)}) \tag{8.1}$$

ここで，$\mathbf{x}_l^{(t)}$ および $y_l^{(t)}$ は，l 番目の試行の t ステップ目の状態および行動の実現値を表します．方策関数 $\pi(y|\mathbf{x})$ を，学習の初期段階では一様分布や分散の大きい正規分布に設定することにより，試行錯誤的に多様な行動を探索できます．

8.2.2 報酬学習 [39]

B. F. Skinner は，図 8.2 のようなレバーを押すと餌が出る仕組みになっている箱の中で，ラットが偶然にでもレバーを押し，餌を得ることを何度か繰り返すと，ラットはレバーの近くにいることが多くなり，やがてレバーを押す行動をとる頻度が高くなるのを実験的に確認しました．このように，満足を「餌」という「報酬」で明示的に与えた「報酬学習」により，報酬に応じて行動の自発頻度が変化していくことがわかりました．

　動物の報酬学習を機械学習に取り入れるために，強化学習では，教師データを用意する代わりに，強化学習の目的に合わせて，分析者は報酬関数 $r_l^{(t)} = R(\mathbf{x}_l^{(t)}, y_l^{(t)}, \mathbf{x}_l^{(t+1)})$ を設計します．ここで，$r_l^{(t)}$ と $\mathbf{x}_l^{(t+1)}$ は，l 番目の試行の t ステップ目の報酬と，$t+1$ ステップ目の状態を表しています．

8.3　強化学習の定式化

　強化学習は，3.3.10 節や式 (3.68) にて学んだ**マルコフ過程**を拡張した**マルコフ決定過程**と呼ばれる確率過程を用いて定式化します．

8.3.1　マルコフ決定過程

　強化学習では，次の状態 $\mathbf{x}^{(t+1)}$ は現在の状態 $\mathbf{x}^{(t)}$ と行動 $y^{(t)}$ にのみ依存して確率的に決定する**マルコフ決定性**を仮定します．

$$\mathbf{x}_l^{(t+1)} \overset{\text{i.i.d}}{\sim} p_T(\mathbf{x}'|\mathbf{x}_l^{(t)}, y_l^{(t)}) \tag{8.2}$$

ここで，条件付き確率分布関数 p_T を**状態遷移確率分布関数**といいます．方策関数 $\pi(y^{(t)}|\mathbf{x}^{(t)})$ と状態遷移確率 $p_T(\mathbf{x}^{(t+1)}|\mathbf{x}^{(t)}, y^{(t)})$ に交互に従い，状態と行動の系列を生成する確率過程を**マルコフ決定過程**（Markov decision process：MDP）といいます．

　図 8.3 は，マルコフ決定過程によるデータ生成の例です．この例では，初期状態と行動 $(\mathbf{x}^{(0)}, y^{(0)})$ から始まり，状態遷移確率 $p_T(\mathbf{x}^{(1)}|\mathbf{x}^{(0)}, y^{(0)})$ に従い次の状態に遷移し，方策 $\pi(y^{(1)}|\mathbf{x}^{(1)})$ に従い行動を選択します．そして，報酬 $R(\mathbf{x}^{(1)}, y^{(1)}, \mathbf{x}^{(2)})$ を獲得します．

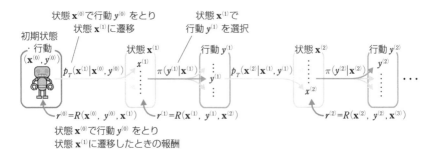

図 8.3　マルコフ決定過程のイメージ.

8.3.2　エピソード

　マルコフ決定過程に従い，T 回の状態遷移，行動選択および報酬獲得を繰り返すことにより得られた系列のことを**エピソード**（episode）といいます．

l 番目の試行における 0 ステップから $T - 1$ ステップまでのエピソードを記号 d を用いて以下のように表します.

$$d_l^{(0:T-1)} = \left\{ \left(\mathbf{x}_l^{(t)}, y_l^{(t)}, \mathbf{x}_l^{(t+1)}, r_l^{(t)} \right) \right\}_{t=0}^{T-1} \tag{8.3}$$

ここで, d の右肩の添え字 $(t_1 : t_2)$ は, エピソードがステップ t_1 から始まり, ステップ t_2 に終了したことを意味します.

初期状態 $\mathbf{x}^{(0)}$ と行動 $y^{(0)}$ が与えられたもとでの, エピソード $d_l^{(0:T-1)}$ の確率分布は, マルコフ決定過程に基づき, 以下のように表されます.

$$p_D^{(0:T-1)}(d_l^{(0:T-1)} | \mathbf{x}_l^{(0)}, y_l^{(0)}) =$$

$$p_T(\mathbf{x}_l^{(1)} | \mathbf{x}_l^{(0)}, y_l^{(0)}) \prod_{t=1}^{T-1} \pi(y_l^{(t)} | \mathbf{x}_l^{(t)}) p_T(\mathbf{x}_l^{(t+1)} | \mathbf{x}_l^{(t)}, y_l^{(t)}) \tag{8.4}$$

8.3.3　割引報酬和の期待値

強化学習では動物の報酬学習をコンピュータ上で実現するために, 各エピソードにおける報酬和を考えます. しかし, 単純な報酬和では, 報酬をエピソードの前半で受け取った場合と後半で受け取った場合で, その報酬和に優劣をつけることができません. 猫の問題箱の実験 (図 8.1) やスキナーの箱実験 (図 8.2) のように, 動物はより早く報酬を獲得したいという欲求があります. そこで, エピソードの後半に行けば行くほど, 受け取った報酬を割り引いて扱う割引報酬和を導入します.

あるエピソード d_l における**割引報酬和** (sum of discounted rewards) は以下のように定義されます.

$$\sum_{t=0}^{T-1} \gamma^t r^{(t)} = \sum_{t=0}^{T-1} \gamma^t R \left(\mathbf{x}^{(t)}, y^{(t)}, \mathbf{x}^{(t+1)} \right) \tag{8.5}$$

ここで, $\gamma \in (0, 1]$ は, 将来の報酬を割り引いて扱うための割引率です. 無限ステップ $T \to \infty$ の割引報酬和の期待値を**行動価値関数** (**Q 関数**) (action value function) といい, 以下のように定義されます.

(行動価値関数（Q 関数）)

$$Q^\pi(\mathbf{x}, y) = \mathop{\mathbb{E}}_{p_D^{(0:\infty)}} \left[\sum_{t=0}^\infty \gamma^t R\left(\mathbf{x}^{(t)}, y^{(t)}, \mathbf{x}^{(t+1)}\right) \middle| \mathbf{x}^{(0)} = \mathbf{x}, y^{(0)} = y \right]$$
$$(8.6)$$

また，Q 関数の出力値のことを **Q 値**といいます．Q 値は，現在の状態 $\mathbf{x}$ にて行動 y をとり，方策 π に従って行動をとり続けた際に得られる，割引報酬和の期待値を表しています．つまり，Q 関数を用いることにより，現在の状態にて，どの行動を選択すれば将来より多くの報酬が得られるのかがわかります．

　Q 関数は，以下のように分解できます．

$Q^\pi(\mathbf{x}, y)$

$$= \mathop{\mathbb{E}}_{p_D^{(0:\infty)}} \left[R(\mathbf{x}^{(0)}, y^{(0)}, \mathbf{x}^{(1)}) + \sum_{t=1}^\infty \gamma^t R(\mathbf{x}^{(t)}, y^{(t)}, \mathbf{x}^{(t+1)}) \middle| \mathbf{x}^{(0)} = \mathbf{x}, y^{(0)} = y \right]$$

$$= \mathop{\mathbb{E}}_{p_D^{(0:\infty)}} \left[R(\mathbf{x}^{(0)}, y^{(0)}, \mathbf{x}^{(1)}) + \gamma \sum_{t=1}^\infty \gamma^{t-1} R(\mathbf{x}^{(t)}, y^{(t)}, \mathbf{x}^{(t+1)}) \middle| \mathbf{x}^{(0)} = \mathbf{x}, y^{(0)} = y \right]$$

$\Downarrow$ 式 (8.4) に基づき $p_D^{(0:\infty)}$ を分解

$$= \mathop{\mathbb{E}}_{p_T(\mathbf{x}^{(1)}|\mathbf{x}, y)} \Big[R(\mathbf{x}^{(0)}, y^{(0)}, \mathbf{x}^{(1)}) +$$

$$\gamma \mathop{\mathbb{E}}_{\pi(y^{(1)}|\mathbf{x}^{(1)})} \left\{ \mathop{\mathbb{E}}_{p_D^{(1:\infty)}} \left(\sum_{t=1}^\infty \gamma^{t-1} R(\mathbf{x}^{(t)}, y^{(t)}, \mathbf{x}^{(t+1)}) \middle| \mathbf{x}^{(1)}, y^{(1)} \right) \right\} \middle| \mathbf{x}^{(0)} = \mathbf{x}, y^{(0)} = y$$

$\Downarrow$ 式 (8.6) を利用

$$= \mathop{\mathbb{E}}_{p_T(\mathbf{x}^{(1)}|\mathbf{x}, y)} \left[R(\mathbf{x}^{(0)}, y^{(0)}, \mathbf{x}^{(1)}) + \gamma \mathop{\mathbb{E}}_{\pi(y^{(1)}|\mathbf{x}^{(1)})} \left\{ Q^\pi(\mathbf{x}^{(1)}, y^{(1)}) \right\} \middle| \mathbf{x}^{(0)} = \mathbf{x}, y^{(0)} = \right.$$

ここで，報酬関数の遷移先の状態 $\mathbf{x}^{(1)}$ に関する期待値を以下のように定義します．

$$R(\mathbf{x}, y) = \mathop{\mathbb{E}}_{p_T(\mathbf{x}^{(1)}|\mathbf{x}, y)} \left[R(\mathbf{x}^{(0)}, y^{(0)}, \mathbf{x}^{(1)}) \middle| \mathbf{x}^{(0)} = \mathbf{x}, y^{(0)} = y \right] \qquad (8.7)$$

式 (8.7) を代入すると，Q 関数は式 (8.8) のような漸化式になっていることが

わかります．この漸化式をベルマン方程式 (Bellman equation) と呼びます．

(ベルマン方程式)

$$Q^\pi(\mathbf{x}, y) = R(\mathbf{x}, y) + \gamma \mathop{\mathbb{E}}_{p_T, \pi} \left[Q^\pi(\mathbf{x}^{(1)}, y^{(1)}) \right] \tag{8.8}$$

ここで，p_T および π は，それぞれ $p_T(\mathbf{x}^{(1)}|\mathbf{x}, y)$ および $\pi(y^{(1)}|\mathbf{x}^{(1)})$ の略記表記である．

8.3.4　Q 関数の最大化

強化学習の目的は，Q 関数 $Q^\pi(\mathbf{x}, y)$ を最大化する方策 $\pi(y|\mathbf{x})$ を獲得することです．

(最大 Q 関数と最適方策)

$$Q^*(\mathbf{x}, y) = \max_\pi Q^\pi(\mathbf{x}, y)$$
$$= R(\mathbf{x}, y) + \gamma \max_\pi \mathop{\mathbb{E}}_{p_T, \pi} \left[Q^\pi(\mathbf{x}^{(1)}, y^{(1)}) \right] \tag{8.9}$$

最大 Q 関数 $Q^*(\mathbf{x}, y)$ に基づき，最適方策 π^* は以下のように求まる．

$$\pi^*(y'|\mathbf{x}) \equiv \begin{cases} 1 & \text{if } y' = \underset{y}{\mathrm{argmax}}\ Q^*(\mathbf{x}, y) \\ 0 & \text{otherwise} \end{cases} \tag{8.10}$$

強化学習では，最大 Q 関数 $Q^*(\mathbf{x}, y)$ に対するモデル $\widehat{Q}(\mathbf{x}, y)$ を用いて近似します．そして，以下のような近似 Q 関数 $\widehat{Q}(\mathbf{x}, y)$ に対するベルマン方程式の「左辺 − 右辺」をベルマン残差といいます．

(ベルマン残差)

$$R(\mathbf{x}, y) + \gamma \max_\pi \mathop{\mathbb{E}}_{p_T, \pi} \left[\widehat{Q}(\mathbf{x}^{(1)}, y^{(1)}) \,\Big|\, \mathbf{x}^{(0)} = \mathbf{x}, y^{(0)} = y \right] - \widehat{Q}(\mathbf{x}, y)$$
$$\tag{8.11}$$

　強化学習では，ベルマン残差を最小化するように方策を獲得する方法が多く提案されています．代表的な方法を**表 8.1** にまとめます．

表 8.1　強化学習法の種類.

方法	概要
Q 学習法 [39]	Q 関数を状態と行動の Q テーブル（図 8.4）を用いて表現し，ベルマン残差を最小化するように，Q テーブルの各要素を学習.
LSTDQ [29]	Q 関数を線形モデル（4 章）やカーネルモデル（6 章）を用いて表現し，ベルマン残差のエピソードデータを用いた近似に対応する Temporal Difference 誤差（TD 誤差）の二乗平均を最小化するように，モデルパラメータを学習.
Deep Q Network(DQN) [33]	Q 関数をニューラルネットワーク（7 章）を用いて表現し，ベルマン残差の二乗平均を最小化するように，モデルパラメータを学習.

8.4　Q 学習法

　本節では，基本的でかつ実用的な **Q 学習法**（Q learning）を紹介します．Q 学習では Q 関数の更新と，方策関数の更新を交互に繰り返します．

8.4.1　Q テーブル

　状態と行動が離散でかつ有限であると仮定した場合，**図 8.4** のように，行に状態の種類，列に行動の種類をとったテーブルを用いて Q 関数をモデル化できます．このテーブルを **Q テーブル**といいます．

　各 Q テーブルの要素には，状態 $\mathbf{x}$ と行動 y の組に対する Q 値の近似 $\widehat{Q}(\mathbf{x}, y)$ が格納されます．

8.4.2　Q 関数の更新式

　最大 Q 関数の漸化式 (8.9) を満たすように，エピソード（式 (8.3)）を用いて Q 関数の更新を繰り返します．

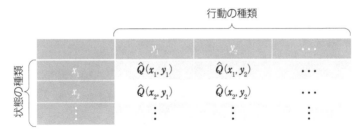

図 8.4 Q テーブルのイメージ.

(Q 関数の更新式)

$$\widehat{Q}(\mathbf{x}_l^{(t)}, y_l^{(t)}) \leftarrow \widehat{Q}(\mathbf{x}_l^{(t)}, y_l^{(t)})$$
$$+ \alpha \left(r_l^{(t)} + \gamma \max_y \widehat{Q}(\mathbf{x}_l^{(t+1)}, y) - \widehat{Q}(\mathbf{x}^{(t)}, y^{(t)}) \right) \qquad (8.12)$$

ここで，$\alpha > 0$ は学習率です．右辺の 2 項目の丸括弧 () 内は，1 つのエピソード d_l の t と $t+1$ ステップを用いて近似したベルマン残差（式 (8.11)）に対応しています．

8.4.3 方策関数の更新

更新した Q 関数 $\widehat{Q}(\mathbf{x}, y)$ を用いて行動 y を選択します．ここでは，$\widehat{Q}(\mathbf{x}, y)$ を用いる方策関数の更新方法として，貪欲方策と ϵ-貪欲方策を紹介します．

(1) 貪欲方策

最大の価値を持つ行動 y' を確率「1」で選択する方策を**貪欲方策** (greedy policy) といいます．

$$y' = \operatorname*{argmax}_y \widehat{Q}(\mathbf{x}, y) \qquad (8.13)$$

(2) ϵ-貪欲方策

学習の初期段階にて試行錯誤的に状態と行動の組を探索するために，貪欲方策にて，$\epsilon \in [0, 1]$ の確率で一様分布に従ってランダムに行動を選択する方策を **ϵ-貪欲方策** (ϵ-greedy policy) といいます．

$$y' = \begin{cases} \underset{y}{\mathrm{argmax}}\ \widehat{Q}(\mathbf{x}, y) & \text{if } q \overset{\text{i.i.d}}{\sim} \mathrm{U}(0,1) > \epsilon \\ \overset{\text{i.i.d}}{\sim} \mathrm{Cat}(y, \frac{1}{O}) & \text{otherwise} \end{cases} \tag{8.14}$$

ここで，$\mathrm{U}(x_{\min}, x_{\max})$ は区間 $[x_{\min}, x_{\max}]$ の一様分布です．また，$\mathrm{Cat}(y, \frac{1}{O})$ はそれぞれの行動が $\frac{1}{O}$ の確率で選択されるカテゴリ分布です．

8.4.4　Python による Q 学習法の実装

Python と，2.7 節にてセットアップした OpenAI を用いて，Q 学習法を実行する `QLearning` クラスを実装してみましょう．以下の 10 個のメソッドを用意します．

1. コンストラクタ `__init__`：強化学習の環境および変数の初期化（code 8-1 参照）
2. `reset`：状態および各種変数の初期化
3. `getStateIndex`：状態のインデックス取得（code 8-2 参照）
4. `selectAction`：ϵ-貪欲方策（式 (8.14)）を用いて行動を選択（code 8-3 参照）
5. `doAction`：行動の実行，描画およびタスクの終了判定（code 8-4 参照）
6. `update`：Q 関数の更新式（式 (8.12)）を用いて Q テーブルを更新（code 8-5 参照）
7. `close`：タスクの終了
8. `draw`：環境の描画
9. `plotEval`：評価のプロット
10. `plotModel2D`：Q テーブルのプロット

以下，いくつか重要なメソッドの実装方法について説明します．

▶ code8-1　コンストラクタ (QLearning.py)

```
1   # 1. 強化学習の環境および変数の初期化
2   # env: 強化学習タスク環境名
3   # gamma: 割引率（実数スカラー）
4   # nSplit: 状態の分割数（整数スカラー）
5   def __init__(self,env,gamma=0.99,nSplit=50):
6
```

```
 7    # 環境の読み込み
 8    self.env = gym.make(env)
 9
10    # 割引率
11    self.gamma = gamma
12
13    # 行動数
14    self.nAction = self.env.action_space.n
15
16    # 各状態の最小値と最大値
17    self.stateMin = self.env.observation_space.low
18    self.stateMax = self.env.observation_space.high
19
20    # 状態の分割数
21    self.nSplit = nSplit
22    self.cellWidth = (self.stateMax-self.stateMin)/self.nSplit
23
24    # Q テーブルの初期化
25    self.Q = np.zeros((self.nSplit,self.nSplit,self.nAction))
```

8 行目にて，gym.make(code 2-6) を用いて，MountainCar タスク (Mountain Car-v0) を読み込み，OpenAI gym の環境 env を構築します．13〜18 行目にて，読み込んだタスクの行動数 nAction，各状態の最小値 stateMin および最大値 stateMax を取得しています．

そして，21〜22 行目にて最大状態 stateMax と最小状態 stateMin の差を分割数 nSplit で割ることにより各状態セルの幅 cellWidth を計算します．ここで，図 8.5 のように，最小状態 stateMin を原点とする stateMax までの状態空間（平面）を nSplit 行 nSplit 列のメッシュに分割しています．そして，各メッシュのセルの幅は cellWidth に設定されています．

25 行目にて，numpy.zeros 関数 (code 3-1) を用いて，すべての要素が 0 の nSplit 奥 nSplit 行 nAction 列の numpy.ndarray を Q テーブル（図 8.6 左）として初期化しています．

以下は，状態のインデックスを取得する getStateIndex メソッドの実装です．

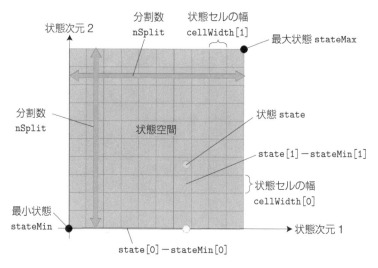

図 8.5　状態が 2 次元の場合の状態空間の離散化のイメージ.

▶ **code8-2　getStateIndex メソッド (QLearning.py)**

```
1   # 3. 状態のインデックス取得
2   # state: 状態 (実数ベクトル)
3   def getStateIndex(self,state):
4
5       # 離散値に変換
6       stateInd = ((state-self.stateMin)/self.cellWidth).astype(int)
7
8       return stateInd
```

6 行目にて, 図 8.5 のように, 状態 state の最小状態 stateMin からの差を状態幅 cellWidth で割ることにより, stateMin を原点とする離散的な状態空間において, 状態 state の離散値 stateInd (状態 state が属するセルのインデックス) を計算しています.

　以下は, ϵ-貪欲方策を用いて行動を選択する selectAction メソッドの実装です.

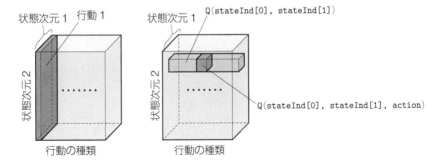

図 8.6　状態が 2 種類の場合の Q テーブル．奥と行が状態，列が行動に対応している．

▶ **code8-3　selectAction メソッド (QLearning.py)**

```
1   # 4．行動の選択
2   # state: 状態ベクトル
3   def selectAction(self,state,epsilon=0.02):
4       # 状態の離散化
5       stateInd = self.getStateIndex(state)
6
7       # ε-貪欲方策
8       if np.random.uniform(0,1) > epsilon:
9           action = np.argmax(self.Q[stateInd[0]][stateInd[1]])
10      else:
11          action = np.random.randint(self.nAction)
12
13      return action
```

5 行目にて，getStateIndex メソッドを用いて，状態 state のインデックス stateInd を求めて，9 行目にて，図 8.6 右のように stateInd を用いて Q 値のベクトルを参照し，numpy.argmax 関数 (2.3.8 節) を用いて，最大の Q 値を持つ行動のインデックスを獲得しています．

　以下は，行動の実行，描画およびタスクの終了判定を行う doAction メソッドの実装です．

▶ **code8-4   doAction メソッド (QLearning.py)**

```
1   # 5. 行動の実行，描画およびタスクの終了判定
2   # action: 行動インデックス（整数スカラー）
3   def doAction(self,action):
4
5       # 行動の実行，次の状態・報酬・ゲーム終了FLG ・詳細情報を取得
6       next_state,reward,done,_ = self.env.step(action)
7
8       # ステップを 1増加
9       self.step += 1
10
11      return next_state,reward,done
```

6行目にて，env.step 関数を用いて行動を実行し，次の状態 next_state，報酬 reward，タスクの終了判定 done を取得しています．

以下は，Q テーブルの更新を行う update メソッドの実装です．

▶ **code8-5   update メソッド (QLearning.py)**

```
1   # 6. Q テーブルの更新
2   # state: 現在の状態（実数ベクトル）
3   # action: 行動インデックス（整数スカラー）
4   # next_state: 次の状態（実数ベクトル）
5   # reward: 報酬値（実数スカラー）
6   # alpha: 学習率（実数スカラー，デフォルトでは 0.2）
7   def update(self,state,action,next_state,reward,alpha=0.2):
8       # 状態の離散化
9       stateInd = self.getStateIndex(state)
10      next_stateInd = self.getStateIndex(next_state)
11
12      # 行動後の状態で得られる最大のQ 値 Q(s',a')
13      next_max_Qvalue = np.max(self.Q[next_stateInd[0]][next_stateInd
        [1]])
14
15      # 行動前の状態のQ 値 Q(s,a)
16      Qvalue = self.Q[stateInd[0]][stateInd[1]][action]
17
18      # Q 関数の更新
19      self.Q[stateInd[0]][stateInd[1]][action] = Qvalue + alpha * (
        reward+self.gamma*next_max_Qvalue-Qvalue)
```

9～10行目にて，現在と次の状態のインデックス stateInd と next_stateInd

を取得し，13 行目にて，`numpy.max` 関数（2.3.8 節）を用いて次の状態にお
ける最大の Q 値を計算しています．そして，19 行目にて，図 8.6 右のよう
に，状態 `stateInd` と行動 `action` の Q 値を，式 (8.12) を用いて更新して
います．

8.4.5　Q 学習法の実行

`QLearning` クラスを用いて，2.7 節にてインストールした OpenAI Gym の
`MountainCar` タスクに，Q 学習法を適用してみましょう．まず，`QLearning`
モジュールを読み込みます．

モジュールの読み込み (QLearningMain.py)

```
import QLearning as ql
```

以下の 14 個のステップで実行します．コード `QLearningMain.py` を参照
し，それぞれのステップに対応する実装を確認してください．

1. `MountainCar` タスクの環境の作成と変数の設定（$\epsilon = 0.5$, 状態の分割
   数 50 など）
2. `QLearning` クラスのインスタンス化

   QLearning クラスのインスタンス化 (QLearningMain.py)

   ```
   # 1. QLearning クラスのインスタンス化
   agent = ql.QLearning(env='MountainCar-v0',gamma=0.99,nSplit=
       nSplit)
   ```

3. Q 学習のエピソードのループ
4. 環境の初期化
5. ϵ-貪欲方策の ϵ の値を減衰（各反復にて 0.999 倍）
   貪欲方策の ϵ は，最初 0.5 に設定し各反復にて徐々に減少させます．

   ϵ-貪欲方策の ϵ の値を減衰 (QLearningMain.py)

   ```
   # 5. ε-貪欲方策の ε の値を減衰
   epsilon *= 0.999
   ```

6. Q 学習のステップのループ
7. 行動を選択
8. 行動を実行
9. Q テーブルの更新
10. 環境の描画

0 反復目および 5000 反復ごとに，図 2.13 のように環境の描画を行います．

環境の描画 (QLearningMain.py)

```
# 10. 環境の描画
if not episode%5000:
    agent.draw()
```

11. 状態の更新
12. 報酬和の計算，初期化および記録

▶ **code8-6　報酬和の計算，初期化および記録 (QLearningMain.py)**

```
1   # 12. 報酬和の計算，初期化および記録
2   if not done:
3       sumReward += agent.gamma**agent.step * r
4   else:
5       sumRewards.append(sumReward)
6       sumReward = 0
7       break
```

タスクが終了していない (done=False) 場合は，3 行目にて，** (2.3.8 節) を用いて，割引率 agent.gamma を agent.step 乗し，報酬 r に掛けて，割引報酬和 sumReward に加算します．

13. 強化学習環境の終了
14. 割引報酬和と Q 関数のプロット

実行結果は，results フォルダの「Qlearning_sumRewards_XXX.pdf」または「Qlearning_Qtable_XXX.pdf」に保存されます．「XXX」の部分は，状態の分割数 nSplit，反復回数 nIte の値が順番にアンダーバー「_」を挟んで入ります．

8.4.6 Q学習法の実行結果

レポジトリ MLBook の codes ディレクトリに移動し，反復回数を「nIteration=50001」，貪欲方策の ϵ を「epsilon=0.5」に設定し，コード QLearningMain.py を実行しましょう．実行すると，各エピソードごとに割引報酬和の値が出力されます．

```
Episode:0, sum of rewards:-85.6020325142037
Episode:1, sum of rewards:-85.6020325142037
Episode:2, sum of rewards:-85.6020325142037
Episode:3, sum of rewards:-85.6020325142037
Episode:4, sum of rewards:-85.6020325142037
〜省略〜
Episode:49995, 割引報酬和:-66.55544701365737
Episode:49996, 割引報酬和:-67.83389185508568
Episode:49997, 割引報酬和:-66.8798925435208
Episode:49998, 割引報酬和:-67.51908268190473
Episode:49999, 割引報酬和:-66.55544701365737
Episode:50000, 割引報酬和:-66.8798925435208
```

各反復（エピソード）にて，Qテーブルの更新をし，1000反復ごとに，MountainCar の描画，Qテーブルのヒートマップを用いた描画，および割引報酬和の推移のプロットを行います．

図 8.7 は，Q学習法によるQテーブル (50×50) の推移の例（ファイル「results/Qlearning_Qtable_XXX.pdf」）です．なお MountainCar タスクでは，行動が3種類ありますが，描画の際に，各状態（位置と速度の2次元座標）にて，最大のQ値を選択し1枚の画像（行列）にしてからヒートマップで描画しています．

最初は，ほとんどが0だったQテーブルが，ϵ-貪欲方策を用いたQ学習法が進むにつれて，徐々に状態空間が全体にQ値が伝播されていくことがわかります．そして，車が谷底（位置 $x_1 \approx -0.4$）にて停止している（速度 $x_2 \approx 0$）状態で，Q関数は最小値をとり，右に傾いたいくつかの楕円の同心円を経るごとに，徐々にQ値が高くなっていくことがわかります．

また，それぞれの楕円の伸びている方向が左下と右上で交互に代わっていることがわかります．このことから，方策としては，まず，左の山を少し登った後勢いをつけて下り，右の山の途中まで登ります．そして，同様に，右の山を勢いよく下り左の山の山頂まで登った後，勢いよく下り右の山の山頂ま

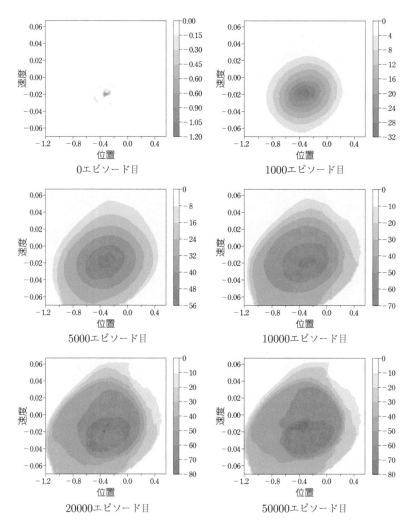

図 8.7　MountainCar タスクの 2 次元の状態空間を 50×50 に分割した Q テーブルの Q 学習法による推移.

で登る方策が獲得できていることがわかります.

　図 8.8 は，Q 学習法における割引報酬和の推移のプロット（ファイル

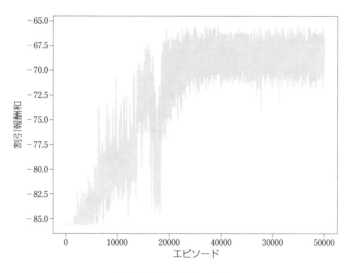

図 8.8 割引報酬和の推移.

「results/sumRewards_XXX.pdf」）です．以下の動画のように，前半では，$\epsilon \approx 0.5$ に設定されているため，ランダムに行動を選択しながら状態空間を探索し，Q テーブルの学習を進め割引報酬和を改善していることがわかります．そして，20000 反復以降の後半は，ϵ の値はほぼ 0 になっており，学習した Q テーブルを用いて，貪欲方策により決定的に行動を選択し高い報酬を獲得できていることがわかります．

――― **(Q 学習法による MountainCar タスクの学習過程の動画)** ―――

https://youtu.be/Fub-oDe14bI

なお，谷底からゴールの右の山の山頂までは 70 ステップ前後かかるので，初期状態にもよりますが，割引報酬和は −70 前後が最適と考えられます．

教師なし学習

これまで紹介した教師あり学習および強化学習では，入力データの他に出力に対応する教師データ，または出力に対する評価である報酬データが必要な問題を考えていました．しかし，実際の問題では，それらのどちらも得ることができない，入力データのみしか得られない問題があります．このような問題に対してできることは限られているようにみえますが，入力データを生成する確率分布，入力データを生成する潜在因子，入力データのクラスター構造および入力データを表現する低次元空間などを分析できます．
本章では，入力データを分析するための教師なし学習手法として代表的な，主成分分析，因子分析，およびクラスター分析を紹介します．

9.1 主成分分析

主成分分析 (principal component analysis：PCA) は，代表的かつ基本的な次元削減手法です．次元削減は，データの次元を，人間が目視可能な 2 次元または 3 次元に削減することを目的としています．

9.1.1 次元削減の例

例えば，図 9.1 のような 3 種類の花「Setosa」，「Versicolor」および「Virginica」の「がく片長」，「がく片幅」，「花びら長」および「花びら幅」に関する計測データ（iris データ [4]）は，4 次元空間上にデータが分布していま

図 9.1 Setosa, Versicolor および Virginica の画像.

す. したがって, 「Setosa」, 「Versicolor」 および 「Virginica」 それぞれに属する データがどのように分布しているのかを目視で確認できません.

そこで, 次元削減手法を用いて人間が目視可能な 2 次元または 3 次元の空間に, iris データを写像します. 図 9.2 は, 4 次元の iris データを, 主成分分析を用いて 2 次元に次元削減した結果の例です. 図 9.2 の 2 次元のグラフにより, 「Setosa」, 「Versicolor」 および 「Virginica」 それぞれに属するデータを目視により確認し, データの分布について分析できます. 例えば, 「Versicolor」 と 「Virginica」 は近くに分布しているのに対し, 「Setosa」 は離れて分布していることがわかります.

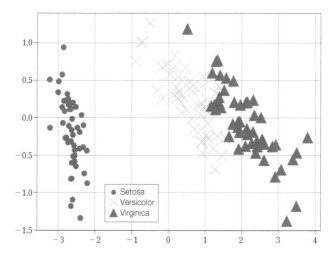

図 9.2 iris データを主成分分析により 2 次元空間に次元削減し可視化した例.

9.1.2　主成分分析の定式化

1.3.2 節にて紹介したように，教師なし学習の主成分分析では，入力ベクトル $\mathbf{x}$ の集合である $\mathcal{D}^{\mathrm{tr}}$（式 (1.6)）を学習データとして用います．定式化を図を用いて説明するために，以降は，入力ベクトル $\mathbf{x}$ の次元が 2 次元の場合を考えます．また，主成分分析では，入力ベクトル $\mathbf{x}$ は，3.4.5 節にて紹介した中心化が前処理として適用されていると仮定します．

$$\mathbf{x}_i \leftarrow \mathbf{x}_i - \bar{\mathbf{x}} \tag{9.1}$$

9.1.3　主成分分析のモデル

図 9.3 のように，主成分分析は，線形判別分析と同様に，原点（学習データ $\mathcal{D}^{\mathrm{tr}}$ の中心）を通る直線（赤線）を考えます．主成分分析では，この直線を**主成分軸**と呼び，各データ点 $\mathbf{x}_i$ を主成分軸に正射影した点の，主成分軸上の座標を**主成分得点**といいます．

主成分分析では，この主成分得点を以下の線形モデルを用いた関数 $f(\mathbf{x}_i)$ で表します．

$$f(\mathbf{x}_i) = \mathbf{x}_i \mathbf{w} \tag{9.2}$$

ここで，$\mathbf{w}$ は主成分軸の正規直交基底ベクトルに対応しています．主成分得

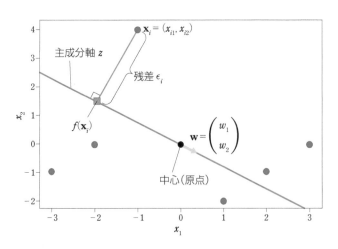

図 9.3　主成分分析のモデルのイメージ．

点 $f(\mathbf{x}_i)$ は，原点を境に正規直交基底ベクトルの方向にある場合は正の値，逆の方向にある場合は負の値をとります.

9.1.4 主成分分析の最適化問題

主成分分析は，学習データの次元を削減するために，学習データ $\mathcal{D}^{\mathrm{tr}}$ をよく表現する低次元の超平面を求めることを目的とします．ここで，超平面とは，1 次元の場合は直線，2 次元の場合は平面に対応しています.

この目的を実現するために，図 9.3 のように，各学習データ点 $\mathbf{x}_i$ と正射影した点との残差 ϵ_i の二乗平均を最小化する問題として，主成分分析を定式化します.

(制約付き平均二乗誤差の最小化)

$$\min_{\mathbf{w}} \quad \mathcal{E}(\mathbf{w}) \equiv \frac{1}{N} \sum_{i=1}^{N} \epsilon_i^{\mathrm{tr}2}$$

$$\text{s.t.} \quad \mathbf{w}^{\top}\mathbf{w} = 1 \qquad (9.3)$$

ここで，$\mathbf{w}^{\top}\mathbf{w} = 1$ は，$\mathbf{w}$ に主成分軸 z の正規直交基底ベクトルの役割を持たせるための制約式です.

9.1.5 回帰分析との違い

主成分分析と回帰分析（4.1 節）は，どちらも平均二乗誤差を最小化するように目的関数が設計されている点では類似していますが，残差の取り方が異なります．図 9.4 のように，回帰分析の特徴は，

- 縦軸の値を予測することが目的
- 残差は，図 9.4 左のように，直線とデータ点の間の縦軸成分の距離に対応

となっているのに対し，主成分分析の特徴は，

- データ点 $\mathbf{x}$ を表す低次元の超平面を求めることが目的
- 残差は，図 9.4 右のように，直線とデータ点との距離に対応

となっています.

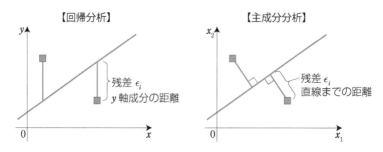

図 9.4　回帰分析と主成分分析の残差の違い.

9.1.6　最適化問題の簡略化

直線とデータ点 $\mathbf{x}_i$ の距離に対応する残差 ϵ_i^2 の最小化問題 (式 (9.3)) は,サポートベクトルマシンのマージン最大化問題 (式 (5.17)) と同様に解くことが困難です.そこで,図 9.5 のようなデータ点 $\mathbf{x}_i$,正射影した点および原点を結ぶ直角三角形を考えます.それぞれの辺の長さの二乗は,斜辺 c^2,底辺 $f(\mathbf{x}_i)^2$ および高さ ϵ_i^2 となっており,これらの間には以下のピタゴラスの定理が成り立ちます.

$$c^2 = \epsilon_i^2 + f(\mathbf{x}_i)^2 \tag{9.4}$$

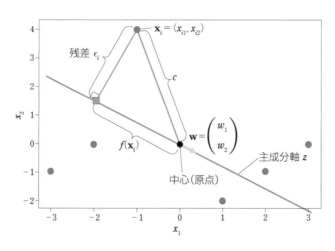

図 9.5　データ点と $\mathbf{x}_i$,正射影した点および原点を結ぶ三角形.

データ点と中心の間の長さに対応する斜辺の二乗 c^2 は，主成分軸（赤線）の向き（ベクトル $\mathbf{w}$）に依存せず一定ですが，残差の二乗 ϵ_i^2 と底辺の長さの二乗 $f(\mathbf{x}_i)^2$ は，主成分軸の向きによって変化します．ただし，$f(\mathbf{x}_i)^2$ と ϵ_i^2 との間には，ピタゴラスの定理から，式 (9.5) のように反比例の関係があることがわかります．つまり，残差の二乗 ϵ_i^2 を小さくすると，底辺の二乗 $f(\mathbf{x}_i)^2$ は大きくなります．

$$f(\mathbf{x}_i)^2 = c^2 - \epsilon_i^2 \tag{9.5}$$

この反比例の関係を利用して，制約付き平均二乗誤差の最小化（式 (9.3)）を以下のように簡略化します．

(主成分分析の最適化問題)

$$\max_{\mathbf{w}} \quad \frac{1}{N}\sum_{i=1}^{N} f(\mathbf{x}_i^{\mathrm{tr}})^2 = \frac{1}{N}\sum_{i=1}^{N}(\mathbf{x}_i^{\mathrm{tr}}\mathbf{w})^2$$

$$\text{s.t.} \quad \mathbf{w}^\top \mathbf{w} = 1 \tag{9.6}$$

9.1.7 最適化問題の行列表現

最適化問題（式 (9.6)）を行列とベクトルを用いて表現します．

$$\frac{1}{N}\sum_{i=1}^{N}(\mathbf{x}_i^{\mathrm{tr}}\mathbf{w})^2 = \frac{1}{N}\sum_{i=1}^{N}(\mathbf{x}_i^{\mathrm{tr}}\mathbf{w})^\top(\mathbf{x}_i^{\mathrm{tr}}\mathbf{w}) = \frac{1}{N}\sum_{i=1}^{N}\mathbf{w}^\top \mathbf{x}_i^{\mathrm{tr}\top}\mathbf{x}_i^{\mathrm{tr}}\mathbf{w}$$

$$= \frac{1}{N}\mathbf{w}^\top\left(\sum_{i=1}^{N}\mathbf{x}_i^{\mathrm{tr}\top}\mathbf{x}_i^{\mathrm{tr}}\right)\mathbf{w} = \frac{1}{N}\mathbf{w}^\top X^{\mathrm{tr}\top}X^{\mathrm{tr}}\mathbf{w}$$

$$\tag{9.7}$$

ここで，X^{tr} は，式 (1.2) にて定義された $N \times D$ の行列です．X^{tr} の各要素は，中心化された $\mathbf{x}_i^{\mathrm{tr}} - \bar{\mathbf{x}}$ であるため，$X^{\mathrm{tr}\top}X^{\mathrm{tr}}$ は，学習データの分散共分散行列（式 (3.78)）に対応しています．

(主成分分析の最適化問題の行列表現)

$$\max_{\mathbf{w}} \quad \frac{1}{N}\mathbf{w}^\top \Sigma \mathbf{w}$$

$$\text{s.t.} \quad \mathbf{w}^\top \mathbf{w} = 1 \tag{9.8}$$

ここで，$\Sigma = X^{\mathrm{tr}\top} X^{\mathrm{tr}}$ は学習データの分散共分散行列である．

制約がない場合の $\frac{1}{N}\mathbf{w}^\top \Sigma \mathbf{w}$ の最大解 $\mathbf{w}^*$ は無限大に発散するため，制約式 $\mathbf{w}^{*\top}\mathbf{w}^* = 1$ を満たしません．したがって，3.2.6 節にて学んだラグランジュ未定乗数法を用いて，制約付き最適化問題（式 (9.8)）を解きます．まず，ラグランジュ関数を作ります．

$$\mathcal{L}(\lambda, \mathbf{w}) = \mathbf{w}^\top \Sigma \mathbf{w} - \lambda \left(\mathbf{w}^\top \mathbf{w} - 1 \right) \tag{9.9}$$

ラグランジュ関数のベクトル $\mathbf{w}$ に関する偏微分（3.2.4 節）を求めて 0 とおき，停留点を満たす連立方程式を作ります．

$$\frac{\partial \mathcal{L}}{\partial \mathbf{w}} = \left(\Sigma + \Sigma^\top \right) \mathbf{w} - 2\lambda \mathbf{w} = 0$$

$$\Downarrow 分散共分散行列 \Sigma が対称行列であることを利用$$

$$\longrightarrow 2\Sigma \mathbf{w} - 2\lambda \mathbf{w} = 0$$

$$\longrightarrow \Sigma \mathbf{w} = \lambda \mathbf{w} \tag{9.10}$$

次に，ラグランジュ関数の λ に関する偏微分を求めて 0 とおきます．

$$\frac{\partial \mathcal{L}}{\partial \lambda} = -\mathbf{w}^\top \mathbf{w} + 1 = 0$$

$$\longrightarrow \mathbf{w}^\top \mathbf{w} = 1 \tag{9.11}$$

式 (9.10) と式 (9.11) から，式 (9.8) は，ラグランジュ未定乗数 λ を固有値，ベクトル $\mathbf{w}$ を固有ベクトルとする分散共分散行列 Σ の固有値問題に対応していることがわかります．

したがって，主成分分析のラグランジュ双対問題は，以下の固有値問題となります．

(主成分分析のラグランジュ双対問題)

$$\max_{\boldsymbol{\lambda}} \Sigma\mathbf{w} = \lambda\mathbf{w}$$

$$\text{s.t. } \lambda \geq 0 \tag{9.12}$$

9.1.8 主成分分析の手順

行列 Σ の固有値問題を解き，最大の固有値 λ^* に対応する固有ベクトル $\mathbf{w}^*$ を求めることにより，主成分軸を獲得できます．つまり，主成分分析の手順は以下のようになります．

手順1 式 (9.1) を用いて学習データの中心化をする．

手順2 分散共分散行列 $\Sigma = X^{\mathrm{tr}\top} X^{\mathrm{tr}}$ を計算する．

手順3 式 (9.12) の固有値問題を解く．

手順4 固有値 λ を降順 $\lambda_1 > \lambda_2 > \ldots > \lambda_D$ でソートする．

手順5 ソートした固有値に対応する固有ベクトル $\mathbf{w}_1, \mathbf{w}_2, \ldots$ を，主成分軸の正規直交基底ベクトルとして，所定の低次元の D_{low} 個を選択する．ここで，固有ベクトル $\mathbf{w}_1, \mathbf{w}_2, \ldots$ に対応する主成分軸を順番に，第 1 主成分軸，第 2 主成分軸といいます．

手順6 選択した正規基底ベクトルをまとめた $D \times D_{\mathrm{low}}$ の行列 $W' = (\mathbf{w}_1, \mathbf{w}_2, \ldots, \mathbf{w}_{D_{\mathrm{low}}})$ を作成し，学習データを低次元空間に写像した主成分得点 $F = (f_1(\mathbf{x}), f_2(\mathbf{x}), \ldots, f_{D_{\mathrm{low}}}(\mathbf{x}))$ を計算する．

$$F = X^{\mathrm{tr}}W' \tag{9.13}$$

9.1.9 Python による主成分分析の実装

Python を用いて，主成分分析を実行する PCA クラスを実装してみましょう．以下の 4 つのメソッドを用意します．

1. コンストラクタ `__init__`：主成分分析の各種初期化（code 9-1 参照）
2. `reduceDim`：主成分分析の手順に沿った次元削減（code 9-2 参照）
3. `plotResult`：次元削減後の主成分得点 F（式 (9.13)）のプロット
4. `plotModel3D`：学習データと主成分軸（平面）のプロット

以下，いくつか重要なメソッドの実装方法について説明します．

▶ **code9-1　コンストラクタ (PCA.py)**

```
1   # 1. 主成分分析の各種初期化
2   # X: 学習データ（データ数×次元数のnumpy.ndarray）
3   def __init__(self,X):
4
5       # データの中心化
6       self.mean = np.mean(X,axis=0)
7       self.X = X - self.mean
```

6行目にて，numpy.mean関数（2.3.8節）を用いて，学習データ X の各要素の行方向の平均を計算し，7行目にて各データ点から引くことにより中心化を行っています（手順1）．

▶ **code9-2　reduceDim メソッド (PCA.py)**

```
1   # 2. 主成分分析を用いた次元削減
2   # lowerDim: 低次元空間の次元数（整数スカラー）
3   def reduceDim(self,lowerDim):
4       self.lowerDim = lowerDim
5
6       # 分散共分散行列
7       cov = np.cov(self.X.T,bias=1)
8
9       # 固有値問題
10      L,V = np.linalg.eig(cov)
11
12      # 固有値と固有ベクトルの固有値の降順でソート
13      inds = np.argsort(L)[::-1]
14      self.L = L[inds]
15      self.W = V[:,inds]
16
17      # 主成分得点の計算
18      self.F = np.matmul(self.X,self.W[:,:lowerDim])
```

7行目にて numpy.cov 関数 (code 3-14) を用いて，分散共分散行列を計算しています（手順2）．10行目にて，numpy.linalg.eig 関数（code 3.7）を用いて，固有値問題を解いています（手順3）．そして，13〜15行目にて，

numpy.argsort 関数（2.3.9節）を用いて，固有値 L と固有ベクトル W を固有値の降順にソートしています（手順4）.

最後に，18行目にて，スライス（2.3.7節）を用いて，D_{low}(lowerDim) 個の大きな固有値に対応する固有ベクトル w を選択（手順5）し，numpy.matmul 関数 (code 3-4) を用いて，主成分得点 F（式 (9.13)）を計算しています（手順6）.

9.1.10　主成分分析の実行

主成分分析の PCA クラスと，データ作成用の data クラスを用いて，次元削減を行ってみましょう．まず，PCA と data モジュールを読み込みます.

モジュールの読み込み (PCAmain.py)

```
import PCA as pca
import data
```

以下の 4 つのステップで実行します.

1. データの作成
   データ生成用のコード data.py の unsupervised クラスを myData としてインスタンス化し，makeData メソッドを用いてデータを作成します．本節では，2 種類のデータを用います.

   - dataType=1 がく片長，がく片幅，花びら長，および花びら幅の 4 次元の iris データ [4]
   - dataType=2 居住面積 (GrLivArea), 車庫面積 (GarageArea), 全部屋数 (TotRmsAbvGrd) の 3 次元の物件価格データ（2.3.20節）

   データは，makeData 実行時の dataType 変数を 1 または 2 に設定することにより，切り替えることができます.

   データの作成 (PCAmain.py)

   ```
   # 1. データの作成
   myData = data.unsupervised()
   myData.makeData(dataType=2)
   ```

2. 主成分分析による次元削減

主成分分析による次元削減 (PCAmain.py)

```
# 2. 主成分分析による次元削減
myModel = PCA.PCA(myData.X)
myModel.reduceDim(lowerDim=2)
```

3. モデルパラメータの標準出力（コード PCAmain.py 参照）
4. データと主成分軸のプロット（コード PCAmain.py 参照）
    plotResult メソッドと plotModel3D を実行し，次元削減後の学習
    データと主成分軸（平面）をプロットします．実行結果は，results フォ
    ルダの「PCA_result_XXX.pdf」と「PCA_result_plane_XXX.pdf」に
    保存されます．「XXX」の部分は，データの種類（dataType の値）が
    入ります．

9.1.11 主成分分析の実行結果

レポジトリ MLBook の codes ディレクトリに移動し，データの種類を物
件価格 (dataType=2)，削減後の次元を 2 (lowerDim=2) に設定し，コード
PCAmain.py を実行しましょう．実行すると，以下のように固有値と学習し
たモデルパラメータ（正規直交基底ベクトル）の値が標準出力されます．

```
# 固有値：
lambda=[4.36464160e+05 2.25400296e+04 8.37983715e-01]
# 正規直交基底ベクトル：
w=
[[ 9.68925039e-01  2.47345279e-01 -2.14050092e-03]
 [ 2.47344538e-01 -9.68927402e-01 -6.08512989e-04]
 [ 2.22450281e-03 -6.01622617e-05  9.99997524e-01]]
```

図 9.6(a)〜(c) は，3 次元の物件価格データと主成分分析により獲得した主
成分軸（青色のメッシュ）の例（ファイル「resuls/PCA_results_plane_2.pdf」）
です．また，図 9.6(d) は，学習データを平面に写像した主成分得点の例（ファ
イル「results/PCA_result_2.pdf」）です．

図 9.6(a)〜(c) から，学習データ（黒点）の分布に沿った姿勢で主成分軸の
平面（青色のメッシュ）が獲得できていることがわかります．特に，居住面

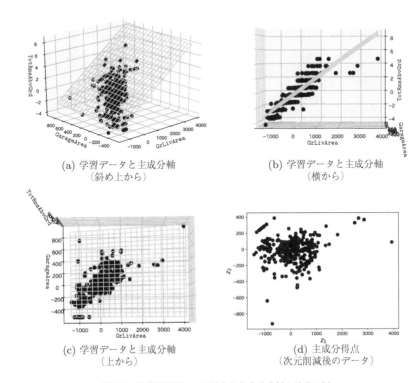

(a) 学習データと主成分軸
（斜め上から）

(b) 学習データと主成分軸
（横から）

(c) 学習データと主成分軸
（上から）

(d) 主成分得点
（次元削減後のデータ）

図 9.6 物件価格データに対する主成分分析の結果の例.

積（GrLiveArea）および車庫面積（GarageArea）がともに大きくなると，全部屋数（TotRmsAbvGrd）が増えるという関係を表す主成分軸が獲得できています．また，図 9.6(d) から，よりデータの分散・共分散が大きい居住面積（GrLiveArea）および車庫面積（GarageArea）の関係を保ったまま，次元削減が行われていることがわかります．

次に，データの種類を iris（dataType=1），削減後の次元を 2（lowerDim=2）に設定して実行してみましょう．実行すると，以下のように固有値と学習したモデルパラメータ（正規直交基底ベクトル）の値が標準出力されます．

```
# 固有値:
lambda=[4.19667516 0.24062861 0.07800042 0.02352514]
# 正規直交基底ベクトル:
```

```
w=
[[ 0.36158968 -0.65653988 -0.58099728  0.31725455]
 [-0.08226889 -0.72971237  0.59641809 -0.32409435]
 [ 0.85657211  0.1757674   0.07252408 -0.47971899]
 [ 0.35884393  0.07470647  0.54906091  0.75112056]]
```

次元削減後のデータに花の種類ごとに色を変えてプロットすると，図 9.2 のようになります．

9.1.12　次元削減の信頼性確認

　さて，物件価格データのように元の学習データが 3 次元で人間の目視で確認できる場合，主成分分析による次元削減が元の学習データをよく表現できているか否かを，2 つのデータ（次元削減前と後）を見比べて確認できます．しかし，実際の次元削減が必要としているデータは，iris データのように元の学習データの次元が 4 次元を超えるような場合です．そのような場合，次元削減がどれくらいよくできているのかを直観的には確認できません．

(1)　寄与率

　次元削減後のデータが元の学習データをどれくらい説明できるかを表す指標に，**寄与率** (contribution ratio) があります．寄与率は，各固有値の固有値の総和に対する割合として以下のように定義されます．

(寄与率)

$$第\ d\ の主成分軸の寄与率 = \frac{\lambda_d}{\sum_{d'=1} \lambda_{d'}} \times 100\% \qquad (9.14)$$

ここで，λ_d は第 d 番目に大きい固有値である．

---

(2)　累積寄与率

　所定の D_{low} 個の主成分軸の**累積寄与率** (cumulative contribution ratio) は以下のように定義されます．

(累積寄与率)

$$第 \ D_\text{low} \ 主成分軸までの累積寄与率 = \frac{\lambda_1 + \lambda_2 + \cdots + \lambda_{D_\text{low}}}{\sum_{d'=1} \lambda_{d'}} \times 100\%$$

(9.15)

PCA クラスに寄与率と累積寄与率を計算する `compContRatio` メソッドを追加します.

▶ **code9-3　compContRatio メソッド (PCA.py)**

```
1   # 5. 寄与率と累積寄与率の計算
2   def compContRatio(self):
3
4       # 寄与率の計算
5       contRatio = self.L/np.sum(self.L) * 100
6
7       # 累積寄与率の計算
8       cumContRatio = [np.sum(contRatio[:i+1]) for i in range(len(self.L
        ))]
9
10      return contRatio,cumContRatio
```

5 行目にて, `numpy.sum` 関数 (2.3.8 節) を用いて, 固有値の総和に対する各固有値の比である寄与率 `contRatio` を計算しています. そして, 8 行目にて, リスト内包表記 (2.5 節) を用いて, 固有値の数分 `for` 文を回し, 寄与率 `contRatio` を 1 つずつ足して累積寄与率 `cumContRatio` を計算しています.

　`PCAmain.py` を実行すると, `compContRatio` メソッドを用いて計算した寄与率と累積寄与率が標準出力されます. 以下は, iris データに対する寄与率と累積寄与率の例です.

```
# 寄与率: [92.5  5.3  1.7  0.5]
# 累積寄与率: [ 92.5  97.8  99.5 100. ]
```

累積寄与率は, 第 1 主成分で 92.5%, 第 2 主成分までで 97.8% と非常に高い値になっていますので, 図 9.2 の 2 次元に削減したデータは, 元の学習デー

タを十分に表現できていると考えてよいことがわかります.

9.1.13　主成分軸の解釈

　図 9.2 のように,主成分分析により得られた 2 次元座標系の各軸(第 1 主成分と第 2 主成分)がどのような意味を持っているのかを知りたくなります.例えば,「Setosa」は「Versicolor」と「Virginica」から横軸で離れていますが,どの特徴量に起因して,このような差異が生じているのでしょうか.

(1)　正規直交基底ベクトルを用いた解釈

　iris データに対し第 1 主成分と第 2 主成分の正規直交基底ベクトル **w** は以下のようになっています.

iris データの主成分軸の正規直交基底ベクトル

```
# 第 1主成分の正規直交基底ベクトル
myModel.W[:,[0]]
array([[ 0.36158968],
       [-0.08226889],
       [ 0.85657211],
       [ 0.35884393]])
# 第 2主成分の正規直交基底ベクトル
myModel.W[:,[1]]
array([[-0.65653988],
       [-0.72971237],
       [ 0.1757674 ],
       [ 0.07470647]])
```

iris データの特徴量は,「がく片長」,「がく片幅」,「花びら長」,および「花びら幅」の順番になっていますが,第 1 主成分は,「花びら長」が「0.86」と高い値をとっており,「がく片幅」は「-0.08」とほぼ 0 になっていることがわかります.一方,第 2 主成分は,「がく片長」,「がく片幅」がどちらも負に高い値になっています.このことから,第 1 主成分は「花びら長」に関連の強い軸で,第 2 主成分は「がくの大きさ」に関連した軸となっていると解釈できます.実際に,図 9.1 においても,「Setosa」は「Versicolor」と「Virginica」と比べると,花びらが小ぶりのように見えます.

(2) 主成分負荷量

　固有値を用いた主成分軸の解釈では，データの単位や値の範囲に大きく影響を受けます．そこで，データの単位や範囲の影響を排除するために，各主成分軸の主成分得点 $f(\mathbf{x})$ と，各特徴量の相関係数を用いた解釈方法があります．この主成分得点と特徴量の相関係数のことを，**主成分負荷量** (principal component loading) と呼び，以下のように定義されます．

(主成分負荷量)

特徴量 x_d と主成分得点 $f_o(\mathbf{x})$ の相関係数 $= \dfrac{\Sigma_{x_d, f_o}}{\sqrt{\Sigma_{x_d}}\sqrt{\Sigma_{f_o}}}$　(9.16)

ここで，f_o は第 o 主成分の主成分得点 $f_o(\mathbf{x}) = \mathbf{x}\mathbf{w}_o$ である．

　PCA クラスに主成分負荷量を計算する compLoading メソッドを追加します．

▶ **code9-4　compLoading メソッド (PCA.py)**

```
1  # 6. 主成分負荷量の計算
2  def compLoading(self):
3      # 特徴量X と主成分得点 F の各ペア間の相関係数
4      Z = np.concatenate([self.X,self.F],axis=1)
5      PCL = np.corrcoef(Z.T,bias=1)[:self.X.shape[1],-self.F.shape[1]:]
6      return PCL
```

4行目にて，numpy.concatenate関数 (2.3.12節) を用いて学習データ X と，主成分得点 F を列方向に結合し，5行目にて numpy.corrcoef 関数 (code 3-15) を用いて相関係数を計算し，スライス（2.3.7節）を用いて学習データ X と主成分得点 F 間の相関係数を取り出しています．

　PCAmain.py を実行すると，compLoading メソッドを用いて計算した主成分負荷量が表示されます．以下は，iris データに対する主成分負荷量です．

```
# 主成分負荷量:
[[ 0.9 -0.4]
 [-0.4 -0.8]
 [ 1.   0. ]
 [ 1.   0. ]]
```

固有値を用いた主成分軸の解釈と異なり，第 1 主成分の主成分負荷量は $(0.9, -0.4, 1, 1)$ となっており，第 1 主成分は，「がく片幅」以外の特徴量（「がく片長」，「花びら長」，および「花びら幅」）が高い相関を持っていることがわかります．したがって，第 1 主成分は，「花びら長」の軸ではなく，「がく片長と花びらの大きさの総合」に対応した軸であると解釈できそうです．一方，第 2 主成分は，固有値を用いた解釈と同様に，「がく片幅」が負に大きい相関を持っているので，第 2 主成分は，「がく片幅」に対応した軸であると解釈できそうです．したがって，「Setosa」は，「Versicolor」および「Virginica」と，「がく片幅」では差がないけれども，それ以外の「がく片長と花びらの大きさ」において差があると解釈できそうです．

9.2　因子分析

　因子分析 (factor analysis：FA) は，学習データの生成に影響を与えた潜在的な要因である**因子**を抽出し，学習データを要約することを目的としています．因子分析では，学習データ $\mathcal{D}^{\mathrm{tr}}$（式 (1.6)）の入力ベクトル $\mathbf{x} = (x_1, x_2, x_3)$ の各要素（特徴量）を，**共通因子** (common factor) $\mathbf{f} = (f_1, f_2)$ に対して線形にモデル化します．ここでは便宜上，入力を 3 次元のベクトルとします．

$$x_1 = f_1 w_{11} + f_2 w_{21} + e_1$$
$$x_2 = f_1 w_{12} + f_2 w_{22} + e_2$$
$$x_3 = f_1 w_{13} + f_2 w_{23} + e_3 \tag{9.17}$$

ここで，共通因子の係数 w は，共通因子の特徴量への影響度合いを調整する**因子負荷量**（factor loading）です．また，$\mathbf{e} = (e_1, e_2, e_3)$ は，各特徴量に独立に現れる**独自因子** (unique factor) です．式 (9.17) を行列とベクトルで表現すると，以下のようになります．

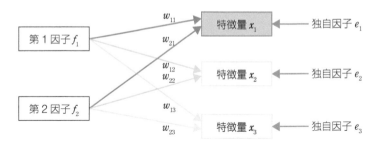

図 9.7 因子分析のモデルパス図.

$$\mathbf{x} = \mathbf{f}W + \mathbf{e} \tag{9.18}$$

ここで，W は各要素に因子負荷量を持つ 2 行 3 列の行列です．

$$W = (\mathbf{w}_1, \mathbf{w}_2, \mathbf{w}_3) = \left(\begin{array}{ccc} w_{11} & w_{12} & w_{13} \\ w_{21} & w_{22} & w_{23} \end{array} \right) \tag{9.19}$$

式 (9.17) と式 (9.18) の入力ベクトル $\mathbf{x} = (x_1, x_2, x_3)$ と因子の関係を図示すると，図 9.7 のようになります．

9.2.1　共通因子と独自因子の関係

因子分析では，図 9.8 のように，ある特徴量 x_d が共通因子 $\mathbf{f}$ で説明できる部分と説明できない部分（独自因子 e_d）に分けられると仮定します．

図 9.8　共通因子と独自因子の関係.

9.2.2　主成分分析との違い

主成分分析では，入力ベクトル $\mathbf{x}$ から影響を受ける主成分を抽出すること

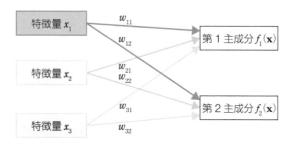

図 9.9　主成分分析のモデルパス図.

により，入力ベクトルの次元を削減することを目的としていました．具体的には，第 o 主成分の主成分得点 $f_o(\mathbf{x})$ を，$\mathbf{x}$ に対し線形にモデル化していました．

$$f_1(\mathbf{x}) = \mathbf{x}\mathbf{w}_1 = x_1 w_{11} + x_2 w_{21} + x_3 w_{31}$$
$$f_2(\mathbf{x}) = \mathbf{x}\mathbf{w}_2 = x_1 w_{12} + x_2 w_{22} + x_3 w_{32}$$

これを図示すると，図 9.9 のようになります．

因子分析のモデルパス図 9.7 と比較すると，因子分析では，特徴量 $\mathbf{x}$ に対して矢印が向かっていたのに対し，主成分分析では，特徴量 $\mathbf{x}$ から矢印が出ていることがわかります．つまり，主成分分析と因子分析には，以下の違いがあります．

- 主成分分析：「学習データが影響を与える」主成分を抽出
- 因子分析：「学習データに影響を与える」潜在的な要因である因子を抽出

9.2.3　共通因子と独自因子の特性

因子分析の定式化の準備として，共通因子と独自因子には，以下の特性があると仮定します．

1. 共通因子は標準化されていて期待値は「0」および分散は「1」

$$\mathbb{E}[f_1] = \mathbb{E}[f_2] = 0$$
$$\mathrm{Var}(f_1) = \mathrm{Var}(f_2) = 1 \tag{9.20}$$

2. 独自因子の期待値は「0」

$$\mathbb{E}[e_1] = \mathbb{E}[e_2] = 0 \tag{9.21}$$

3. 共通因子と独自因子は独立していて，異なる 2 つの因子の共分散は「0」

$$\mathrm{Cov}(f_1, f_2) = \mathrm{Cov}(e_1, e_2) = \mathrm{Cov}(f_1, e_1) = \mathrm{Cov}(f_1, e_2) = \mathrm{Cov}(f_1, e_3)$$
$$= \mathrm{Cov}(f_2, e_1) = \mathrm{Cov}(f_2, e_2) = \mathrm{Cov}(f_2, e_3) = 0 \tag{9.22}$$

9.2.4　因子分析の定式化

因子分析では，因子負荷量 W を最適化するために，標準化された学習デー
タ X^{tr} の分散共分散行列 Σ を考えます．3.4.4 節にて学んだように，3 次元
の入力ベクトル $\mathbf{x}$ の学習データ $\mathcal{D}^{\mathrm{tr}}$ の分散共分散行列は，以下のように 3 行
3 列の行列となります．

$$\Sigma = \left(\begin{array}{ccc} \mathrm{Var}(x_1) & \mathrm{Cov}(x_1, x_2) & \mathrm{Cov}(x_1, x_3) \\ \mathrm{Cov}(x_2, x_1) & \mathrm{Var}(x_2) & \mathrm{Cov}(x_2, x_3) \\ \mathrm{Cov}(x_3, x_1) & \mathrm{Cov}(x_3, x_2) & \mathrm{Var}(x_3) \end{array} \right) \tag{9.23}$$

分散共分散行列の要素の分散 $\mathrm{Var}(x_d)$ と共分散 $\mathrm{Cov}(x_d, x_{d'})$ を，3.4.6 節に
て学んだ分散と共分散の特性を利用して展開していきます．

まず，分散を展開していきます．

$$\mathrm{Var}(x_d) = \mathrm{Var}(f_1 w_{1d} + f_2 w_{2d} + e_d)$$
$$\Downarrow 式 (3.82) を利用$$
$$= \mathrm{Var}(f_1 w_{1d}) + \mathrm{Var}(f_2 w_{2d}) + \mathrm{Var}(e_d)$$
$$+ 2\mathrm{Cov}(f_1 w_{1d}, f_2 w_{2d}) + 2\mathrm{Cov}(f_1 w_{1d}, e_d) + 2\mathrm{Cov}(f_2 w_{2d}, e_d)$$
$$\Downarrow 式 (3.83) と式 (3.85) を利用$$
$$= w_{1d} w_{1d} \mathrm{Var}(f_1) + w_{2d} w_{2d} \mathrm{Var}(f_2) + \mathrm{Var}(e_d)$$
$$+ 2 w_{1d} w_{2d} \mathrm{Cov}(f_1, f_2) + 2 w_{1d} \mathrm{Cov}(f_1, e_d) + 2 w_{2d} \mathrm{Cov}(f_2, e_d)$$
$$\Downarrow 式 (9.22) を利用$$
$$= w_{1d} w_{1d} + w_{2d} w_{2d} + \mathrm{Var}(e_d)$$

次に，共分散を展開します．

$$\mathrm{Cov}(x_d, x_{d'}) = \mathrm{Cov}(f_1 w_{1d} + f_2 w_{2d} + e_d, f_1 w_{1d'} + f_2 w_{2d'} + e_{d'})$$

$$\Downarrow 式 (3.84) を利用$$

$$= \mathrm{Cov}(f_1 w_{1d}, f_1 w_{1d'}) + \mathrm{Cov}(f_1 w_{1d}, f_2 w_{2d'}) + \mathrm{Cov}(f_1 w_{1d}, e_{d'})$$
$$+ \mathrm{Cov}(f_2 w_{2d}, f_1 w_{1d'}) + \mathrm{Cov}(f_2 w_{2d}, f_2 w_{2d'}) + \mathrm{Cov}(f_2 w_{2d}, e_{d'})$$
$$+ \mathrm{Cov}(e_d, f_1 w_{1d'}) + \mathrm{Cov}(e_d, f_2 w_{2d'}) + \mathrm{Cov}(e_d, e_{d'})$$

$$\Downarrow 式 (3.85) を利用$$

$$= w_{1d} w_{1d'} \mathrm{Cov}(f_1, f_1) + w_{1d} w_{2d'} \mathrm{Cov}(f_1, f_2) + w_{1d} \mathrm{Cov}(f_1, e_{d'})$$
$$+ w_{2d} w_{1d'} \mathrm{Cov}(f_2, f_1) + w_{2d} w_{2d'} \mathrm{Cov}(f_2, f_2) + w_{2d} \mathrm{Cov}(f_2, e_{d'})$$
$$+ w_{1d'} \mathrm{Cov}(e_d, f_1) + w_{2d'} \mathrm{Cov}(e_d, f_2) + \mathrm{Cov}(e_d, e_{d'})$$

$$\Downarrow 式 (9.22) を利用$$

$$= w_{1d} w_{1d'} + w_{2d} w_{2d'}$$

整理すると，分散と共分散は，以下のように因子負荷量と独自因子の分散で表現できます．

$$\mathrm{Var}(x_d) = w_{1d} w_{1d} + w_{2d} w_{2d} + \mathrm{Var}(e_d)$$
$$\mathrm{Cov}(x_d, x_{d'}) = w_{1d} w_{1d'} + w_{2d} w_{2d'} \tag{9.24}$$

式 (9.24) を分散共分散 Σ（式 (9.23)）に代入すると，以下のように展開できます．

$$\Sigma = \begin{pmatrix} \mathrm{Var}(x_1) & \mathrm{Cov}(x_1, x_2) & \mathrm{Cov}(x_1, x_3) \\ \mathrm{Cov}(x_2, x_1) & \mathrm{Var}(x_2) & \mathrm{Cov}(x_2, x_3) \\ \mathrm{Cov}(x_3, x_1) & \mathrm{Cov}(x_3, x_2) & \mathrm{Var}(x_3) \end{pmatrix}$$

$$= \begin{pmatrix} w_{11} w_{11} + w_{21} w_{21} & w_{11} w_{12} + w_{21} w_{22} & w_{11} w_{13} + w_{21} w_{23} \\ w_{12} w_{11} + w_{22} w_{21} & w_{12} w_{12} + w_{22} w_{22} & w_{12} w_{13} + w_{22} w_{23} \\ w_{13} w_{11} + w_{23} w_{21} & w_{13} w_{12} + w_{23} w_{22} & w_{13} w_{13} + w_{23} w_{23} \end{pmatrix}$$

$$+ \begin{pmatrix} \mathrm{Var}(e_1) & 0 & 0 \\ 0 & \mathrm{Var}(e_2) & 0 \\ 0 & 0 & \mathrm{Var}(e_3) \end{pmatrix}$$

$$= \begin{pmatrix} w_{11} & w_{21} \\ w_{12} & w_{22} \\ w_{13} & w_{23} \end{pmatrix} \begin{pmatrix} w_{11} & w_{12} & w_{13} \\ w_{21} & w_{22} & w_{23} \end{pmatrix} + E = W^\top W + E \quad (9.25)$$

ここで，E は対角成分に独自因子の分散 $\mathrm{Var}(e_d)$ を持つ行列です．このように，学習データの分散共分散行列は，因子負荷量行列 W と独自因子の分散の行列 E を用いて表現できます．

したがって，因子分析では，以下の分散共分散と因子負荷量の等式を満たすように，因子負荷量のパラメータ W を決定します．

(分散共分散と因子負荷量の等式)

$$\Sigma = W^\top W + E \qquad (9.26)$$

9.2.5 連立方程式による解法

特徴量の数が $\mathbf{x} = (x_1, x_2, x_3)$ の 3 つで，因子数が f_1 の 1 つの場合，式 (9.26) は以下のようになります．

$$\Sigma = W^\top W + E$$

$$\longrightarrow \begin{pmatrix} 1 & \mathrm{Cov}(x_1, x_2) & \mathrm{Cov}(x_1, x_3) \\ \mathrm{Cov}(x_2, x_1) & 1 & \mathrm{Cov}(x_2, x_3) \\ \mathrm{Cov}(x_3, x_1) & \mathrm{Cov}(x_3, x_2) & 1 \end{pmatrix}$$

$$= \begin{pmatrix} w_{11}w_{11} + \mathrm{Var}(e_1) & w_{11}w_{12} & w_{11}w_{13} \\ w_{12}w_{11} & w_{12}w_{12} + \mathrm{Var}(e_2) & w_{12}w_{13} \\ w_{13}w_{11} & w_{13}w_{12} & w_{13}w_{13} + \mathrm{Var}(e_3) \end{pmatrix}$$

$$(9.27)$$

式 (9.27) から，以下の 6 つの連立方程式を作ることができます．

$$w_{11}w_{11} + \mathrm{Var}(e_1) = w_{12}w_{12} + \mathrm{Var}(e_2) = w_{13}w_{13} + \mathrm{Var}(e_3) = 1 \quad (9.28)$$

$$w_{12}w_{11} = \mathrm{Cov}(x_2, x_1) \qquad (9.29)$$

$$w_{13}w_{11} = \mathrm{Cov}(x_3, x_1) \qquad (9.30)$$

$$w_{12}w_{13} = \mathrm{Cov}(x_2, x_3) \qquad (9.31)$$

変数の数と方程式の数がどちらも 6 で等しいので，連立方程式を解くことができます．例えば，因子負荷量 w_{11} は，式 (9.29)，式 (9.30) および式 (9.31) を用いて，以下のように求めることができます．

$$w_{11}w_{11} = \frac{(w_{12}w_{11})(w_{13}w_{11})}{w_{12}w_{13}} = \frac{\mathrm{Cov}(x_2, x_1)\mathrm{Cov}(x_3, x_1)}{\mathrm{Cov}(x_2, x_3)}$$
$$\longrightarrow w_{11} = \pm\sqrt{\frac{\mathrm{Cov}(x_2, x_1)\mathrm{Cov}(x_3, x_1)}{\mathrm{Cov}(x_2, x_3)}} \tag{9.32}$$

そして，式 (9.32) を式 (9.28) に代入すると，独自因子の分散 $\mathrm{Var}(e_1)$ を求めることができます．

$$\frac{\mathrm{Cov}(x_2, x_1)\mathrm{Cov}(x_3, x_1)}{\mathrm{Cov}(x_2, x_3)} + \mathrm{Var}(e_1) = 1$$
$$\mathrm{Var}(e_1) = 1 - \frac{\mathrm{Cov}(x_2, x_1)\mathrm{Cov}(x_3, x_1)}{\mathrm{Cov}(x_2, x_3)} \tag{9.33}$$

同様に，他の因子負荷量および独自因子の分散も求めることができます．しかし，この連立方程式による解法では，連立方程式と変数が等しい場合，つまり，特徴量の数が 3 つの場合は，因子が 1 つの場合にしか解くことができません．

9.2.6　近似的な解法：主因子法

　因子分析で代表的な**主因子法**（principal factor analysis）では，近似的に分散共分散と因子負荷量の式 (9.26) を解きます．

　式 (9.26) を以下のように分解します．

$$\Sigma = \begin{pmatrix} w_{11} & w_{21} \\ w_{12} & w_{22} \\ w_{13} & w_{23} \end{pmatrix} \begin{pmatrix} w_{11} & w_{12} & w_{13} \\ w_{21} & w_{22} & w_{23} \end{pmatrix} + E$$
$$= \begin{pmatrix} w_{11} \\ w_{12} \\ w_{13} \end{pmatrix} \begin{pmatrix} w_{11} & w_{12} & w_{13} \end{pmatrix} + \begin{pmatrix} w_{21} \\ w_{22} \\ w_{23} \end{pmatrix} \begin{pmatrix} w_{21} & w_{22} & w_{23} \end{pmatrix} + E$$
$$= W_{1:}^{\top}W_{1:} + W_{2:}^{\top}W_{2:} + E \tag{9.34}$$

ここで，分散共分散行列 Σ が対称行列であることと，ベクトルの積の和の形

から，式 (9.34) は，3.1.14 節にて学んだ対称行列に対する固有値分解のスペクトル分解（式 (3.33)）の形に非常に類似していると考えられます．この観察から，主因子法では，スペクトル分解により因子負荷量を推定します．

─ **(スペクトル分解による因子負荷量の推定)** ─

特徴量の数が D の場合，分散共分散行列 Σ は，D 個の固有値 $\lambda_1, \lambda_2, \ldots, \lambda_D$ および固有ベクトル $\mathbf{v}_1, \mathbf{v}_2, \ldots, \mathbf{v}_D$ を用いてスペクトル分解できる．

$$\Sigma = \lambda_1 \mathbf{v}_1 \mathbf{v}_1^\top + \lambda_2 \mathbf{v}_2 \mathbf{v}_2^\top + \cdots + \lambda_D \mathbf{v}_D \mathbf{v}_D^\top \tag{9.35}$$

スペクトル分解により，D 個の因子 $f_1, f_2, \ldots, f_D$ に対応する，因子負荷量 $W_{1:}, W_{2:}, \ldots, W_{D:}$ は以下のように一意に求めることができる．

$$W_{d:} = \sqrt{\lambda_d} \mathbf{v}_d^\top \tag{9.36}$$

9.2.7 主因子法の手順

以下は，スペクトル分解による因子負荷量の推定（式 (9.36)）を用いた主因子法の手順です．

手順 1 学習データ $\mathcal{D}^{\mathrm{tr}} = \{\mathbf{x}_i\}_{i=1}^N$ を標準化する．
手順 2 分散共分散行列 Σ を計算する．
手順 3 分散共分散行列の固有値と固有ベクトルを計算する．
手順 4 固有値の降順に，固有値と固有ベクトルを並べ替える．
手順 5 固有値の大きい順に，対応する固有値と固有ベクトルを選び，因子負荷量を計算する．因子数が 2 の場合の例：

$$W_{1:} = \sqrt{\lambda_1} \mathbf{v}_d^\top$$
$$W_{2:} = \sqrt{\lambda_2} \mathbf{v}_d^\top \tag{9.37}$$

手順 6 分散共分散行列と，因子負荷量の残差により，独自因子の分散を計算する．

$$E = \Sigma - W_{1:}^\top W_{1:} - W_{2:}^\top W_{2:} \tag{9.38}$$

9.2.8　因子の解釈によるデータの要約

　因子分析の目的は，学習データの生成に影響を与える潜在的な要因を抽出し，学習データを要約することです．主成分分析と同様に，因子分析では，因子負荷量を用いて各因子の解釈を行います．図 9.7 とモデル式 (9.17) のように，因子負荷量は，各因子が各特徴量への影響度を表します．例えば，因子負荷量 w_{11}, w_{12}, w_{13} は，第 1 因子 f_1 がそれぞれの特徴量 x_1, x_2, x_3 にどれくらい影響を与えているかを表すと考えます．

　因子負荷量を用いた因子の解釈には，第 1 因子と第 2 因子をそれぞれ横軸と縦軸に取った**レーダーチャート**を用いると便利です．例えば，**図 9.10** のような，特徴量「数学の得点 x_1」,「国語の得点 x_2」および「理科の得点 x_3」に対して因子分析を行い，次の因子負荷量が得られたとします．

- 第 1 因子負荷量 $\mathbf{w}_1 = (0.91, 0.88, 0.83)^\top$
- 第 2 因子負荷量 $\mathbf{w}_2 = (-0.15, -0.36, 0.54)^\top$

それぞれの特徴量 x_1, x_2, x_3 を，横軸に第 1 因子負荷量，縦軸に第 2 因子負荷量をとった座標にプロットし，レーダーチャートを作成します（図 9.10 右）．そして，レーダーチャートの各軸に対し，特徴量がどのように分布しているかに基づいて，各軸に対応する共通因子の解釈を行います．

　例えば，横軸の第 1 共通因子に注目すると，「+1」付近に「数学 x_1」,「国語 x_2」,「理科 x_3」が分布していることがわかります．このことから，第 1 因子は，例えば，「総合力」を表す因子と解釈できます．一方，縦軸の第 2 因

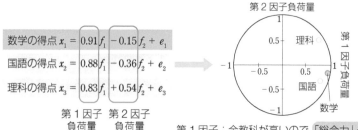

図 9.10　因子負荷量とレーダーチャートを用いた解釈の例.

子に注目すると，数学，国語は「0」付近，理科は「0.6」付近に分布しています．このことから，第2因子は，例えば，「理科の能力」を表す因子と解釈します．

このように，因子負荷量およびレーダーチャートを用いて，学習データに影響を与える各因子を解釈することにより，学習データを要約します．例えば，「総合力」が高い学生のグループと，「理科の能力」が高い学生のグループが潜在的に存在していて，数学，国語および理科の得点データに影響を与えていると要約できそうです．

ただし，データの要約には真実はなく，データ分析の目的，データの背後にある状況および分析者のセンスによって要約の内容が変わってきます．

9.2.9　Python による因子分析の実装

因子分析を実行する FA クラスを実装してみましょう．以下の3つのメソッドを用意します．

1. コンストラクタ __init__：学習データの設定とモデルパラメータの初期化（code 9-5 参照）
2. extractFactor：主因子法の手順に沿って因子負荷量および独自因子の分散を計算（code 9-6 参照）
3. 因子負荷量のレーダーチャートをプロット

以下，いくつか重要なメソッドの実装方法について説明します．

▶ **code9-5　コンストラクタ (FA.py)**

```
1   # 1. 因子分析の各種初期化
2   # X: 学習データ（データ数×次元数のnumpy.ndarray）
3   def __init__(self, X):
4
5       # データの標準化
6       self.mean = np.mean(X,axis=0)
7       self.std = np.std(X,axis=0)
8       self.X = (X - self.mean)/self.std
```

6～7行目にて，numpy.mean と numpy.std 関数（2.3.8節）を用いて，学習データ X の各要素の平均と標準偏差を計算し，8行目にて，各データ点から

平均を引き標準偏差で割ることにより標準化を行っています（手順1）.

　以下は，因子負荷量および独自因子の分散を計算する extractFactor メソッドの実装です.

▶ **code9-6　extractFactor メソッド (FA.py)**

```
1   # 2. 主因子法を用いた因子負荷量および独自因子の分散の計算
2   # lowerDim: 因子数（整数スカラー）
3   def extractFactor(self,lowerDim):
4       self.lowerDim = lowerDim
5
6       # 分散共分散行列
7       cov = np.cov(self.X.T,bias=1)
8
9       # 固有値問題
10      L,V = np.linalg.eig(cov)
11
12      # 固有値と固有ベクトルの固有値の降順でソート
13      inds = np.argsort(L)[::-1]
14      self.L = L[inds]
15      self.V = V[:,inds]
16
17      # 因子負荷量の計算
18      self.W = np.matmul(np.diag(np.sqrt(self.L)),self.V.T)
19      self.W = self.W[:lowerDim,:]
20
21      # 独自因子の分散の計算
22      self.E = cov - np.matmul(self.W.T,self.W)
```

6～15行目は，主因子法の手順2～4に対応していますが，主成分分析の reduceDim メソッドと同じ処理なので説明を省きます.

　18行目にて，固有値の平方根を対角成分に持つ行列を，numpy.sqrt（2.3.8節）と numpy.diag 関数 (code 3-8) を用いて作成しています. そして，numpy.matmul 関数 (code 3-4) を用いて，固有ベクトルの転置と掛けることにより，最適な因子負荷量 W（式 (9.36)）を計算しています. 19行目にて，スライス（2.3.7節）を用いて，lowerDim 個の大きな固有値に対応する因子負荷量を選択しています（手順5）.

　最後に，22行目にて，numpy.matmul 関数を用いて，分散共分散行列 cov から因子負荷量の2次形式の和を引くことにより，独自因子の分散 E を計算

しています（手順6）.

9.2.10　因子分析の実行

　因子分析の **FA** クラスと，データ作成用の **data** クラスを用いて，因子分析を行ってみましょう. まず，**FA** と **data** モジュールを読み込みます.

モジュールの読み込み (FAmain.py)

```
import FA as fa
import data
```

以下の4つのステップで実行します.

1. データの作成
   データ生成用のコード **data.py** の **unsupervised** クラスを **myData** としてインスタンス化し，**makeData** メソッドを用いてデータを作成します. 主成分分析と同様に，2種類のデータ（iris と物件価格）を用います（9.1.10 節のステップ1 参照）.
2. 主因子法による因子の抽出

   ### 主因子法による因子の抽出 (FAmain.py)

   ```
   # 2. 主因子法による因子の抽出
   myModel = FA.FA(myData.X)
   myModel.extractFactor(lowerDim=2)
   ```

3. 因子の表示（コード **FAmain.py** 参照）
   FA クラスの **W** と **E** インスタンスを参照し，因子負荷量と独自因子の分散を表示します.
4. 因子のプロット（コード **FAmain.py** 参照）
   drawRadarChart メソッドを実行し，因子負荷量のレーダーチャートをプロットします. 実行結果は，results フォルダの「FA_result_XXX.pdf」に保存されます.「XXX」の部分は，データの種類（dataType の値）が入ります.

　レポジトリ MLBook の codes ディレクトリに移動し，データの種類を iris (dataType=1)，因子数を 2 (lowerDim=2) に設定し，コード FAmain.py を実行しましょう．実行すると，以下のように因子負荷量と独自因子の分散の値が表示されます．

```
# 因子負荷量：
W=
[[ 0.89 -0.45  0.99  0.96]
 [-0.36 -0.89 -0.02 -0.06]]
# 独自因子の分散：
E=
[[ 0.08 -0.03 -0.02 -0.06]
 [-0.03  0.01  0.01  0.02]
 [-0.02  0.01  0.02  0.  ]
 [-0.06  0.02  0.    0.06]]
```

　図 9.11 は，因子負荷量のレーダーチャートのプロットの例（ファイル「results/FA_result_1.pdf」）です．レーダーチャートから，第 1 因子は「花びら長」，「花びら幅」および「がく片長」が大きいグループ，第 2 因子は「がく片幅」が小さい，または大きいグループに対応していると解釈できそうです．そして，計測した花のデータの中に，これら 2 つのグループが潜在的に存在していると要約できそうです．

　抽出した共通因子が各特徴量をどれくらい説明できるのかを表す指標に共通性があります．**共通性**は，各特徴量 x_d の分散のうち因子負荷量の二乗和が占める割合として，以下のように定義されます．

(共通性)

$$特徴量 \ x_d \ の共通性 = w_{1d}^2 + w_{2d}^2 + \cdots + w_{Dd}^2 \qquad (9.39)$$

$w_{1d}, w_{2d}, \ldots, w_{Dd}$ は，特徴量 x_d に対応する因子負荷量である．

　一方，各特徴量において共通因子では説明できない割合を表す指標に独自性があります．**独自性**は，共通性を用いて，以下のように定義されます．

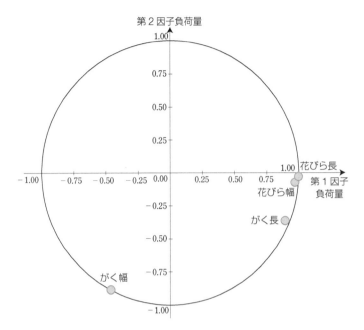

図 9.11 iris データの因子負荷量のレーダーチャート.

(独自性)

$$特徴量\ x_d\ の独自性 = 1 - 特徴量\ x_d\ の共通性 \qquad (9.40)$$

FA クラスに共通性と独自性を計算する compVariances メソッドを追加します.

▶ **code9-7　compVariances メソッド (FA.py)**

```
1   # 4．共通因子と独自因子の計算
2   def compVariances(self):
3       # 共通性と独自性の計算
4       comVar = np.sum(np.square(self.W),axis=0)
5       uniVar = 1 - comVar
6
7       return comVar,uniVar
```

4 行目にて，`numpy.square` と `numpy.sum` 関数（2.3.8 節）を用いて因子負荷量 W の各要素を二乗し，行方向に足すことにより，共通性（式 (9.39)）を計算しています．また，5 行目にて，1 から共通性を引くことにより，独自性（式 (9.40)）を計算しています．

　`PCAmain.py` を実行すると，`compLoading` メソッドを用いて計算した主成分負荷量が表示されます．以下は，iris データに対する共通性と独自性です．

```
# 共通性: [0.92 0.99 0.98 0.94]
# 独自性: [0.08 0.01 0.02 0.06]
```

共通性がほぼ「1」なので，2 つの共通因子で特徴量を説明ができていると解釈できます．

9.3　クラスター分析

　クラスター分析 (cluster analysis) は，図 9.12 のように，類似のデータ点を**クラスター**と呼ばれるグループに分割し，データを要約したり，クラスターごとに異なる処理を適用することを目的とします．また，データをクラスターに分割することを，**クラスタリング**といいます．本節では，クラスター分析の応用例と概要を紹介した後に，クラスタリングで最も代表的な方法である，**k 平均 (k-means) 法**のアルゴリズムと Python での実装方法を紹介します．

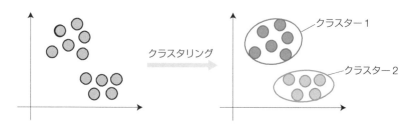

図 9.12　クラスタリングのイメージ.

9.3.1 クラスター分析の応用例 [20]

　クラスター分析は，ビッグデータがあれば，まず手始めにクラスタリングしてみるというくらい，よく用いられる分析方法です．例えば，最近のスマホやクレジットカードを用いたキャッシュレス決済では，日々，会員の属性（性別，年齢，住所など）に紐づけられた，大量の購入履歴のデータが記録されています．このような大量の購入履歴のデータに対しクラスター分析を適用すると，図 9.13 のように，消費傾向に基づき会員をグループに分割できます．例えば，消費傾向により会員を，「ブランドや高品質な商品にこだわりを持つ高級品志向型」，「新しい商品に敏感に反応し，いち早く取り入れる流行追求型」，「実用的で格安な商品にこだわる保守型」や「ブランド，新しい商品，実用性，値段などにあまりこだわらない低関心型」などのグループに分けることができます．そして，「流行追求型」の会員には，まだ流行前の新しい商品の広告，「保守型」の会員には，値引き情報の提供など，各グループのニーズに合わせたマーケティング方法を採用できます．

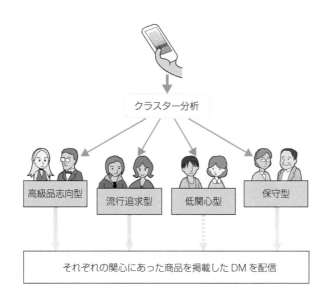

図 9.13　クラスタリングの応用例 [20]

9.3.2　クラスタリング手法の種類

　クラスタリング手法には，大きく分けて，「階層的手法」と「分割手法」があります（**表**9.1）．

表9.1　クラスタリング手法の種類.

種類	概要	代表的な手法
階層的手法	類似のデータ点を段階的に結合していきデンドログラム（樹形図）を作成	結合方法としては，クラスタ間の最短距離，最長距離および重心を用いる方法や，分散を考慮したウォード法などがある.
分割手法	類似のデータ点が同じクラスタに属するようにデータ全体を分割	最近傍のクラスタに割り当てる k 平均法や，確率分布推定の混合ガウスモデルなどがある.

9.3.3　k 平均 (k-means) 法 [31]

　k 平均法 (k-means method) は，クラスターの平均を用いて，あらかじめ決められた k 個のクラスターにデータを分割する方法で，1967 年に，J. Mac-Queen によって提案されました [31]．k 平均法の手順を，以下の数学 x_1 と英語 x_2 の得点データを例に説明します（**表**9.2）.

表9.2　数学と英語の得点データ.

	数学 x_1	英語 x_2
A	2	3
B	1	4
C	2	2
D	3	2
E	5	4
F	4	4
G	8	5
H	6	3
I	7	6
J	4	5

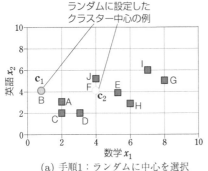

(a) 手順1：ランダムに中心を選択

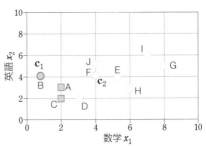

(b) 手順3：最小距離のクラスターに割り当て

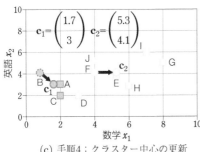

(c) 手順4：クラスター中心の更新

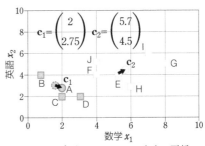

(d) 手順4：クラスター中心の更新

図 9.14 k 平均法の手順.

手順1 ランダムにクラスター中心を選択する．図 **9.14**(a) のように，ランダムに K 個のデータ点を，クラスター中心 $c_1, c_2, \ldots, c_K$ として選択します．

手順2 クラスター中心との距離を計算する．すべての学習データ点 $\mathbf{x}_i^{\mathrm{tr}}$ と，K 個の各クラスター中心 c_k との距離を計算します（**表 9.3**）.

$$d_{ik} = \|\mathbf{x}_i^{\mathrm{tr}} - \mathbf{c}_k\|^2 \tag{9.41}$$

手順3 最小距離のクラスターに割り当てる．表 9.3 および図 9.14(b) のように，各学習データ点 $\mathbf{x}_i^{\mathrm{tr}}$ を，最近傍のクラスターに割り当てます．

手順4 各クラスターに属するデータ点の平均値を計算し，新しいクラス

表 9.3 クラスター 1 と 2 との距離および選択したクラスター.

	数学 x_1	英語 x_2	$\mathbf{c}_1$ との距離	$\mathbf{c}_2$ との距離	クラスター
A	2	3	2	5	1
B	1	4	0	9	1
C	2	2	5	8	1
D	3	2	8	5	2
E	5	4	16	1	2
F	4	4	9	0	2
G	8	5	50	17	2
H	6	3	26	5	2
I	7	6	40	13	2
J	4	5	10	1	2

ター中心に設定する.表 9.3 に基づき,新しいクラスター中心を以下のように計算します.

$$\mathbf{c}_1 = \frac{1}{3}\begin{pmatrix} 2+1+2 \\ 3+4+2 \end{pmatrix} = \begin{pmatrix} 1.7 \\ 3 \end{pmatrix} \tag{9.42}$$

$$\mathbf{c}_2 = \frac{1}{7}\begin{pmatrix} 3+5+4+8+6+7+4 \\ 2+4+4+5+3+6+5 \end{pmatrix} = \begin{pmatrix} 5.3 \\ 4.1 \end{pmatrix} \tag{9.43}$$

手順 5 手順 2〜4 をクラスター中心が動かなくなるまで繰り返す.図 9.14
(c) と (d) のように,クラスター中心を各クラスターに属する平均
座標に移動していきます.

9.3.4 Python による k 平均法の実装

k 平均法を実行する `kmeans` クラスを実装してみましょう.以下の 3 個のメソッドを用意します.

1. コンストラクタ `__init__`:k 平均法の各種初期化(code 9-8 参照)
2. `updateCluster`:k 平均法の手順に沿ってクラスター中心を更新(code 9-9 参照)
3. `plotCluster`:学習データとクラスターのプロット(学習データが 2次元の場合)

以下，いくつか重要なメソッドの実装方法について説明します．

▶ code9-8 コンストラクタ (kmeans.py)

```
1   # 1. k-means の各種初期化
2   # X: 学習データ（データ数×次元数のnumpy.ndarray）
3   # K: クラスター数（整数スカラー）
4   def __init__(self,X,K=5):
5       # パラメータの設定
6       self.dNum = len(X)
7       self.K = K
8       self.X = X
9
10      # カラーコードの設定
11      self.cmap = ['#FF0000','#00B0F0','#FF00FF','#00FF00','#0000FF']
12
13      # ランダムにクラスター中心を設定
14      self.C = X[np.random.permutation(self.dNum)[:self.K],:]
```

14行目にて，numpy.random.permutation関数（2.3.18節）を用いて，学習データのインデックスをシャッフルし，先頭から K(self.K)個のインデックスに対応する学習データを，クラスター中心(self.C)として選びます（手順1）．

　以下は，クラスター中心を更新するupdateClusterメソッドの実装です．

▶ code9-9 updateCluster メソッド (kmeans.py)

```
1   # 2. クラスター中心の更新
2   def updateCluster(self):
3
4       # X と C の全ペア間の距離の計算
5       Ctmp = np.tile(np.expand_dims(self.C.T,axis=2),[1,1,self.dNum])
6       Xtmp = np.tile(np.expand_dims(self.X.T,axis=1),[1,self.K,1])
7       dist = np.sum(np.square(Ctmp-Xtmp),axis=0)
8
9       # 距離が最小のクラスターのインデックスを選択
10      self.cInd = np.argmin(dist,axis=0)
11
12      # 各クラスターに属しているデータ点の平均値を計算し，新しいクラスター中心に設定
13      self.C = np.array([np.mean(self.X[self.cInd==c],axis=0) for c in
        range(self.K)])
```

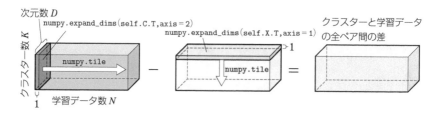

図9.15　クラスターと学習データ間の全ペア間の差の計算.

手順2の全学習データペア間の距離を効率よく計算するために，5〜6行目にて，numpy.tile 関数（2.3.14節）を用いています．具体的には，図9.15のように，5行目にて，行列 self.C の転置「次元数 D ×クラスター数 K」の行列を，numpy.expand_dims 関数（2.3.15節）を用いて，「次元数 D ×クラスター数 K × 1」の行列に拡張します．そして，numpy.tile 関数を用いて列方向に「学習データ数 N 分」繰り返し，「次元数 D ×クラスター数 K ×学習データ数 N」の行列を作ります．

self.X も同様に，6行目にて，図9.15のように「次元数 D ×クラスター数 K ×学習データ数 N」に変形します．そして，7行目で差（Ctmp-Xtmp）をとり，numpy.square 関数（2.3.8節）で二乗し，axis=0 の奥行き（次元数 D）の方向に和をとることにより，クラスター中心と学習データ間の全ペア間の距離 dist（クラスター数 K ×学習データ数 N）を，for 文を用いずに行列演算で高速に計算できます．

そして，手順3として，10行目にて，numpy.argmin 関数（2.3.8節）を用いて，クラスターの行方向（axis=0）に最小のインデックスをとることにより，各学習データ点が属するクラスターのインデックスを取得しています．

最後に，手順4として，13行目にて，リスト内包表記（2.5節）を用いて，クラスター数分のループ処理を行い，各クラスターに属する学習データ X の平均を numpy.mean 関数（2.3.8節）を用いて計算しています．

9.3.5　クラスター分析の実行

k 平均法の kmeans クラス，主成分分析の PCA クラスおよびデータ作成用の data クラスを用いて，高次元のデータを次元削減してから，クラスタリ

ングをしてみましょう.

まず, kmeans, PCA および data モジュールを読み込みます.

モジュールの読み込み (kmeansMain.py)

```
import kmeans as kmeans
import PCA
import data
```

以下の3つのステップで実行します.

1. データの作成

   データ生成用のコード data.py の unsupervised クラスを myData と
   してインスタンス化し, makeData メソッドを用いてデータを作成しま
   す. 主成分分析と因子分析と同様に, 2種類のデータ (iris と物件価格)
   を用います.

   データの作成 (kmeansMain.py)

   ```
   # 1. データの作成
   myData = data.unsupervised()
   myData.makeData(dataType=2)
   ```

2. 主成分分析による次元削減

   主成分分析を用いて, 可視化可能な2次元に学習データの次元を削減
   します.

   主成分分析による次元削減 (kmeansMain.py)

   ```
   # 2. 主成分分析による 2次元に次元削減
   myModel = PCA.PCA(myData.X)
   myModel.reduceDim(lowerDim=2)
   X = myModel.F
   ```

3. k平均法を用いたクラスタリングと結果のプロット (code 9-10 参照)

▶ **code9-10　k 平均法を用いたクラスタリングと結果のプロット (kmeansMain.py)**

```
1    # 3. k 平均法を用いたクラスタリングと結果のプロット
2    myModel = kmeans.kmeans(X=X,K=3)
3
4    for ite in np.arange(10):
5
6        # クラスター中心の出力
7        print(f"反復{ite+1}，クラスター中心:\n{myModel.C}")
8
9        # クラスターの更新
10       myModel.updateCluster()
11
12       # クラスターのプロット
13       if X.shape[1] == 2:
14           myModel.plotCluster(fName=f"../results/kmeans_results_{myData
         .dataType}_{myModel.K}_{ite}.pdf")
```

　2 行目にて，`kmeans` のインスタンスを作成し，各反復にて 10 行目の `updateCluster` メソッドを用いてクラスター中心を更新します．各反復のクラスター中心の結果は，results フォルダの「kmeans_result_XXX.pdf」に保存されます．「XXX」の部分は，データの種類 (dataType の値)，クラスター数および反復回数が，順番にアンダーバー「_」を挟んで入ります．

9.3.6　主成分分析による次元削減とクラスタリングの実行結果

　レポジトリ MLBook の codes ディレクトリに移動し，データの種類を iris データ (dataType=1)，削減後の次元を 2(lowerDim=2)，およびクラスター数を 2(K=2) に設定して実行すると，以下のように k 平均法により獲得したクラスター中心が出力されます．

```
# 反復 1，クラスター中心:
[[-2.50791723  0.13905634]
 [ 1.29832982  0.76101394]
 [-2.19907796 -0.87924409]]
 〜省略〜
# 反復 10，クラスター中心:
[[-2.53955389  0.25902825]
 [ 1.38566031  0.0697412 ]
 [-2.53206163 -0.56070751]]
```

そして，各反復にて，図 9.16 のように，クラスター中心と各クラスターに属する学習データがプロットされます．

iris データには，「Setosa」と，「Versicolor」および「Virginica」との 2 つ

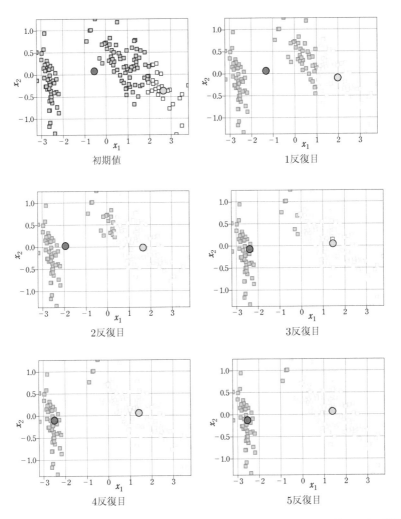

図 9.16 iris データにて，主成分分析を用いて 2 次元に次元削減後，クラスター数 2 で k 平均法によりクラスタリングを行った場合の各反復のクラスター中心の更新の様子．

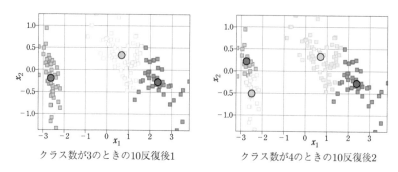

図 9.17 iris データにて，主成分分析を用いて 2 次元に次元削減後，クラスター数 3 または 4 で k 平均法によりクラスタリングを行った場合の結果.

の塊がありますが，ランダムに決定した初期のクラスター中心では，右側の「Virginica」にクラスター境界があり，2 つの塊をうまく捉えることができていません. k 平均法により，クラスター中心を更新することにより，クラスター中心がそれぞれの塊の中心に移動していっていることがわかります.

　次に，クラスター数を $3(K=3)$ および $4(K=4)$ に設定して実行すると，図 9.17 のようなクラスタリング結果が得られます. いずれも学習データの分布をよく捉えて，クラスターに分割できていることがわかります.

9.3.7　k 平均法の初期値依存性

　k 平均法は標準的によく利用されていますが，クラスタリング結果が初期のクラスター中心に依存するという欠点があります. 例えば，クラスター数を $3(K=3)$ で実行した場合，図 9.18 のように毎回得られるクラスタリング結果が異なります.

　この初期値依存性の問題を解決するために，クラスター中心の決め方を工夫した改良方法が提案されています. 例えば，初期の K 個のクラスター中心をなるべく離れるように選択する工夫がされている k-means++法 [22] などがあります.

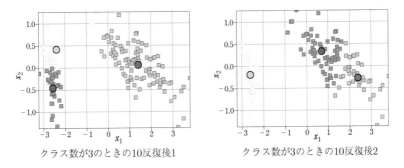

クラス数が3のときの10反復後1   クラス数が3のときの10反復後2

図 9.18 iris データにて，主成分分析を用いて 2 次元に次元削減後，クラスター数 3 で k 平均法によりクラスタリングを行った場合の結果．

B i b l i o g r a p h y

参考文献

[1] Caffe. https://caffe.berkeleyvision.org/

[2] Chainer. https://chainer.org/

[3] House Prices: Advanced Regression Techniques. https://www.kaggle.com/c/house-prices-advanced-regression-techniques/

[4] The Iris Dataset. https://scikit-learn.org/stable/auto_examples/datasets/plot_iris_dataset.html

[5] Keras. https://keras.io/ja/

[6] Labeled Faces in the Wild. http://vis-www.cs.umass.edu/lfw/

[7] OpenAI Gym. https://gym.openai.com/

[8] PyTorch. https://pytorch.org/

[9] Scikit-learn. https://scikit-learn.org/stable/

[10] Sentiment Labelled Sentences Data Set. https://archive.ics.uci.edu/ml/datasets/Sentiment+Labelled+Sentences

[11] TensorFlow. https://www.tensorflow.org/

[12] The MNIST database of handwritten digits. http://yann.lecun.com/exdb/mnist/

[13] Theano. http://deeplearning.net/software/theano/

[14] UCF101 - Action Recognition Data Set. https://www.crcv.ucf.edu/research/data-sets/ucf101

[15] Wikipedia: ID3. https://ja.wikipedia.org/wiki/ID3

[16] キュウリの仕分け機（試作 3 号機）. http://workpiles.com/2017/08/ccb9-proto3-description

[17] 元組み込みエンジニアの農家が挑む「きゅうり選別 AI」 試作機 3 台，2 年間の軌跡. https://www.itmedia.co.jp/enterprise/articles/1803/12/news035.html

[18] 第 2 回将棋電王戦＜株式会社ドワンゴ＞. https://www.shogi.or.jp/

match/denou/2/index.html

[19] 脳科学辞典. https://bsd.neuroinf.jp

[20] クラスター分析「使ってみたくなる統計」シリーズ 第 3 回. https://bdm.change-jp.com/?p=2025

[21] N. Abe, P. Melville, C. Pendus, C. Reddy, D. Jensen, V. Thomas, J. Bennett, G. Anderson, B. Cooley, M. Kowalczyk, M. Domick, and T. Gardinier. Optimizing debt collections using constrained reinforcement learning. In *Proceedings of the 16th ACM SIGKDD International Conference on Knowledge Discovery and Data Mining*, 75–84, 2010.

[22] D. Arthur and S. Vassilvitskii. k-means++: The advantages of careful seeding. In *Proceedings of the 18th annual ACM-SIAM symposium on Discrete algorithms*, 1027–1035, 2007.

[23] C. M. Bishop. *Pattern Recognition and Machine Learning (Information Science and Statistics)*. Springer, 2006.

[24] S. Boyd and L. Vandenberghe. *Convex Optimization*. Cambridge University Press, 2004.

[25] L. Breiman, J. H. Friedman, R. A. Olshen, and C. J. Stone. *Classification and Regression Trees*. Wadsworth and Brooks, 1984.

[26] C. Cortes and V. Vapnik. Support-vector networks. *Machine Learning*, 20(3):273–297, 1995.

[27] D. P. Kingma and J. Ba. Adam: A method for stochastic optimization. In *International Conference on Learning Representations (ICLR)*, 2015.

[28] A. Krizhevsky, I. Sutskever, and G. E. Hinton. Imagenet classification with deep convolutional neural networks. In *Advances in Neural Information Processing Systems 25*, 1097–1105, 2012.

[29] M. G. Lagoudakis and R. Parr. Least-squares policy iteration. *Journal of Machine Learning Research*, 4:1107–1149, 2003.

[30] L. Li, W. Chu, J. Langford, and R. E. Schapire. A contextual-bandit approach to personalized news article recommendation. In *Proceedings of the 19th International Conference on World Wide*

Web (WWW 2010), 661–670, 2010.

[31] J. B. MacQueen. Some methods for classification and analysis of multivariate observations. In *Proceedings of 5th Berkeley Symposium on Mathematical Statistics and Probability*, 281–297, 1967.

[32] V. Mnih, K. Kavukcuoglu, D. Silver, A. Graves, I. Antonoglou, D. Wierstra, and M. Riedmiller. Playing atari with deep reinforcement learning. *arXiv:1312.5602*, 2013.

[33] K. B. Petersen and M. S. Pedersen. *The Matrix Cookbook*, 2012.

[34] J. R. Quinlan. Induction of decision trees. *Machine Learning*, 1:81–106, 1986.

[35] J. R. Quinlan. *C4.5: Programs for Machine Learning*. Morgan Kaufmann Publishers, 1993.

[36] D. Silver, A. Huang, C. J. Maddison, A. Guez, L. Sifre, G. V. D. Driessche, J. Schrittwieser, I. Antonoglou, V. Panneershelvam, M. Lanctot, S. Dieleman, D. Grewe, J. Nham, N. Kalchbrenner, I. Sutskever, T. Lillicrap, M. Leach, K. Kavukcuoglu, T. Graepel, and D. Hassabis. Mastering the game of go with deep neural networks and tree search. *Nature*, 529(7587):484–489, 2016.

[37] N. Srivastava, G. E. Hinton, A. Krizhevsky, I. Sutskever, and R. Salakhutdinov. Dropout: A simple way to prevent neural networks from overfitting. *Journal of Machine Learning Research*, 15:1929–1958, 2014.

[38] C. J. C. H. Watkins and P. Dayan. Q-learning. *Machine Learning*, 8(3):279–292, 1992.

[39] G. H. バウアー, E. R. ヒルガード（著）, 梅本尭夫（監訳）. **学習の理論 上 原書第 5 版**. 培風館, 1988.

[40] 久保拓弥. データ解析のための統計モデリング入門. 岩波書店, 2012.

[41] 赤穂昭太郎. カーネル多変量解析. 岩波書店, 2008.

[42] 八谷大岳, 杉山将. **強くなるロボティック・ゲームプレイヤーの作り方 実践で学ぶ強化学習**. 毎日コミュニケーションズ, 2008.

■ 索 引

著者紹介

八谷大岳 博士（工学）
（はちや ひろたか）

2009 年　　東京工業大学大学院情報理工学研究科博士後期課程修了
現　　在　　和歌山大学大学院システム工学研究科 准教授
　　　　　　理化学研究所革新知能統合研究センター 客員研究員
　　　　　　株式会社サイバーリンクス　技術アドバイザー
著　　書　　（共著）『強くなるロボティック・ゲームプレイヤーの作り方
　　　　　　──実践で学ぶ強化学習』毎日コミュニケーションズ (2008)

NDC007　　367p　　　21cm

機械学習スタートアップシリーズ
（きかいがくしゅう）

ゼロからつくる Python 機械学習プログラミング入門
（バイソン）（きかいがくしゅう）（にゅうもん）

2020 年 8 月 28 日　　第 1 刷発行
2024 年 4 月 18 日　　第 7 刷発行

著　者　　八谷大岳
　　　　　（はちや ひろたか）
発行者　　森田浩章
発行所　　株式会社　講談社
　　　　　〒 112-8001　東京都文京区音羽 2-12-21
　　　　　販売　(03)5395-4415
　　　　　業務　(03)5395-3615

KODANSHA

編　集　　株式会社　講談社サイエンティフィク
　　　　　代表　堀越俊一
　　　　　〒 162-0825　東京都新宿区神楽坂 2-14　ノービィビル
　　　　　編集　(03)3235-3701
本文データ制作　藤原印刷株式会社
印刷・製本　株式会社ＫＰＳプロダクツ

ISBN 978-4-06-520612-6